超大城市乡村空间演化：特征、机理和策略

李开明　耿慧志　著

同济大学出版社
TONGJI UNIVERSITY PRESS
·上海·

内容简介

本书立足我国乡村振兴和城乡融合的发展背景，聚焦超大城市上海市乡村空间演化，搭建宏观空间演化特征—影响因素和作用机理—微观空间演化特征—空间优化策略的研究主线，凝练出一条区别于西方发达国家和我国西部地区的乡村演化模式。本书可供高校科研院所、政府部门和规划设计院等学习参考，可服务和支撑乡村空间优化实践，为村庄规划和全域土地整治等乡村振兴面临的难点问题提供科学依据。

图书在版编目(CIP)数据

超大城市乡村空间演化：特征、机理和策略 / 李开明，耿慧志著. —上海：同济大学出版社，2023.12

ISBN 978-7-5765-0912-0

Ⅰ.①超… Ⅱ.①李… ②耿… Ⅲ.①特大城市-乡村规划-研究-嘉定区 Ⅳ.①TU982.295.13

中国国家版本馆 CIP 数据核字(2023)第 182616 号

"同济大学学术专著(自然科学类)出版基金"资助

"国家自然科学基金应急项目"资助

"上海市浦江人才计划(C类)"资助

"高水平地方高校建设计划上海美术学院项目"资助

超大城市乡村空间演化：特征、机理和策略

李开明　耿慧志　著

责任编辑　徐　希　**责任校对**　徐逢乔　**封面设计**　张　微

出版发行　同济大学出版社　www.tongjipress.com.cn

(地址：上海市四平路 1239 号　邮编：200092　电话：021-65985622)

经　　销　全国各地新华书店

排　　版　南京文脉图文设计制作有限公司

印　　刷　苏州市古得堡数码印刷有限公司

开　　本　710mm×1000mm　1/16

印　　张　17.25

字　　数　310 000

版　　次　2023 年 12 月第 1 版

印　　次　2023 年 12 月第 1 次印刷

书　　号　ISBN 978-7-5765-0912-0

定　　价　98.00 元

序　一

自20世纪90年代开始，中国城市经济和城镇化均步入快速发展阶段，尤其是沿海城市和大城市的基础设施不断完善、公共服务规模与质量不断提升、就业机会大量增加，吸引了大量人口集聚，并产生了多个城区常住人口超1 000万人以上的超大城市，这些超大城市在中国乃至全球的经济体系中正发挥着越来越大的作用。这种现象不仅中国独有，全球的城市化发展过程中都出现了人口快速集聚和城市体系格局剧烈变化的现象。据2016年世界城市报告，在1995—2015年的20年间，世界城市化水平从44.7%上升至54.0%，1 000万人口以上的巨型城市(megacity)从14个增加至29个，这些巨型城市对全球经济发展产生了极其重要的影响。随着人口规模的剧增，超大城市的空间结构也愈趋复杂，并伴随着城市功能的空间格局产生重大变化和城乡关系的快速转型。具体而言，超大城市的城区空间边界不断扩展，甚至超越了超大城市自身的建成区范围而形成更为复合的城市化地区。在这扩展了的城市化地区内，建成区范围和外围地区的人口、产业、资本等各类发展要素产生更加密切的联系，从而形成新的超大城市的空间布局特征与空间结构形态。同时，超大城市人口与发展要素的高度集聚也给这些城市的健康发展带来了新的挑战，特别是在城市生态环境、交通与基础设施、公共服务的均等化供给、安全与韧性以及城市的包容性等方面，社会治理的难度也大大增加。党的二十大报告中就明确提出“加快转变超大特大城市发展方式”的要求。

《超大城市乡村空间演化：特征、机理和策略》一书所依托的实证研究对象上海超大城市作为长江三角洲世界级城市群的核心城市，其国际经济、金融、贸易、航运、科技创新中心建设已经取得了一系列实质性的突破，并正在努力建设成为卓越的全球城市和具有世界影响力的社会主义现代化国际大都市。随着上海超大城市功能的不断演进和完善，其城市空间结构特征也不断演变为由中心城区及周边腹地的一定空间范围内的社区、繁荣的农业区以及规模较小的地区中心等共同构成的空间综合体，共同发挥着作为在世界范围生产、经济增长和创新的发源地,以及全球经济的区域推动力的功能。本书聚焦上海的超大城市乡村空间开展研究,实际上也是从乡村空间发展的视角对上海超大城市发展的研究。正如上海在谋划乡村振兴发展时,定位上海的乡村发展是"超大城市的稀缺资源、城市核心功能的重要承载地、提升城市能级和核心竞争力的战略空间"。2018 年上海市发布"关于贯彻《中共中央、国务院关于实施乡村振兴战略的意见》的实施意见"(沪委发〔2018〕7 号),提出"上海努力把都市农业和郊区农村建成可持续发展的示范区和宜居城市的后花园,与上海建成卓越的全球城市和具有世界影响力的社会主义国际大都市相得益彰"。从上海超大城市乃至更大区域的发展逻辑来看,上海必然要选择全域范围的城乡融合发展模式,通过城乡发展的内外要素资源的深度挖掘并加以合理匹配,实现要素资源在城乡地域的重组与优化配置,特别要关注乡村向城市输出具有经济价值或社会价值的特色产品和服务,真正发挥乡村在服务上海超大城市及其区域中的作用。同时,打通城乡要素流动的双向通道,特别是要通过技术和政策手段实现城乡空间资源的合理配置。

本书作者之一的耿慧志教授多年来关注大城市乡村地区的发展与规划,特别是对上海超大城市乡村地区的发展与规划有着多年的研究积累。由李开明博士与耿慧志教授合著的《超大城市乡村空间演化:特征、机理和策略》是多维度、全视角研究上海乡村空间发展的优秀研究成果。本书选择 2000 年、2009 年和 2018 年三个时间截面,能够全面准确反映上海城市发展的功能转型与空间变化,本书实证研究对象嘉定区作为上海的近郊区,是上海城乡关系快速转型下乡村发展与空间变化最剧烈的区域之一,加之本书的逻辑主线"宏观空间演化特征—影响因素和作用机理—微观空间演化特征—空间优化策略",保证了本书的研究成果能够通过城市发展内生动力研究深入准确挖掘乡村空间的演化特征、机理与策略。本书提炼出的村庄环境整治政策主导下的田园乡村模式、渐进归并政策主导下的乡村新社区模式、宅基地置换政策主导下的现代农业基地模式等三类政策作用机理,以及针对不同政策模式下的微观层面典型村庄空间演化案例的深入剖析与乡村空间优化策略的提出,也成为本书的一大亮点与特色。

当前,世界正面临着百年未有之大变局,全球经济复苏乏力、逆全球化思潮加剧、新一轮科技革命和产业变革深入发展，以及全球气候危机日益严峻、新发展阶段中央对上海发展提出的新要求，这些都会直接影响上海的发展，也不可避免地会影响上海乡村的发展，因此，本书关于上海乡村空间演化的主题可以持续研究下去。期待本书作者在这方面有更新的研究成果。

彭震伟

同济大学党委副书记　城乡规划学教授　博士生导师

2023 年 12 月

序　二

2011年是中国城镇化发展历程中具有重要意义的一个标志性年份。在这一年，中国的城镇数量水平越过了50%的门槛，许多人因此形象地说，中国从此由几千年的“乡土中国”转变为了“城市中国”，当然，这种转变主要是基于国家人口空间分布这个角度而言的。纵然今天的经济社会发展速度已远非几千年农耕文明缓慢的演变过程可比，但要真正实现从“乡土中国”向“城市中国”的转变，依然还是一个长期、深刻而复杂的过程；而且，对于中国这样疆域辽阔的人口大国而言，无论是基于全球贸易分工体系格局，还是出于国家多维安全需求等考虑，中国最终必须还要保留、发展相当规模的乡村地区。放眼当今全球数十个发达国家，我们可以发现，除了新加坡这样极少数的“城市型”迷你国家之外，城乡和谐共生是一个发达国家的“标配”。因此，最终我们面对的并非是从“乡土中国”向“城市中国”的截然变迁，而必然是追求实现一个城乡兼容、和谐共生的“城乡中国”。

然而迄今为止，我们不得不承认中国依然还是一个城乡高度二元的社会。即使党的十八大以来，国家已经大力推动美丽乡村建设并进而实施全面的乡村振兴战略，但是这种城乡二元的格局并非短期内就可以根本改变的。目前，全国各地轰轰烈烈开展的乡村振兴行动，大多也是就乡村论乡村，而缺少将乡村的发展置于城乡整体运作的大系统中予以考虑，有关的政策措施与乡村经济社会发展的实际规律、乡村居民的实际诉求严重脱节。因此，这些年来虽然我们在乡村建设、乡村振兴方面投入了大量的财力、物力与人力，但是大多也只是在表象上显著改善了乡村的物质环境，却没有总体上改变乡村发展的失序与颓势局面。从根本上讲，是因为我们还缺乏从“城乡中国”这个系统角度，对乡村发展内在机制、规律的深刻认识与有效应对。

需要关注的是，我们在学习借鉴发达国家乡村建设、乡村振兴经验的同时，往往忽略了由于中国特定的国情、制度背景所导致与发达国家乡村发展间的诸多“同”与“不同”。例如，与许多发达国家实行“城乡分治”的行政建制不同，就是中国实行的是“广域市制”，也即是中国众多的城市包括直辖市、副省级城市、地级市、县级市等，一个共同的特点就是既有中心城区或县城，也有广大的乡村地区，在行政管理、经济发展、空间规划、公共服务、财税体制等方面，都是以整个城市行政辖区为单元进行城乡全域的统筹运作。这就导致了中国在城乡关系、城乡要素配置与流动、城乡空间图景等诸多方面，都与那些实施“城乡分治”行政体制的国家有着很大的不同。因此，从这个意义上讲，中国每座城市都是“城乡中国”的一个缩影，每个乡村的发展演变都是与城市密切关联、紧密互动的，对乡村的认识、研究也必须置于城乡整体系统中进行。

当前及今后的相当长一段时期，诸如上海这样的超大城市以及全国众多特大城市、大城市等，正在经历着快速、剧烈的城乡关系转型，城乡要素的流动和重组催生着乡村空间的剧烈变化，在乡村空间演变的背后，更是复杂的利益关系与博弈治理过程。乡村空间的演变，远非国土空间规划中简单、刚性地划定了“三区三线”就完结了，更不会完全按照规划所设定的逻辑与规则来运行。毫无疑问，上海是“城乡中国”中一个独特而又具有前沿价值的研究案例，作为一个正在向全球性城市迈进的超大城市，乡村依然是上海市域空间的重要组成部分，未来也将产生不可或缺的价值。然而，上海大都市区内的乡村正在发生着什么样的变化？未来还会怎样变化？我们希望乡村如何变化？期望最终达至如何的城乡格局？为此，我们需要采取哪些更有针对性的政策措施等，确实是一个十分值得探索研究的重要课题。在此背景下，由李开明、耿慧志两位学者撰写的《超大城市乡村空间演化：特征、机理和策略》一书，为解读上述困惑给出了富有创见的答案。

本书以上海市嘉定区为实证研究对象，通过解剖嘉定区乡村空间这只“麻雀”，基于建构的“宏观空间演化特征—影响因素和作用机理—微观空间演化特征—空间优化策略”逻辑主线，深刻揭示了超大城市乡村空间演化的机制与规律。作者运用定性与定量相结合的研究方法，刻画了超大城市乡村空间演化的多尺度、多维度与多时段特征，解析了各类因素的影响强弱和政策耦合作用机理。在研判超大城市乡村未来发展趋势的基础上，进而分类（剧烈重构型、快速变动型、缓慢衰退型）制定了乡村空间的优化策略。本书的一个突出之处就是打破了传统乡村研究中对各因素割裂分析的方法，搭建了政策耦合多因素的解释框架。作者通过对不同政策模式作用下的乡村空间发展演化效应案例研究，从而提出了更有针对性、更为精准有效的乡村政策调控策略。此外，给我印象特别深刻的是，作者在本书的最后提出了一个很重要的见解。“城乡等值”是未来城乡关系的基本发展方向，超大城市地区的乡村未来将呈现空间整体收缩和空间多元分化的总体趋势；作为超大城市的稀缺资源和战略空间，乡村应凸显文化家园价值、锚固生态保育价值、拓展经济增长价值。在本书中，作者还有许多富有创见的发现与观点，读者可以细细品读与研判，在此就不再一一赘述与点评了。

应该说，近年来关于中国乡村研究的文献很多，但是如本书这样将研究重点聚焦于“超大城市的乡村空间”，还是非常少见的。尽管本书还有一些可以继续探讨、拓展的地方，但是瑕不掩瑜，这依然是一本值得关注的中国乡村研究力作。作者为此而展开的系统、深刻而富有创新、创见的研究，为中国乡村发展、乡村规划与乡村振兴实践提供了一份非常有益的成果，也必然对推动中国乡村研究与国际比较研究具有积极的意义。

故，欣然为之序。

张京祥

南京大学建筑与城市规划学院　教授

中国城市规划学会城乡治理与政策研究专委会　主任委员

2023 年 8 月

前　言

进入21世纪以来，中国的超大城市经历了快速城乡关系转型。伴随城乡要素的流动和重组，乡村居民点空间发生剧烈变化，但目前对其演变规律和乡村发展趋势还缺乏深入认识，导致各类政策与乡村发展诉求不相匹配，难以有效应对乡村面临的各类挑战，制约了超大城市乡村进一步发展。

本书以上海市嘉定区为实证研究对象，旨在认识超大城市乡村居民点空间演化规律及其成因，以2000年、2009年和2018年为时间截面，运用多源数据展开研究。搭建了宏观空间演化特征—影响因素和作用机理—微观空间演化特征—空间优化策略的逻辑主线，揭示超大城市乡村居民点空间演化的多尺度、多维度特征，解析各类因素的影响强弱和政策耦合作用机理，研判乡村发展趋势并分类制订空间优化策略。

超大城市乡村经历产业构成非农化和人口构成外来化的变化过程，乡村居民点整体减少，并在规模、分布、形态上呈现差异变化。在规模上，乡村居民点面积整体显著减少，但在城区边缘处显著增加；平均斑块面积整体略有减少，但在部分区域则显著增加。在分布上，斑块密度整体显著下降，但在工业园区附近显著增加；乡村居民点道路通达性提高，邻近道路距离整体显著减少，但在部分区域则略有增加；乡村居民点与河道的空间联系减弱，邻近河道距离整体显著增加，但在远郊区则显著减少。在形态上，乡村居民点边界变得更规整，景观形状指数整体下降，在城区附近下降幅度大而外围下降幅度小。总体来看，乡村居民点空间演化强度呈现从城区边缘向远郊递减的规律，形成三种空间演化类型。剧烈重构型多位于城区边缘，空间变化幅度大，产业和人口融入城镇；快速变动型多位于近郊，空间变化幅度较大，产业和人口非农化转型快；缓慢衰退型多位于远郊，空间变化幅度小，产业和人口非农化转型缓慢。

自然环境、社会经济和政策因素对乡村居民点空间演化的影响强弱存在显著差异，不同强度的政策干预模式调控空间演化的方向和速度，推动乡村居民点空间演化的地域分化。定量分析发现自然环境因素的约束支撑作用减弱,社会经济因素的牵引驱动作用增强,政策干预具有类型多样、指向明显的特点,其调控效果显著。行政村尺度的空间回归分析发现农用地变化、城镇用地变化、工业用地变化与乡村居民点用地规模变化呈强负相关;人口密度变化、邻近河道距离变化、邻近道路距离变化和邻近城镇中心距离变化与乡村居民点用地规模变化呈弱负相关,人均收入变化与乡村居民点用地规模变化呈弱正相关。自然环境因素约束的地域差异格局和社会经济因素诱发的功能分化格局相互叠加,使超大城市内部城乡关系的紧密程度发生变化,耦合二者的政策干预调控乡村居民点空间演化的方向和速度,强干预、适度干预和弱干预等不同政策模式,带来乡村居民点空间演化的地域分化和村际差异。

不同政策主导的乡村微观空间演化存在显著差异,集中表现在空间形态、社会形态和经济形态三个方面。村庄环境整治政策下,用地变化幅度小,社交范围局限于自然村内部,维持熟人社会,经济发展缓慢,村民收入偏低。渐进归并政策下,用地变化幅度较大,表现为跨自然村集聚,社交范围拓展至整个行政村,转变为半陌生人社会,一三产融合发展,村民收入提高。宅基地置换政策下,用地变化幅度大,一些乡村居民点复垦为农用地,实现从传统农业到现代农业的转型,村民收入较高。政策的调控路径为通过不同干预强度和调控内容推动人口和产业要素的差异化配置,政策的实施效果与农用地流转和工业用地减量政策的联动密切相关。

世界城乡发展历程表明,城乡等值是未来城乡关系的发展方向。超大城市乡村未来将呈现空间整体收缩和空间多元分化的总体趋势,作为超大城市的稀缺资源和战略空间,乡村应凸显文化家园价值,锚固生态保育价值,拓展经济增长价值。在宏观层面,提出乡村产业、人口和空间的转型路径以及分项优化策略:在结构上,构建细化到居民点斑块的镇村层级结构;在分布上,降低斑块密度,提高交通通达性,加强居民点与河道空间联系;在规模上,降低乡村居民点总面积和提高平均斑块面积;在形态上,降低景观形状指数。在微观层面,基于不同乡村产业和人口的差异分化,提出乡村新社区、田园乡村和现代农业基地的发展愿景,以及与其对应的政策完善策略。对乡村居民点空间优化类型进行细分,并从业态功能、规模容量、设施配套、形态风貌和社会管理等方面制订差异化的优化措施。

目　　录

序一 / 彭震伟

序二 / 张京祥

前言

第 1 章　绪论:超大城市乡村空间演化起源 …… 001

1.1　背景:从乡村振兴到国土空间规划和超大城市空间优化 …… 001

1.2　对象:乡村居民点内涵辨析 …… 003

1.3　目标:揭示演化特征、机理和制订优化策略 …… 004

1.4　框架:研究思路、技术路线与方法 …… 006

1.5　内容:本书章节组成 …… 009

第 2 章　国内外乡村空间演化研究述评 …… 012

2.1　乡村空间演化研究的国际脉络 …… 012

2.2　乡村空间演化研究的国内进展 …… 020

2.3　国内外研究特点评述 …… 029

第 3 章　理论分析框架和数据准备 …… 039

3.1　六种理论:乡村空间演化研究的基础 …… 039

3.2　研究范围选择:自然环境、社会经济与政策的代表性 …… 048

3.3　三个截面:嘉定区发展历程与时段选择 …… 052

3.4　两类尺度:行政村和用地图斑尺度相结合 …… 055

3.5　本书数据来源与处理方法 …… 058

3.6　本章小结 …… 061

第 4 章　上海市城乡空间格局演变历程 …… 064
4.1　2000 年以前上海城乡关系演进历程 …… 064
4.2　2000 年以来上海城乡关系演进历程 …… 069
4.3　超大城市城乡空间格局和乡村功能的变化特征 …… 076
4.4　本章小结 …… 080

第 5 章　乡村居民点空间演化特征 …… 083
5.1　数据提取和测度指标 …… 083
5.2　城乡空间格局演变特征 …… 086
5.3　产业构成和人口构成变化 …… 091
5.4　规模演变特征 …… 097
5.5　分布演变特征 …… 101
5.6　形态演变特征 …… 108
5.7　空间演化类型解析 …… 112
5.8　本章小结 …… 117

第 6 章　空间演化的影响因素和作用机理 …… 120
6.1　总体思路和分析方法 …… 120
6.2　自然环境因素的相关性分析 …… 122
6.3　社会经济因素的相关性分析 …… 128
6.4　政策因素的影响路径分析 …… 140
6.5　政策耦合多因素的作用模式 …… 150
6.6　本章小结 …… 155

第 7 章　典型村庄空间演化和政策作用机理 …… 158
7.1　典型村庄选取和数据处理 …… 158
7.2　演变阶段划分和历程梳理 …… 162
7.3　空间形态演变 …… 170
7.4　社会形态演变 …… 182
7.5　经济形态演变 …… 189

7.6　政策调控作用机理 …… 196
7.7　本章小结 …… 203

第8章　城乡等值导向下乡村居民点空间优化策略 …… 206
8.1　城乡等值趋向和乡村面临挑战 …… 206
8.2　乡村转型路径和宏观布局优化策略 …… 221
8.3　乡村政策模式和微观空间优化策略 …… 233
8.4　本章小结 …… 245

第9章　结论 …… 248
9.1　主要研究结论 …… 248
9.2　主要创新点 …… 251
9.3　研究不足与展望 …… 253

后记 …… 256

第1章　绪论:超大城市乡村空间演化起源

1.1　背景:从乡村振兴到国土空间规划和超大城市空间优化

1.1.1　认识乡村居民点的空间演化是乡村振兴战略的客观要求

我国乡村人口多、底子薄、农业基础差,城乡差距大(刘彦随,2018)。进入21世纪以来,为促进乡村发展,国家相继实施了统筹城乡发展、新农村建设、城乡一体化和新型城镇化等一系列战略。党的十九大以后,强调"实施乡村振兴战略",着力破解城乡发展不平衡、乡村发展落后等问题,弥补全面建成小康社会的乡村短板。但从目前看,乡村振兴战略实施仍然面临一系列挑战,突出表现在以下三个方面:①乡村生态环境恶化。乡村生态空间保护不力,农业生产活动和建设活动的侵占时有发生,破坏了乡村生态空间本底。乡村工业废水废气缺乏有效处理,农业面源污染问题突出,加之乡村居民点污水集中收集和处理的普及度不高,造成了乡村生态环境的持续恶化(武前波 等,2017)。②乡村各项公共设施仍然滞后。我国大部分乡村存在规模小、分布散的特点,造成各项公共服务和市政设施配置和使用成本过高,乡村公共财力难以承担,各项配套设施水平低下(栾峰 等,2014)。③乡村居民点空间科学合理的优化路径尚有待探索。一方面乡村宅基地出现闲置,在我国西部地区,乡村人口大量外流,但乡村居民点用地不减反增,形成了"外扩内空"的空心村,造成了土地资源的浪费(周洋岑 等,2016)。另一方面,以节约土地为导向的乡村居民点集中建设尚不尽如人意,一些乡村居民点的集中建设照搬了城镇商品住宅开发模式,造成村民的"被动上楼",引发了诸如生活习惯不适、生活成本提高等一系列社会问题(周游 等,2015)。

我国乡村正处在社会经济快速转型中,乡村居民点空间演化受到一系列政策因素的影响加剧,为避免乡村居民点空间演化的盲目、低效和无序,相关政策的设计需要以掌握乡村居民点空间演化的内在规律为前提。因此,需要立足我国国情和乡村发展实际,探寻乡村居民点空间演化的客观规律,更加有效地指导乡村居民点的空间优化，以改善乡村人居环境，为乡村振兴战略提供实施路径支撑（赵民等，2013；孙莹 等，2017；杨贵庆 等，2018；张立，2018）。

1.1.2 认识乡村居民点的空间演化是国土空间规划编制的基本前提

乡村居民点承载着村民的基本生产和生活，是国土空间的重要组成部分，是乡村地区最为关键的组成部分，决定乡村发展的方向和乡村空间的布局模式（刘彦随 等，2019）。由于乡村地域类型的多样性、社会经济构成的复杂性、利益主体需求的差异性以及演变过程的多元性，导致乡村居民点呈现出鲜明的地域特征和空间差异。但目前对其空间演化的格局、过程、机理和模式还缺乏全面认识和深入研究，导致乡村地区空间规划编制内容与乡村实际不匹配，乡村居民点空间布局模式不能适应农业现代化、村民生活品质化和乡村治理协同化的发展要求。不同区位和产业发展条件下乡村居民点的空间优化路径问题尚待梳理，各级各类乡村规划的编制内容和深度有待协调，乡村地区空间规划尚存在不能用、不好用和不管用的现象（耿慧志 等，2020）。

正确认识和深入理解不同乡村地域类型的空间格局与演变过程是国土空间规划编制的基础。空间格局是乡村居民点的外在物质表现，演变过程可以揭示乡村居民点变化的内在机理。因此需要建立表征乡村居民点空间格局的指标体系、识别乡村居民点空间演化类型、探究乡村居民点地域空间分布的差异性、揭示乡村居民点未来发展动态情景，进而探寻分类优化乡村居民点空间的路径，从而为国土空间规划的编制提供理论指导，促进城乡空间的优化。

1.1.3 认识乡村居民点的空间演化是超大城市空间优化的现实需求

超大城市经历着快速的城镇化和工业化进程，随着城镇用地不断扩张、产业结构不断升级和生产生活方式持续变化，乡村居民点的规模、分布、形态和功能发生了巨大改变。大量乡村居民点用地和农用地被侵占，造成城乡空间结构失衡、土地使用效率降低和生态环境恶化等一系列问题（彭震伟，2018）。由于超大城市地域空间范围广阔、城市规模和人口规模大，其内部不同经济条件和区位的乡村居民点经历了剧烈的空间分化，呈现出多元化发展特征（关中美 等，2018）。城市近郊的乡村出现了显著的非农化和人口过密化；而城市远郊的乡村则出现了明显的空间和产业双重衰败；在宅基地置换和村庄渐进归并政策下，部分乡村居民点完全消失（翁一峰，2014）。

乡村居民点的规模、分布和形态是自然环境因素、社会经济因素和政策因素综合作用的结果（吴传钧，1991）。一方面，乡村居民点空间随着时间的变化呈现出阶段性的演变特征,不同阶段乡村空间演化的主导影响因素不同,其空间演化也就呈现出显著的差异性,因此对乡村居民点空间演化的研究必须用动态的眼光,从时间发展序列的角度来研究多种因素对乡村居民点空间和结构演变的影响。另一方面,不同区位和产业发展条件下,乡村居民点空间发展所受各项因素的影响强弱不同,需要识别不同乡村居民点空间演化的类型和特征,分类探索其空间演化规律和作用机理。因此,如何顺应城乡空间发展要求,有效调控乡村居民点用地布局、结构与功能,提高土地和空间资源配置效率,推动城乡有限土地资源实现可持续利用成为超大城市城乡空间优化的现实需求(张尚武,2014)。

1.2　对象:乡村居民点内涵辨析

本书研究对象为乡村居民点(rural settlement),是人类在乡村各类居住空间的总称,又称乡村聚落。

《辞海》(第七版)将居民点定义为:“人类按照生产和生活的需要而集聚定居的各种形式的居住场所。包括房屋建筑群体,以及与居住有关的各种其他生活设施和生产设施。按性质和规模,可分为城市、集镇、乡村等。”《中国大百科全书》(第二版)将乡村定义为:“区别于城镇的居民点及地区的总称”;将居民点定义为:“人类的各种集居地,各种职能不同、规模不等的城市、集镇和村落都是居民点。”《城乡规划学名词》(2020)将乡村定义为:“具有大面积农业或林业土地使用或有大量的各种未开垦土地的地区,其中包含着以农业生产为主,人口规模小、密度低的人类聚落”;将居民点定义为:“按照生产和生活需要形成的人类集聚定居地点,依据性质和人口规模,可分为城市和乡村两大类。”可见乡村居民点是一个地域概念,与城镇居民点不同,其位于乡村地区,是村民居住和生产生活的聚居地,具有密度小、规模低的特点。

对乡村居民点内涵的认知离不开对行政村、自然村概念的比较(图 1.1)。依据行政建制和管辖范围的差异,乡村可分为行政村和自然村。行政村隶属于乡镇,设有村民委员会,是中国基层群众性自治单位。自然村通常是历史发展中形成的具有紧密社会经济形态的村民小组,可以包含或涉及一个或多个乡村居民点,人口从几十人到上百人不等,是从事农业和家庭副业生产活动的最基本单元(费孝通,2001;王福定 等,2006;温铁军 等,2012;肖红娟 等;江东桂,2018;刘守英 等,2019)。一般情况下,自然村小于行政村,几个相邻的自然村构成一个行政村。

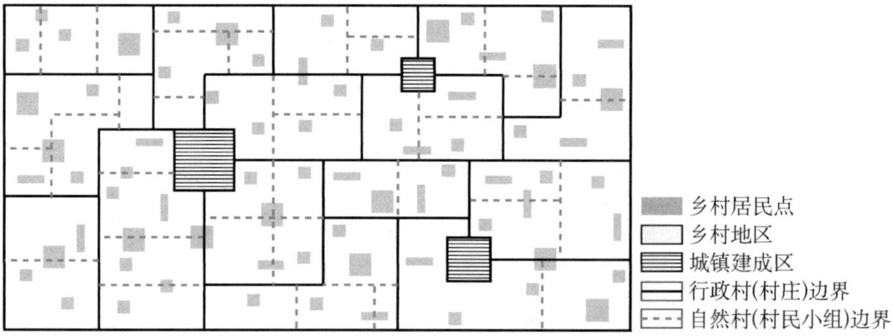

图 1.1　乡村居民点和行政村、自然村的空间关系示意图①

作为本书研究对象的乡村居民点,是指在乡村地区服务于广大村民生活的场所,以乡村宅基地图斑为对象的乡村居住空间。

本书以上海市嘉定区作为实证研究对象,基于三方面考虑:①嘉定区具有差异化的自然环境本底条件,可以分析不同自然环境因素下乡村居民点空间演化的特征;②嘉定区各镇社会经济发展水平存在显著的梯度差异,从南至北呈现出从城区边缘到远郊区的社会经济特征变化,可以研究不同社会经济因素对乡村居民点空间演化的影响;③嘉定区经历过全方位乡村政策的试点实践,可以探寻不同政策对乡村居民点空间演化的影响。因此,以嘉定区为例开展研究可以小中见大,囊括不同自然环境、社会经济和政策要素对超大城市乡村居民点空间演化的影响。

1.3　目标:揭示演化特征、机理和制订优化策略

1.3.1　研究目标和内容

目标是揭示超大城市乡村居民点空间演化的特征和规律,探究乡村居民点空间演化的影响因素及其作用机理,制订面向未来的乡村居民点空间优化策略,为超大城市乡村居民点的分类调控提供理论指导。

(1) 揭示超大城市乡村居民点空间演化的特征和规律。分析乡村产业、人口和空间变化的总体特点,剖析各村居民点在规模、分布、形态等方面的地域分化特征,凝练空间演化的类型,并比较分析各类型村庄内部空间形态、社会形态和经济形态演变的详细过程和特征差异,总结空间演化规律。

---

① 本书图片来源除特别注明外,均为作者自绘。

(2) 探究超大城市乡村居民点空间演化的影响因素及其作用机理。识别影响乡村居民点空间演化的各类因素,厘清各类因素的作用范围和影响强弱,判别不同地域单元内乡村居民点空间演化的主导影响因素,诠释多因素影响下乡村居民点空间演化的典型模式及其作用机理。

(3) 制订面向未来的乡村居民点空间优化策略。剖析超大城市乡村发展未来趋势和面临的挑战,解析超大城市乡村发展的价值导向和战略意义,明确乡村发展的目标,并从乡村居民点宏观空间布局和微观空间形态两个方面分别制订空间优化策略。

1.3.2　研究意义

通过考察超大城市地区快速城镇化阶段乡村居民点的空间演化特征和作用机理,可以揭示超大城市乡村居民点空间演化的普适性规律和特点,提供一种典型区域(即人地关系紧张的超大城市)的研究成果,丰富和完善发展中国家乡村居民点研究的内容和理论体系,同时为乡村居民点空间优化实践提供指导。

(1) 理论上深化突破。超大城市作为城镇化先发地区,其内部不同自然环境和社会经济条件的乡村经历不同的政策调控后,呈现出空间多元分化特征。研究其空间演化特征和作用机理,可以丰富乡村居民点空间演化的理论成果。首先,将产业、人口、空间三个维度融入宏观和微观两个尺度中,拓展空间演化特征研究的理论视角。宏观尺度以 146 个行政村为实证样本,从产业构成、人口构成、空间结构等深入解析空间演化的类型和总体规律。微观村域尺度的研究则聚焦行政村本身,剖析其空间形态、社会形态和经济形态的演变过程和细节差异。其次,多因素与多模式相结合,强化影响因素和作用机理研究的理论深度。一方面,逐一量化分析各类因素在不同村域单元与乡村居民点空间演化的相关性强弱和影响路径。另一方面,解析政策耦合自然环境和社会经济因素的作用模式,诠释不同政策模式的作用机理及其差异。

(2) 实践上有效指导。本书将价值导向和需求导向相结合,既可为超大城市乡村发展指明方向,也能分类制订乡村居民点的空间优化路径,为乡村空间优化实践提供指导。首先,剖析世界城乡转型历程,研判超大城市乡村发展的未来趋势,重新认识乡村的多元价值,明确乡村对上海建设全球卓越城市的战略意义,确立城乡等值的发展导向。其次,剖析乡村面临的各项挑战,从宏观和微观两个层面分类制订乡村居民点的空间优化策略,解决乡村发展的各项现实问题。

1.4 框架：研究思路、技术路线与方法

1.4.1 研究思路

本书以宏观空间演化特征—影响因素及其作用机理—微观空间演化特征和政策作用机理—空间优化策略为研究主线，集成土地利用数据、社会经济统计数据和现场调研数据等开展研究。

首先，揭示宏观空间演化特征。以嘉定区全区为对象，分析乡村居民点空间演化的总体特点和地域分化特征，凝练空间演化的主导类型和规律。其次，解析影响因素和诠释作用机理。以行政村为单元，分因素定量解析不同因素与乡村居民点空间演化的相关性强弱，诠释不同强度的政策干预耦合自然环境和社会经济因素的模式及其机理。再次，剖析微观空间演化特征和政策作用机理。以典型村庄为对象，分析不同政策模式下乡村空间形态、社会形态和经济形态的演变过程和详细特征差异，比较不同模式作用机理的差异。最后，提出空间优化策略。研判超大城市乡村发展未来趋势和面临的挑战，解析超大城市乡村发展的价值导向，从宏观和微观两个层面提出面向未来的空间优化策略。

1.4.2 技术路线

本书技术路线如图 1.2 所示。

(1) 理论分析框架搭建和数据分析准备。首先，基于文献综述和研究目标，梳理整合相关理论，构建本书理论分析框架。其次，搭建本书数据库，将各年份土地利用数据导入地理信息系统(geographic information system, GIS)软件中，实现与各类空间影像数据、栅格数据、社会经济统计数据和调研数据的空间关联。最后，剖析上海城乡关系的阶段性变化，分析不同阶段城乡空间格局、乡村发展特征和乡村功能的变化特点，为后文研究的开展提供基础。

(2) 乡村居民点宏观空间演化特征研究。首先，分析嘉定区城乡空间格局演变历程以及各村产业构成和人口构成的变化特征。其次，以 2000 年和 2018 年乡村居民点用地数据为基础，关联同时段的地形、交通和河道信息。从乡村居民点规模、分布和形态三个方面来表征乡村居民点空间特征，以行政村为基本单位，选取乡村居民点用地面积、平均斑块面积、斑块密度、邻近道路距离、景观形状指数、邻近河道距离等指标刻画乡村居民点空间演化特征。最后，依据各村居民点在规模、分布和形态的变化差异，解析乡村居民点空间演化类型，凝练出乡村居民点空

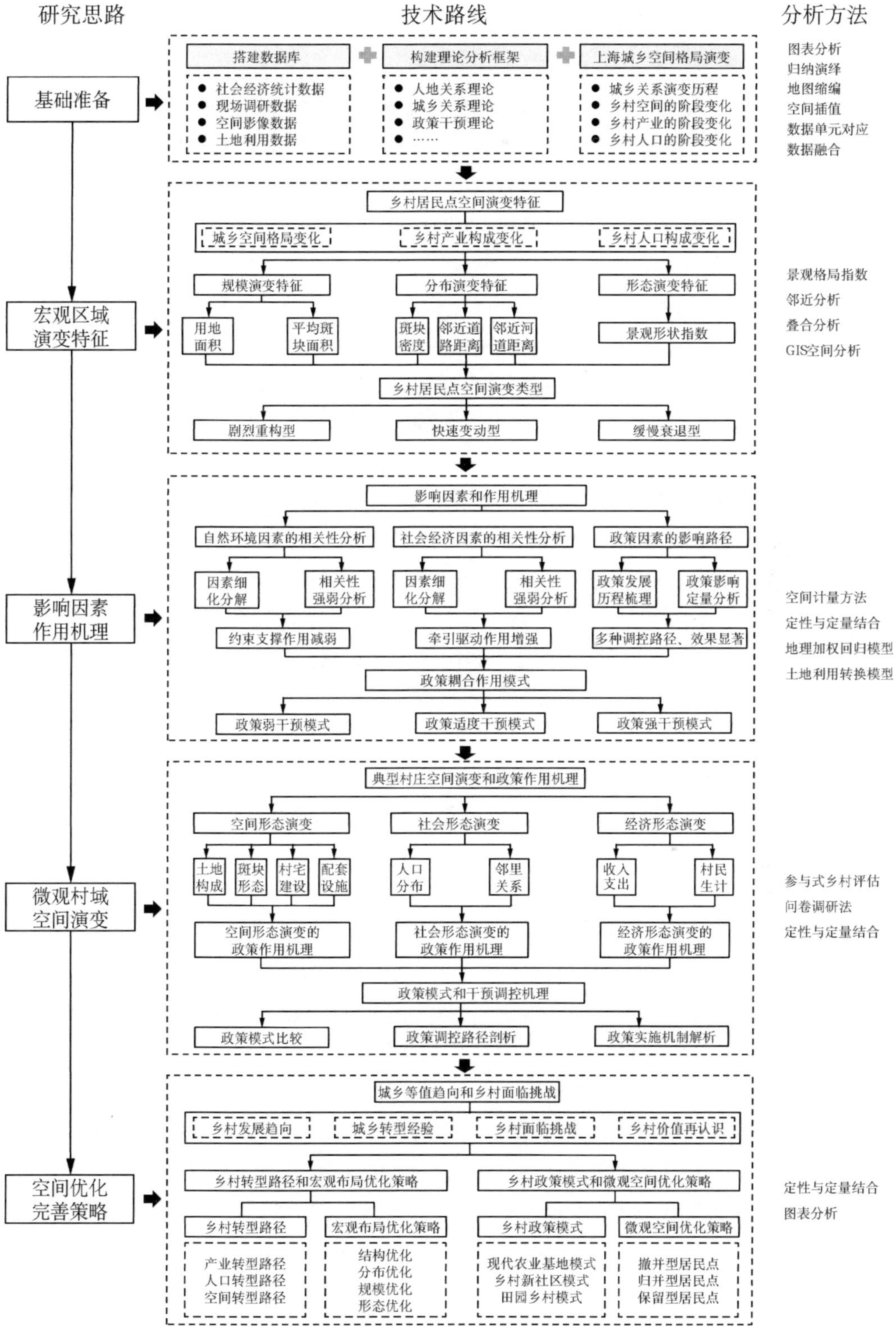
研究思路
技术路线
分析方法
基础准备
搭建数据库
社会经济统计数据
现场调研数据
空间影像数据
土地利用数据
构建理论分析框架
人地关系理论
城乡关系理论
政策干预理论
……
上海城乡空间格局演变
城乡关系演变历程
乡村空间的阶段变化
乡村产业的阶段变化
乡村人口的阶段变化
图表分析
归纳演绎
地图缩编
空间插值
数据单元对应
数据融合
宏观区域演变特征
乡村居民点空间演变特征
城乡空间格局变化
乡村产业构成变化
乡村人口构成变化
规模演变特征
分布演变特征
形态演变特征
用地面积
平均斑块面积
斑块密度
邻近道路距离
邻近河道距离
景观形状指数
乡村居民点空间演变类型
剧烈重构型
快速变动型
缓慢衰退型
景观格局指数
邻近分析
叠合分析
GIS空间分析
影响因素作用机理
影响因素和作用机理
自然环境因素的相关性分析
社会经济因素的相关性分析
政策因素的影响路径
因素细化分解
相关性强弱分析
因素细化分解
相关性强弱分析
政策发展历程梳理
政策影响定量分析
约束支撑作用减弱
牵引驱动作用增强
多种调控路径、效果显著
政策耦合作用模式
政策弱干预模式
政策适度干预模式
政策强干预模式
空间计量方法
定性与定量结合
地理加权回归模型
土地利用转换模型
微观村域空间演变
典型村庄空间演变和政策作用机理
空间形态演变
社会形态演变
经济形态演变
土地构成
斑块形态
村宅建设
配套设施
人口分布
邻里关系
收入支出
村民生计
空间形态演变的政策作用机理
社会形态演变的政策作用机理
经济形态演变的政策作用机理
政策模式和干预调控机理
政策模式比较
政策调控路径剖析
政策实施机制解析
参与式乡村评估
问卷调研法
定性与定量结合
空间优化完善策略
城乡等值趋向和乡村面临挑战
乡村发展趋向
城乡转型经验
乡村面临挑战
乡村价值再认识
乡村转型路径和宏观布局优化策略
乡村政策模式和微观空间优化策略
乡村转型路径
宏观布局优化策略
乡村政策模式
微观空间优化策略
产业转型路径
人口转型路径
空间转型路径
结构优化
分布优化
规模优化
形态优化
现代农业基地模式
乡村新社区模式
田园乡村模式
撤并型居民点
归并型居民点
保留型居民点
定性与定量结合
图表分析

图 1.2　研究技术路线图

间演化规律。

(3) 乡村居民点空间演化的影响因素及其作用机理。首先，将自然环境因素、社会经济因素和政策因素分解细化为不同的因子，分析各因子与乡村居民点空间演化关系。运用地理加权回归模型，考察了河道、农用地、城镇用地、工业用地、城镇中心、主要道路、人口密度和人均收入等自然环境和社会经济因子与乡村居民点空间演化的相关性和作用机理；运用土地利用转换模型考察不同政策对乡村居民点空间演化的影响强弱并分析调控路径。其次，剖析政策耦合自然环境和社会经济因素的干预调控模式，结合乡村居民点空间演化特征，解析强干预、适度干预和弱干预等不同政策模式作用下乡村居民点空间演化的机理。

(4) 乡村居民点微观空间演化特征和政策作用机理。首先，运用参与式乡村评估和问卷调研等方法，选取典型村庄，作为在不同政策模式主导下的微观研究对象，系统梳理典型村庄的空间演化历程。其次，从空间形态、社会形态和经济形态三个维度，选取土地构成、斑块形态、村宅建设、设施配套、人口分布、邻里关系、收入支出和村民生计等指标剖析各村空间演化详细过程和细节特征的差异。最后，比较分析不同政策模式的调控内容和路径，细化诠释不同政策模式的作用机理。

(5) 乡村居民点的演变趋势分析和空间优化策略。首先，梳理世界城乡关系发展规律，研判超大城市乡村发展趋势，剖析乡村发展面临的挑战，重新认识超大城市乡村价值。其次，分类剖析乡村产业、人口和空间转型路径，从结构、规模、分布和形态等方面制订乡村居民点宏观布局优化策略。最后，结合各村产业和人口发展的差异，升级完善乡村政策模式，制订各类乡村居民点微观空间优化策略。

1.4.3 研究方法

(1) 文献归纳法。为了解乡村居民点空间演化的国内外研究进展，必须采用文献归纳法，梳理总结既有研究的主要内容，掌握乡村居民点空间演化研究的总体脉络，存在的问题和可以进一步研究的知识点，进而明确界定研究问题。同时，为加强对本书研究的整体指导，需要梳理相关研究理论并对其整合和凝练，形成理论分析框架，突出研究的创新性。

(2) GIS 空间分析方法和景观格局指数。为探究乡村居民点宏观空间演化特征，本书关联用地数据和社会经济统计数据，从规模、分布和形态等方面展开分析，综合运用了 GIS 的多种空间分析方法，具体包括邻近距离分析、融合分析、空间插值、空间数据测量、边界简化等方法。同时，为精准识别乡村居民点空间形态的变化，本书运用 Fragstats 软件计算乡村居民点斑块的景观格局指数，涉及的指标包括平均斑块面积、景观形状指数、面积分维数、斑块密度、景观分割度、景观聚合度等。

(3) 回归分析和空间计量分析方法。为探究不同影响因素和乡村居民点空间演化的关系,运用线性回归方法对乡村居民点空间演化的影响因素进行了整体识别和量化分析。为研究不同因素在行政村尺度上对乡村居民点空间演化的影响强弱差异,本书运用了空间计量分析方法。对于可以直接量化的自然环境因素和社会经济因素,运用地理加权回归模型,诊断不同影响因素对乡村居民点空间演化的影响范围和强弱差异。对于不能直接量化的政策因素,运用土地利用转换模型侧面反映政策的差异化影响。

(4) 参与式乡村评估和问卷调查方法。为获取典型村庄内部不同发展阶段的用地数据,提高数据的准确性和精度,本书运用了参与式乡村评估方法。从区镇两级规划和国土部门收集相关土地利用数据,基于卫星遥感影像提取用地图斑,通过与驻村干部和熟悉村情的村内老人反复核对修改,获得主要年份相对准确的土地利用数据。为获取各村乡村发展和村民意愿的详细数据,本书运用了问卷调查的方法。通过针对村庄、村民、外来人口的三种典型调研问卷获得社会经济属性数据,并走访当地规划、农业和建设管理部门,了解其乡村规划管理的难点和诉求。

此外,在分析乡村居民点空间演化特征,凝练乡村居民点空间演化类型,解析乡村居民点空间演化作用机理以及制订空间优化调控策略中,均采用了定性和定量结合的方法。

1.5　内容:本书章节组成

基于以上对研究对象、研究目标、研究思路和研究方法的分析,本书各章内容安排如下:第 1 章、第 2 章、第 3 章是研究的先导部分,第 4 章、第 5 章、第 6 章、第 7 章、第 8 章是研究的主体部分,第 9 章为研究结论。

第 1 章为绪论。主要介绍研究背景和研究目的,明确研究对象,提出研究目标,概要叙述相关研究思路和方法,并提出本书的技术路线。

第 2 章为文献综述。梳理汇总国内外关于乡村居民点空间演化研究的总体脉络、主要内容和相关要点,分析研究存在的问题,确定本书研究的切入点。

第 3 章为理论分析框架和数据准备。基于政策干预理论、空间多重属性理论和耦合理论,构建理论分析框架,明确研究的空间对象、时间区段和空间尺度,简述数据预处理方法。

第 4 章为上海市城乡空间格局演变历程。梳理上海市城乡关系发展历程,重点分析 21 世纪以来上海乡村空间、产业和人口结构的变化特征，剖析不同阶段城乡空间格局和乡村功能的演变特征。

第 5 章为乡村居民点空间演化特征。剖析嘉定区城乡空间格局、产业构成和人口构成的变化特点。从规模、分布、形态三个视角分析乡村居民点空间演化的差异特征，并解析空间演化类型及其规律。

第 6 章为空间演化的影响因素和作用机理。以行政村为单元，定量解析自然环境、社会经济和政策因素与乡村居民点空间演化的相关性强弱。之后，剖析不同政策干预强度耦合自然环境和社会经济因素的模式及其作用机理。

第 7 章为典型村庄空间演化和政策作用机理。选取不同政策模式下典型村庄，分别梳理其空间演化历程，剖析其空间形态、社会形态和经济形态的演变特征差异，诠释不同政策模式的作用机理及其差异。

第 8 章为城乡等值导向下乡村居民点空间优化策略。剖析超大城市乡村发展未来趋势和面临的挑战，明确超大城市乡村发展的价值导向，从宏观和微观两个层面提出空间优化策略。

第 9 章为结论。概括叙述本书研究的主要结论和创新点，对本书的不足之处和研究局限作出总结，并对后续研究提出展望。

参考文献

费孝通，2001. 江村经济[M]. 上海：商务印书馆.

耿慧志，李开明，2020. 国土空间规划体系下乡村地区全域空间管控策略——基于上海市的经验分析[J]. 城市规划学刊，(4)：58-66.

关中美，杨贵庆，王祯，等，2018. 我国乡村空间研究进展与热点的可视化分析[J]. 现代城市研究，(9)：2-9.

江东桂，2018. 基于村民意愿的中心村村庄建设规划探讨——以江西九江庐山区威家镇九星村为例[J]. 小城镇建设，36(9)：91-99.

刘守英，熊雪锋，2019. 产权与管制——中国宅基地制度演进与改革[J]. 中国经济问题，(6)：17-27.

刘彦随，2018. 中国新时代城乡融合与乡村振兴[J]. 地理学报，73(4)：637-650.

刘彦随，周扬，李玉恒，2019. 中国乡村地域系统与乡村振兴战略[J]. 地理学报，74(12)：2511-2528.

栾峰，陈洁，臧珊，等，2014. 城乡统筹背景下的乡村基本公共服务设施配置研究[J]. 上海城市规划，(3)：21-27.

彭震伟，2018. 小城镇发展与实施乡村振兴战略[J]. 城乡规划，(1)：11-16.

孙莹，张尚武，2017. 我国乡村规划研究评述与展望[J]. 城市规划学刊，(4)：74-80.

王福定，马骁，2006. 中心村规划建设实践中的问题与对策——以浙江省温岭市为例[J]. 城市规划，(7)：48-51.

温铁军，杨帅，2012. 中国农村社会结构变化背景下的乡村治理与农村发展[J]. 理论探讨，(6)：76-80.

翁一峰，2014. 苏南乡村人地空间组织与模式探究——以产权关系为视角[J]. 城市规划学刊，(6)：30-37.

吴传钧，1991. 论地理学的研究核心——人地关系地域系统[J]. 经济地理，(3)：1-6.

武前波，俞霞颖，陈前虎，2017.新时期浙江省乡村建设的发展历程及其政策供给[J].城市规划学刊，(3)：86-94.

肖红娟，2013.珠江三角洲地区乡村转型及规划策略研究[J].现代城市研究，28(6)：41-45+50.

杨贵庆，关中美，2018.基于生产力生产关系理论的乡村空间布局优化[J].西部人居环境刊，33(1)：1-6.

张立，2018.我国乡村振兴面临的现实矛盾和乡村发展的未来趋势[J].城乡规划(1)：17-23.

张尚武，2014.乡村规划：特点与难点[J].城市规划，(2)：17-24.

赵民，陈晨，郁海文，2013."人口流动"视角的城镇化及政策议题[J].城市规划学刊，(2)：1-9.

周洋岑，罗震东，耿磊，2016.基于"精明收缩"的山地乡村居民点集聚规划——以湖北省宜昌市龙泉镇为例[J].规划师，32(6)：86-91.

周游，周剑云，2015.城市规划区内的乡村规划编制实践——以广州市南沙区芦湾村规划为例[J].城市规划，39(8)：92-100.

第 2 章 国内外乡村空间演化研究述评

乡村居民点空间演化体现在其用地规模、空间分布和形态的变化，反映了社会经济发展背景下城乡要素资源的配置变化（龙花楼，2013；张佰林 等，2016）。乡村居民点空间分布与区域自然环境、社会经济发展水平的匹配程度，影响着空间演化的方向和程度。本章在梳理国内外乡村居民点空间演化既有成果的基础上，分析既有研究取得的主要成就和存在的主要问题，成为本书研究的基础。

2.1 乡村空间演化研究的国际脉络

2.1.1 四个阶段的研究历程

国外关于乡村居民点的研究开始于 19 世纪西方学者对乡村地区人地关系的探索。经过相关文献梳理，国外相关的研究可以划分为四个阶段。①19 世纪到 20 世纪 20 年代，是研究的起步阶段。在该阶段内，主要集中于乡村居民点与自然环境因素关系的研究，总体呈现研究范围小、以定性描述性研究为主的特征。②20 世纪 20—60 年代，研究内容扩展到乡村居民点类型划分、区位和功能的研究，该阶段进行了大量的实证研究，但总体上仍以定性分析和简单的定量分析为主。③20 世纪 60—80 年代，空间计量技术的发展拓展了乡村居民点的研究方法，使研究进入计量化阶段，使乡村居民点从静态的断面研究转向动态的历时性研究。同时可持续发展理念的提出，导致乡村居民点研究的升温。该阶段研究内容拓展至乡村居民点空间演化特征和作用机理的研究（CLOKE，1980）。④进入 20 世纪 80 年代后，受后现代主义等众多哲学思潮的影响，国外对乡村居民点的研究开始转向人文和社会方向。该阶段的研究内容日益多元化，包括村民邻里关系变化（KISS，2000）、乡村空间演化模式、乡村居民点规划和实施等方面。特别是进入 21 世纪以来，多学科融合共同关注乡村居民点出现的新问题和新变化。

2.1.2　空间演化特征研究

乡村居民点空间不仅涉及地形、土壤、气候等物质要素，而且涉及人口结构、经济收入、政策等非物质要素内容。同时，研究乡村居民点的著名学者 WOODS 认为乡村居民点空间不仅是静态空间，而且呈现出动态演变的过程，某一时间截面的乡村居民点空间布局是其空间演化的组成部分(2010)。

1. *乡村居民点空间布局*

乡村居民点分布。对乡村居民点空间分布与自然环境、社会经济因素之间相互关系的研究一直是乡村居民点研究的重要内容。随着研究的深入，对乡村居民点空间分布的研究从定性描述转向基于模型的量化分析。①THÜNEN 基于德国农业生产土地利用经济性提出的"农业区位论"影响深远，成为居民点分布研究的基础，目前仍有学者围绕该理论进行乡村居民点分布的研究(1826)。KOHL 对德国中部平原乡村居民点分布与地形、农业活动和交通条件的关系开展研究，发现乡村居民点趋向分布于地形平坦、交通便利、靠近农田的位置，成为乡村居民点分布研究的先驱。地形、阳光等自然环境因素对乡村居民点选址有重要影响，乡村居民点趋向分布于阳光充足、地形平缓的南面山坡地带。SCHJELLERUP 以秘鲁安第斯山脉为例，研究海拔高度对乡村居民点分布的影响，发现随着山脉高度的增加，乡村居民点分布的密度显著降低(2000)。②乡村居民点形成与社会经济条件有重要关系，发现在不同的产业类型下，乡村居民点的空间分布存在显著差异。VERMEER 在研究乡村居民点分布时发现，居民家庭经济收入的区域分化会引起居民点分布的空间不均匀。KNAPP 研究乡村居民点分布与基础设施配置的关系，发现在不同的基础设施配置方式下，乡村居民点的分布呈现显著差异，集中式的基础设施配置方式有利于促进乡村居住点空间分布的集中(1991)。NELSON 通过对美国早期乡村居民点空间分布的研究，发现人类的各项决策影响居民点的空间分布、形态和总体结构，早期美国乡村居民点分布主要为其拓荒和居住服务(2001)。

乡村居民点形态。国外学者围绕乡村居民点形态开展了大量研究，提出了一系列乡村居民点空间形态的测度指标和分类标准，经历了从一般性描述到统计性描述到分类统计的过程。①对居民点空间形态的研究开始于19世纪末20世纪初，主要对乡村居民点的空间集聚或分散作出界定。如 MEITZEN 以德国北部居民点为例，依据乡村居民点形态与土地划分、住宅分布、道路网等因素的关系，将其划分为集村、孤立住宅、园村、街村等(1895)。②依据乡村居民点斑块的个体形态形成统计性描述的基础。如 CHRISTALLER 把乡村居民点形态分为不规则的居民点和规则的居民点，规则的乡村居民点又分为街道型、线型和庄园型等类型(1933)。DEMANGEON 发表了《法国乡村居民点的类型》，将法国乡村居民点划分为长型、块型、星型、趋向分散四种类型(1928)。③随着 GIS 和 Fragstats 等空间分析软件的出现，形成了诸如景观形状指数、斑块面积分维数等一系列测度乡村居民点形态的指标，为乡村居民点空间形态的定量划分提供基础。如 PACIONE 将欧洲不同地区的乡村居民点划分为规则型、随机型、集聚型、线型、低密度型和高密度性 6 种类型(1984)。HILL 依据乡村居民点在形状、密度间的差异，将匈牙利乡村居民点分为 5 种类型(2003)。

乡村居民点类型和结构体系。国外学者围绕乡村居民点规模、分布、形态、职能等因素的差异，从多方面对乡村居民点的类型和结构体系进行了探索。①依据乡村居民点的形态和分布的差异，对法国乡村居民点结构体系进行了划分(BRUNHES et al.，1925)。基于对德国南部乡村居民点规模、服务等级、与市场中心距离的研究，提出中心地理论，独辟蹊径把空间关系和经济价值关系结合起来(CHRISTALLER，1933)。该理论对中心村选址和乡村居民点空间结构体系的规划和建设有重要的指导作用。②MCGEE 研究了发展中国家城镇化推进过程中城乡之间出现的"灰色区域"，呈现出一种既非城市，也非乡村的空间类型，命名为 Desakota(在印尼语中，Desa 是乡村，Kota 是城市)，这种结构类型可以促进城乡之间的双向交流(1991)。③为完善乡村居民点分类体系，提出涵盖功能、形态位置、起源及发展趋势的体系，优化了居民点划分方法。随着 GIS 技术的发展，乡村性指数(Rural Settlement Index)得以提出，基于多个要素的权重计算，用于对乡村居民点的整体空间结构和发展水平进行定量评估(MICHALEK et al.，2012)。

2. 乡村居民点空间演化

不同空间尺度下演变特征。乡村居民点在不同空间尺度下，其空间的形成、发展、分异和组合的特征有差异，国外学者从多个空间尺度开展研究。①在全球层面，考察世界乡村居民点发展，将典型的乡村到典型的城市排列成一个连续谱系，划分出一条完整的城乡空间结构演变轨迹(TROEN，1988)。②在国家层面，北美地区经历了人口迅速增长和土地价格快速上升的时期，大量农用地转为乡村居民点用地，推动了对乡村居民点空间演化特征的研究(SMALL et al.，2003)。MARLOW 和 BROWN 等学者研究发现美国乡村居民点用地持续增长，并且其增长面积是城市居民点用地的 2 倍(2002)。③在区域层面，研究瑞典中部地区乡村居民点空间演化特征，概括出空间演化的基本模型(BROWN，2005)。④在城市层面，DAHMS 研究了加拿大多伦多周边小城镇外围的乡村居民点空间演化特征(1998)。CARRION 等分析在快速城镇化背景下,乡村人口非农化、乡村产业结构的调整、生活方式的转变都对乡村居民点空间演化产生重要影响(2004)。HAINES 在分析乡村居民点空间演化特征后,提出控制乡村居民点规模扩张的四项策略:包括控制用地的最低规模、购买发展权、转移发展权和划定乡村居民点建设边界。对比分析后,认为划定乡村居民点建设边界是最为有效的控制乡村居民点用地扩张的措施(2007)。

典型村域内部空间演化特征。相关研究从乡村住宅空间设计、功能形态、土地使用、布局模式和生态空间变化等方面分析了乡村居民点内部空间的演变特征。基于欧洲和北美国家的乡村研究,发现乡村住宅作为村民最为重要的生存空间,其体量、空间设计和内部功能都是与周边环境相互适应的结果,差异的自然地理环境塑造了不同乡村住宅空间,进而导致乡村居民点形态的变化。以波兰东部卢布林省三个分别将民居、旅游和农业作为主导功能的乡村为例,发现在不同的经济主导功能下,其新增住宅的布局、内部空间和建筑风貌均不同,从而加剧了乡村居民点形态的差异。运用土地利用变化矩阵和景观格局对西班牙巴塞罗那三个乡村开展研究,发现随着技术进步,乡村居民点用地从分散走向集中(MARULL et al., 2010)。基于澳大利亚南部乡村的研究,发现原有乡村居民点布局模式是与传统谷物种植和绵羊饲养相适应,随着农业机械化的使用和农业交易方式的变化,以及村民对生活质量要求的提高,村民逐步从小型居民点向公共服务设施更完备的居民点迁移,从而带来乡村居民点空间的变化(WILLIAMS, 1977)。此外,部分学者研究了乡村内部生态空间的变化,发现乡村居民点用地的扩张占据了乡村大量农田、林地和水域等生态空间,造成乡村生态功能的下降(VANSCHYNDEL, 2008)。

2.1.3　影响因素及其作用机理研究

乡村居民点的形成和发展受自然环境因素、社会经济因素和政策因素的影响。相关研究从关注单一自然环境因素的影响逐步转向对社会经济因素和政策因素的分析。

1. 自然环境因素

相关研究主要关注自然环境因素对乡村居民点规模、分布和形态的影响。KOHL 在《人类交通居住地与地形的关系》一书中论述了乡村居民点分布与地形、地理环境和交通线的关系(1984)。BRUNCHES 研究法国乡村居民点与农业系统的关系,发现乡村居民点布局反映了整个区域的自然条件,同时乡村居民点的空间形态受到自然地理环境的影响(1925)。GILG 在其著作《乡村地理学》一书中研究了乡村交通与乡村居民点空间形式的关系，发现在交通便捷的区域，乡村居民点多沿路呈带状分布(1985)。对希腊岛屿型乡村和盆地型乡村的研究，发现不同的地形和自然环境影响了乡村居民点的可视性，在可视性高的区域其乡村居民点规模相对较大(SEVENANT et al., 2007)。对俄罗斯乡村空间分布的研究，发现其乌拉尔山以西的平原土壤肥沃，适宜耕种，乡村居民点分布密度高；而乌拉尔山以东的区域多为冻土，其气候严寒，乡村居民点分布密度低；从数值来看，西部乡村居民点的密度约是东部的10倍(ALEKSEEV et al., 2015)。对墨西哥山谷盆地乡村的研究，发现受地形、地貌和植被覆盖的差异影响，其乡村居民点多呈现松散的空间布局。

2. 社会经济因素

社会经济因素主要通过引导人群居住选址行为来影响乡村居民点的空间演化，相关研究涉及的社会经济因素涉及全球化、城镇化、经济发展、村民生计、基础设施布局等经济因素，以及人口分布和流动、人群的心理因素、乡村文化等社会因素(WILSON et al., 2012)。全球化进程加快了资源要素在全球范围内的配置，推动乡村融入全球网络中，资源要素和经济分工的差异加剧了乡村空间的分化，使乡村居民点空间演化存在显著的异质性和多样性特征(MURDOCH et al., 2003)。城镇化和乡村非农经济发展加剧了城乡之间的收入差距，推动村民在更大范围内集聚，新建的乡村居民点规模不断扩大，原有的小型居民点逐渐废弃并消失，造成乡村居民点规模结构的根本改变(WANG et al., 2021)。处于不同地理区位的乡村，其受到周边城市的辐射作用不同，与城市的各种联系存在显著差异，导致不同区位的乡村居民点空间演化的程度日益差异化和区域化。乡村非农经济的发展，加速了村民职业的分化，形成了不同的村民生计类型，从而使村民形成差异化的空间需求，以血缘和地缘为主导的乡村居住空间结构逐渐解体，形成以业缘为基础的空间组织特征。基于挪威乡村的研究，发现为满足旅游发展的需要，新增了大量度假房屋，破坏了乡村居民点的空间布局，引发了当地村民和投资者之间的矛盾。此外，基于南非乡村居民点分布与基础设施布局的影响，发现乡村道路等基础设施可达性直接影响了乡村居民点的分布和空间形态(MCCARTHY, 2008)。

人口分布和流动、不同人群的心理因素和乡村文化等社会因素也对乡村居民点的演变造成了重要影响。基于澳大利亚中西部乡村居民点20年内人口流动，发现伴随着人口从小型居民点向大型居民点的流动，原有的小型居民点逐渐废弃和消失，带来乡村居民点规模和布局的变化(ARGENT et al., 2005)。基于俄罗斯乡村的研究，发现乡村居民点人口数量逐步减少，原有乡村基础教育和卫生服务设施难以运营并在更大范围内集聚，而设施的布局变化进一步推动乡村居民点从原有的分散结构转向集中布局(ZUBAREVICH，2013)。

在全球制造业从发达国家向发展中国家转移的过程中，发达国家大量的制造业失业人口涌入乡村，从事乡村旅游和服务业等多功能产业，诱发了乡村居民点空间的变化(JOHAN，2017)。同时，发达国家的城市人群在收入提高后，出于对乡村自然风光的热爱，出现了从城市向乡村迁移的现象，造成了部分乡村的绅士化。基于对英国伯克郡两个乡村的研究，发现该村的人群主要从城市迁移而来，促进了该村经济发展，但也加剧了城市人群和当地村民的矛盾，造成了乡村居民点空间的异化(PHILLIPS，2002)。基于印度尼西亚乡村的研究，发现其从传统农业村转向手工业旅游村时，其传统文化对乡村居民点布局以及街巷空间的形成具有重要作用。

3. 政策因素

政策可以有效调节乡村居民点的空间演化，相关研究主要集中在三方面。①对不同政策效果的具体分析。学者比较了中心村政策和村庄均衡化发展政策的差异，发现中心村政策在短时间内对乡村居民点空间演化的影响更大(SILLINCE，1986)。提高乡村公共设施配置标准可以促进乡村居民点从分散转向集聚的布局模式(MCLEMAN et al.，2011)。在乡村电子商务政策影响下，由于缺乏相关的监管政策，乡村居民点空间从居住功能向商品生产和销售功能转变，其用地规模增大，空间布局也更为杂乱，其空间演化具有非正式性和不可持续性。多个国家的学者研究了土地整治政策，发现其通过将细碎的农用地进行合并整理，可以优化乡村居民点和农用地之间的布局，以适应农业现代化和村民生活水平提升的需要，为乡村的进一步发展提供适宜的空间(LONG et al.，2012)。②对不同地区乡村政策的实证研究。基于南非 TRANSKEI 地区从 19 世纪到 20 世纪乡村居民点空间演化的研究，发现不同时期的政策调控是推动乡村居民点空间变化的重要因素(LEWIS，1986)。基于日本典型空心村复苏的研究，发现政府引入外部社会资本，加强村民与外界的联系，增加了就业岗位，缓解了乡村人口流失的问题，乡村居民点空间也得到再利用(YOSHITAKE et al.，2008)。基于斯洛文尼亚三个乡村二百多年空间演化的研究，发现适宜的政策可以促进乡村居民点用地演变，发挥正向调节作用；但在不同时期也存在部分政策缺乏与社会经济条件的紧密结合，导致乡村居民点用地闲置和空间破碎等问题(KANIANSKA et al.，2014)。基于英国农业型、矿区型和牧业型三种类型乡村居民点的研究，发现不同类型的政策加剧了各类乡村居民点空间的分化，导致其空间特征差异显著(ROBERTS et al.，2000)。③不同国家政策的比较研究。各国自然资源、空间区位和社会经济条件的差异，加剧了全球乡村居民点空间的分化，应广泛开展国际比较研究。基于中英两国部分地区乡村政策的比较，发现中国东部沿海乡村普遍受自上而下的政策影响，缺乏与当地乡村的紧密结合，导致乡村居民点空间缺乏特色，乡村发展后续乏力；而英国威尔士乡村采用自下而上的更新政策，其乡村居民点空间充满活力。

2.1.4 空间优化策略研究

1. 空间优化的理论观点和维度

乡村居民点空间优化与如何认识乡村发展密切相关，关于乡村发展存在外生式、内生式和综合式三种理论观点。二战后，在西方国家快速的城镇化过程中，人口和资源不断向城市集聚，导致乡村发展出现人口萎缩、资源流失和经济停滞的衰败现象。为解决这一问题，提出了外生式理论(SLEE，1994)。该理论主张通过政府或外来企业的开发援助促进乡村的经济增长，在20世纪70年代以前一直都是主流，其强调自上而下的带动作用，通过引入现代化产业、乡村基础设施的改善和提高农业生产效率等方式实现乡村发展。在外生式理论指导下，乡村经济得以迅速发展，但也导致乡村自然资源的过度消耗、生态环境破坏和乡村独立性丧失等问题。20世纪70年代后，乡村发展逐渐脱离过度追求经济增长的外生式理论转向“以村民为核心”的内生式发展理论，采取自下而上的发展模式(TERLUIN，2003)。该理论强调村民是乡村发展的主体，应调动发挥村民的主动型；尊重地方资源，强调与本地产业的密切联系；从单纯追求经济增长转向注重生活质量和乡村的可持续发展；加强对乡土资源的利用(PARKER，2003)。但该理论忽视了城镇化工业化等外部要素对乡村发展的重要影响，导致乡村发展无法嵌入城乡发展的网络中，从而造成乡村内生发展动力不足的问题。综合式理论是外生式理论和内生式理论的深化结合，该理论强调内部要素与外部要素的交互作用(MARSDEN，2010)，把乡村居民点作为内部要素网络与外部要素网络所构成的综合系统中的复杂节点(MURDOCH，2000)。

20世纪90年代以来，西方发达国家的乡村经历从生产主义转向后生产主义，从生产功能转向消费功能的转变(SMITH et al.，2001)，乡村不再被视为单纯的物质空间，而是用地空间、经济空间和社会空间的多重叠加。国外学者对乡村居民点空间优化的研究围绕用地空间、社会空间和经济空间三个维度展开。①乡村用地空间优化。以中心地理论为基础，提出“城关镇—中心镇——一般镇—集贸镇—中心村—基层村”的县域城镇体系，指导乡村居民点结构体系优化(REZVANI et al.，2013)。以人口规模为基础，结合现状村宅分布，划定各乡村居民点的用地规模和空间边界，实现乡村居民点用地布局的优化（PORTA et al.，2013）。通过优化乡村住宅与周边河道水系的布局、协调住宅与庭院之间的关系以及住宅内部设计来实现乡村居民点形态的优化。②乡村社会空间优化。村民是乡村居民点空间演化的重要主体（DEININGER et al.，2014）。依据乡村人口构成和不同人群的各类需求，合理配置各项公共设施和公共空间，细化乡村住宅的管控标准，促进乡村多元人群的交流（FALTAN，2019）。③乡村经济空间优化。经济空间的优化遵循外部资本注入—乡村内部产业优化—乡村就业生方式多样化—乡村居民点空间格局优化的路径。结合乡村资源特色和经济区位，发展乡村旅游、电子商务和多功能农业等多样化的产业并合理配置空间，使经济空间的优化与村民居住就业的变化相匹配（LIU et al.，2018）。

2. 空间优化的策略

20 世纪以来，国外为解决快速城镇化过程中乡村发展的诸多难题，分别采取了许多优化乡村居民点空间结构的措施，整体形成了以地区和国家为载体的不同空间优化模式（GKARTZIOS et al.，2009）。①英国在二战后实施了乡村重建计划。依据乡村居民点的各项发展条件，将其划分为培育发展型和控制发展型两种类型。对于培育发展型，政府投入力量建设，鼓励人口流入和空间扩张；对于控制发展型，则逐步引导其自然消亡（OWEN et al.，1999）。②法国在 20 世纪末提出乡村复兴规划，依据地理位置和社会经济发展水平的差异，将乡村居民点划分为郊区、新型和衰败三种类型，制订不同的政策扶持内容，推动乡村居民点的空间优化。③在美国，乡村居民点与周边农业、郊区住宅充分融合，形成大分散、小集中的布局模式；强调在制订乡村发展政策时，应加强村民、政府、市场的多方协商，化解不同利益相关者的冲突，保障规划的实施（DUANY，2011）。④巴西采取城市极化发展政策，忽视乡村发展，导致乡村人口过度涌入城市，使其陷入城市贫民窟和乡村贫穷的双重困境（KOHLER et al.，2015）。⑤东亚地区以日韩为代表。韩国开展了新村运动，发挥村民在乡村居民点空间优化中的作用。日本则开展了“一村一品”，将产业的发展与乡村居民点的空间优化有效结合起来（KORTHALSALTES et al.，2011）。

3. 空间优化的分析工具

随着时代的发展，空间优化的分析工具整体呈现出从定性到定量的转变，基于 GIS 的定量计算、模型分析和可视化表达在目前的空间优化分析中运用较多。20 世纪 80 年代之前，以定性方法为主，如乡村田野调查、驻村访谈等，研究的重点为乡村物质空间的优化和各项建设项目的协调。20 世纪 80 年代以来，多个学科的方法相继引入居民点空间优化中，特别是各种计量模型的使用，考察空间形态优化与社会空间、经济空间的相互驱动关系（INFANTE et al., 2016）。1994年，荷兰瓦格宁根大学创建了CLUE模型，用于城乡土地空间优化的定量模拟。之后，有学者构建了基于元胞自动机（mellular automaton）的土地利用模型，结合Logistic模型的使用，分析和判别了东京郊区乡村用地转化的主导因素，并对乡村居民点空间优化进行模拟（ARAI et al., 2004）。在此基础上，结合土地利用适宜性评价、遥感系统（RS）、地理信息系统（GIS），将乡村居民点空间优化可视化，模拟各种情境下乡村居民点空间发展的格局并进行比对，从而解决乡村空间优化的方法和路径问题（LI et al., 2020）。同时，各种定量分析技术运用到乡村居民点空间优化中。在土地适宜性评价的基础上运用元胞自动机构建新增乡村居民点的空间分布模型（KIM, 2005）。基于GIS的空间可视化分析，设定空间演化规则，对西班牙卢戈地区的乡村居民点在经济、社会和环境三种发展目标下的空间变化开展了模拟比较（SANTÉ et al., 2008）。整合元胞自动机和Markov模型，形成CA-Markov模型，并对非洲津巴布韦的宾杜拉地区的乡村居民点空间优化进行模拟预测（KAMUSOKO, 2009）。基于计量经济模型，对非洲贝宁北部巴尼夸拉地区的乡村居民点用地进行合理分配（KOKOYE et al., 2013）。基于情景分析方法对以色列的乡村居民点的空间优化提出不同方案（YOAV et al., 2013）。

2.2 乡村空间演化研究的国内进展

2.2.1 四个阶段的研究历程

我国古代对乡村居民点的研究主要从有利于生产、生活环境的角度出发，围绕地形、气候、地质、水文等自然环境因素展开，研究成果主要集中在选址方面（金其铭，1988）。与国外相比，我国近现代的研究起步相对较晚，开始于20世纪30年代。通过梳理相关文献，发现我国近现代乡村居民点研究可大致分为四个阶段。第一阶段：1949年前，为起步阶段。主要是学习引入国外研究的理论成果。第二阶段：1949年到改革开放前，为缓慢发展阶段。相关研究主要围绕提升农业生产和服务人民公社的角度，对乡村居民点的选址布局进行研究。第三阶段：改革开放后至2000年，为研究的快速推进阶段。在研究成果和研究方法方面都有较大发展，研究了乡村居民点的形成、演变、布局等内容，建构了国内乡村居民点研究的基本框架。特别是进入20世纪90年代后，我国学者对乡村居民点的空间格局、功能、类型等方面进行了多层次的理论研究和实证分析。第四阶段：进入21世纪后，为成熟拓展阶段。随着各项空间分析技术的成熟，以及国家政策向乡村的转移，我国学者从区域、市域、县域、镇域、村域多尺度，用地空间、社会空间、经济空间多维度，空心村、旅游村、淘宝村、农业村和工业村等多类型对乡村居民点开展相关研究。

2.2.2　空间演化特征研究

乡村居民点的空间演化是动态的过程，某一时间截面的乡村居民点空间布局是其空间演化的组成部分。

1. *乡村居民点的空间布局*

从乡村居民点空间布局来看，其最基本的空间特征反映在规模、分布和形态三个方面。在宏观空间尺度上呈现为乡村居民点的类型和结构体系，在微观空间尺度上呈现为乡村居民点斑块的内部构成。

乡村居民点规模。相关研究主要结合卫星遥感影像和 GIS 等空间分析方法，运用乡村居民点面积、乡村居民点面积占比、平均斑块面积等指标测度乡村居民点的规模特征，主要成果集中在两方面。①不同地势地貌环境下乡村居民点规模差异显著。我国的乡村居民点整体呈现出小、散、乱的分布状态，小规模的乡村居民点比重特别大（马晓冬 等，2012）。乡村居民点规模总体上呈现“北大南小、东大西小”的特征，即北方乡村居民点规模大于南方乡村居民点规模；在东部平原，其规模相对较大，西部丘陵与山区较小。②对乡村居民点适宜规模的研究。学者基于规模效益与土地集约利用，提出扩大现有乡村居民点规模，以适应乡村生产方式发展的需要（周银波 等，2013）。

乡村居民点分布。相关研究运用斑块密度、邻近距离等指标测度乡村居民点分布与地形、道路等因素的空间关系，主要成果主要集中在三方面。①不同地形地貌条件下，乡村居民点空间分布存在显著差异。通过对苏南地区（李红波 等，2014）、喀斯特地区、丘陵地区等典型地貌类型上乡村居民点分布特征的研究，发现平原地区的乡村居民点多分布于趋近水源而避开洪涝灾害的地点（肖飞 等，2012）；丘陵地区的乡村居民点多分布于阳坡，南方的分布密度远高于北方。②不同尺度下的分布特征。在全国尺度下，运用遥感影像等数据源，发现我国乡村居民点分布呈现出“西少东多”的特征，乡村居民点主要集中分布于华北平原、长江三角洲和珠江三角洲（田光进 等，2003）。③传统乡村居民点的选址和布局。我国古代乡村居民点选址遵循“负阴抱阳、背山面水”的原则；背山可以抵御寒流，面水可以利用凉风，朝阳可以争取有利日照，而近水可以方便水运生活，共同构成“山水相连、封闭内向”的小环境。

乡村居民点形态。乡村居民点的形态是在一定时空条件下所表现出来的具体物质形态,包括单个乡村居民点斑块的形状特征和多个居民点斑块所形成的布局模式特征两方面,对乡村居民点形态的研究随着研究方法的不断发展而逐步深化。①在乡村居民点形态特征研究中,早期主要依靠定性的描述性指标,将我国乡村居民点分为集村和散村两类(金其铭,1988)。集村可分为团状、带状、环状三种类型;散村可分为规则型和不规则型两类。之后逐渐转变为依靠定量分析方法,利用 Fragstats 等软件,定量计算表征乡村居民点形态特征的指标,包括分维度、邻近度、景观形状指数等。再之后综合运用聚类分析、神经网络等方法划分乡村居民点的形态类型。研究发现我国各地乡村居民点形态具有明显的不规则性,乡村居民点呈现出明显的区域谱系特征。②在乡村居民点斑块的布局模式研究中,综合运用了空间句法、空间计量统计、分形等技术方法。研究发现在经济发达地区,乡村居民点呈面状分布,而经济欠发达地区居民点则呈线状分布。我国乡村居民点形态构成有集中式、自由式和卫星式三种,集中式布局常见于平原地区,自由式是丘陵山区空间布局的常见形式,而卫星式是分级布局的一种形式,是由分散向集中布局的一种过渡形式。

乡村居民点的类型和结构体系。①乡村居民点的类型。依据规模、分布和形态等方面的差异,结合不同经济、地域、地形以及与城镇中心的关系,综合划定乡村居民点空间类型。利用 GIS 多种叠置分析方法,考虑自然区划、行政区划、社会经济水平和数量等指标,综合确定全国乡村居民点的类型谱系。提出乡村居民点形态分类指标,包括平均斑块面积、景观形状指数等,运用聚类方法对江苏省乡村居民点进行分类(马晓冬 等,2012)。②乡村居民点的结构体系。乡村经济的全面发展推动了乡村居住和生产空间持续扩张,乡村居民点的空间结构体系随之发生变化。乡村居民点体系是由各种规模和形态的居民点组成的相互联系的有机整体。不同学者运用中心地理论对乡村居民点体系规划做了许多实证研究。江南的乡村居民点自上而下分为三个层级,包括集市贸易、集散贸易、批发贸易。在此基础上,发现江南乡村传统乡村居民点空间体系与中心地理论有较大的一致性(李立,2007)。但随着我国城乡一体化的进程,原有的自给自足、低水平的乡村居民点体系运行效率低下,乡村居民点需要空间结构的优化。

乡村居民点斑块的内部构成。在微观村域尺度下,学者们采用参与式乡村评估、问卷调研和访谈的方法,并结合数理和空间分析,对乡村居民点斑块的内部空间特征进行了研究,其中对古村落、空心村、旅游村等的研究更为系统。①在传统乡村居民点研究中,聚焦乡村居民点内部建筑和空间形态安排、空间构成模式、社会文化空间特征及其形成原因,研究发现多重文化和自然环境的综合作用对乡村居民点内部空间的格局起重要作用。闽南乡村居民点的基本构成模式是“后龙山林地＋建筑群＋地堂＋鱼塘＋耕地”。传统的风水观念、血缘形成的社会关系也在居民点内部的空间结构中有鲜明的体现。②在空心村研究中，对空心村的概念、内涵、空间特征展开多维度的研究。研究发现空心村内部呈现出“外扩内空”的结构特征，其内部空间与地形、村庄规模、区位条件等因素直接相关。其生命演变周期可划分为初现期、成长期、兴盛期、稳定期、衰退或转型期(刘彦随 等，2009)。随着空心村的空间分化，社会关系也出现分化。家庭收入的提高、家庭结构变化以及村民居住偏好和乡村住宅政策的不完善等因素综合推动空心化乡村空间不断演变。③在旅游村研究中，聚焦其空间形态和功能的变化。研究发现乡村居民点用地实现了从核心到外围、从平面到立体的双重拓展，空间形态集约化程度提高；其功能也从单一的村民居住型用地逐步转向满足旅游者需求的住宿、餐饮、娱乐等多功能复合用地(席建超 等，2011)。

2. 乡村居民点的空间演化

乡村居民点空间演化特征的揭示是通过对同一地域范围内不同时段乡村居民点用地规模、空间分布及形态等指标进行比较得出，多采用定量分析和定性描述的方法。乡村居民点空间演化特征既体现为规模、分布、形态等不同要素的变化，又体现为国家、区域、省域、城市等不同空间尺度的变化，还体现为乡村居民点内部各类空间的相互转化。因此，从不同要素维度、不同空间尺度和典型村域内部空间三个方面归纳乡村居民点空间演化的研究成果。

不同要素维度下空间演化特征。①在规模演变方面，不同区域乡村居民点规模演变特征存在差异，总体呈现波动增长趋势(梁发超 等，2019)。研究发现在自然条件较好的地区，乡村居民点空间范围不断外扩，内部出现空心化；在自然条件恶劣的地区，乡村居民点人口规模不断缩小，但乡村居民点用地规模却基本不变。城市化进程越快的地区，乡村居民点用地扩展指数越高。乡村居民点规模增长方式既有斑块数量增加带来的空间扩散增长，也有面积增长形成的外延增长和填充式增长(王介勇 等，2010)。乡村居民点规模的演变包括扩张和收缩两种类型，扩张型包括飞地扩张、蔓延扩张和无序扩张三种路径，收缩型包括整体撤并和逐渐消亡两种路径。②在分布演变方面，交通条件的改善是引发乡村居民点空间演化的基础，研究发现乡村居民点选址和用地规模的变化具有交通指向(谭雪兰 等，2017)。③在形态演变方面，居民点形态经历了从均质布局走向异质异构布局。④在类型和空间结构方面，研究发现乡村居民点规模等级越高，其承载的功能越复杂。随着乡村居民点功能的多样化，从简单的生产和居住功能转向集生产、居住、商贸物流、疗养度假等多元复合功能，乡村居民点空间结构由同质同构转向异质异构(韩非 等，2011)。⑤在功能演变方面，经历了从最初的生产和生活功能兼顾到相互分化的过程(朱纪广 等,2019),乡村居民点向“农、居、工、商”和“农、居、旅”等多元化的功能转型。经济发达区域,乡村居民点用地的生产功能弱,其用地面积小。随着社会经济的发展,乡村居民点用地功能逐渐从保障性向资产性演化(周岚 等,2013;刘守英 等,2019)。⑥在演变方式方面,有学者借鉴细胞分裂理论,解析了乡村居民点空间演化的方式,认为乡村的演变发展到一定规模,便会走向分裂,经济能量促使其向邻近区域进行扩散,一分为二,二分为四,最终实现整个区域共同繁荣。乡村居民点空间演化的过程可分为形态萌生、生长和成熟化三个基本阶段。更多的学者展开了实证研究,通过对半城市化地区(王镜均 等,2014)、传统农区(朱纪广 等,2019)、山区乡村居民点空间演化特征的分析,发现总体存在着自下而上有机演进和自上而下的理性演进两种空间演化方式(罗震东 等,2017)。

不同空间尺度下空间演化特征。乡村居民点空间布局演变特征,与空间和时间尺度密切相关,其结果会因研究尺度的不同而有所差异。乡村居民点空间演化具有多尺度性,学者们对不同尺度的乡村居民点空间演化进行研究。①在国家尺度,总结出改革开放后我国乡村居民点空间经历了机械型外向扩展、蔓延型外向扩展与空心化、内部重填与再集聚等三个阶段(杨忍 等,2016)。②在区域尺度,利用分形理论、格网分析、地理探测器(王劲峰 等,2017),分析了华北平原(杨勇 等,2019)、黄土高原(周庆华,2009)、关中平原(雷振东 等,2009)、西部山区等不同区域乡村居民点分布特征、居民点类型、规模差异和空间演化特征。发现在华北平原等传统农区,由于经济发展缓慢,其居民点同时呈现用地的缓慢增加和宅基地空废特征(李裕瑞 等,2020);而在东南沿海等经济发达地区,乡村工业用地、商业用地等建设用地占比增加是其空间演化的主要特征(陈诚 等,2015)。③在省域尺度,分析了江苏(田秀琴 等,2018),广东等省份的演变特征,发现其空间演化呈现典型的区域差异特征。④在城市层面,我国城市化水平每提高 1 个百分点,意味着 1 000 万以上的乡村剩余劳动力向城市转移。大城市处于社会经济发展快速转型期,通过对苏州、郑州等城市乡村居民点的研究,发现乡村居民点先后经历了从工业生产、农业生产、生活居住三位一体到三者相互分离的三次转型(王勇 等,2011)。在大城市近郊区和远郊区其乡村空间演化存在显著的空间分异规律,乡村居民点空间呈现出碎片化、生活和生产空间混杂、社会结构混杂等一系列特征(郭炎 等,2020)。

典型村域内部空间演化。①宅基地是村民用于所建住房以及与居住生活有关的建筑物和设施用地,包括村民居住区内的主房用地、附房用地以及晒场、庭院、宅旁绿地、围墙等空间,是乡村居民点用地的构成主体。在 1949 年后相继经历了私有(1949—1962 年)、公有私用(1962—1978 年)、强化管理和限制流转(1978 年至今)的阶段。宅基地的流转受到严格限制,不能随意出租、出售或抵押,其出租行为往往不受法律保护。②分析乡村居民点用地和公共空间的演变过程和内在机理(张济 等,2010)。基于农户调查,以村域为单元,以 GIS 为平台,将社会经济数据与空间数据相关联。在社会经济转型的背景下,探究乡村居民点内部经济空间、社会空间和空间形态的演变历程(冯应斌 等,2015)。③集聚型乡村居民点空间演化经历了填充式增长、外延式增长和飞地式增长三个阶段(房艳刚 等,2015)。

2.2.3　影响因素及其作用机理研究

乡村居民点是人类活动在空间上的投影,其空间演化受到自然环境因素、社会经济因素、政策因素等多方面因素共同作用的影响。影响因素及其作用机理是乡村空间演化研究的重要组成部分,既有研究多采用定性和定量相结合的方法识别和探究不同影响因素对乡村居民点空间演化的影响范围和程度。发现不同空间尺度下,影响乡村居民点分布的因素是不同的。在全国层面,人口分布、海拔高程和气候是主要的影响因素(周国华 等,2011);在市县层面,主要的影响因素是坡度、耕地分布等因素,居民点与城镇距离等区位条件。而在村域层面,则受到城镇化和地域文化等多方面因素的综合影响。

1. 自然环境因素

地形、河道、耕地资源等因素是乡村居民点形成的基础,在乡村居民点的发展过程中发挥着约束支撑作用。①坡度、高程等地形因素的变化,会引发降水、气温、光照的变化,从而影响农业生产条件,进而导致乡村居民点的空间演化。②河道和水资源是农业生产和村民生活的必备条件,水资源分布直接影响乡村居民点的规模和空间分布。随着技术的进步和乡村产业的发展,自然环境因素对乡村居民点空间演化的影响程度在降低。③耕地资源的分布也是影响乡村居民点空间演化的重要因素。农用地类型和农作物种植类型决定乡村耕作半径,进而影响乡村居民点空间形态。研究发现北方乡村多旱地,以小麦和玉米种植为主,其耕作方式和农具都相对简单,耕作半径大,形成了“团聚型”的居民点形态。南方乡村多水田,以水稻种植为主,其耕作方式和农具相对复杂,耕作半径小,土地碎片化程度高,形成“散漫型均匀状”的居民点形态(鲁西奇 等,2011)。

2. 社会经济因素

乡村居民点规模、形态和空间结构的演变反映了在城镇化、工业化的推动下,乡村各项社会经济因素的变迁过程。相关研究考察了居民点用地规模与乡村人口、村民人均收入、道路交通、城镇中心等因素变化的相关性。①经济因素为乡村居民点空间的演变提供了现实基础。乡村经济发展和家庭结构的小型化，催生了住房改善的需求，村民经济收入的提高为建造房屋提供了经济支撑（贺勇 等，2012）。而乡村产业的发展则能推动乡村居民点空间形态结构的改变，如有学者研究了在鲜花产业的发展下，乡村居民点内部形态的变化。②交通路网、与城镇中心的距离等区位因素决定了乡村居民点与外界联系的便捷程度，推动乡村居民点与外界加强或减弱联系，对乡村居民点空间演进的集聚或破碎发挥引导作用（周国华 等，2011）。③从村民视角来看，随着乡村生产、生活方式的改变，原有以血缘为纽带的宗族组团式、村民小组内部的组团式生产空间发生改变（张小林 等，2017；张立 等，2019）。村民选址的自由度提升，可选择村庄外围新建房屋、集中居住区内居住、定居城镇等多种居住行为。社会经济因素通过人的行为作用于居民点空间演化过程。村民的文化程度（乔杰 等，2017）、家庭经济条件（张京祥 等，2020）、家庭居住状况、职业类型（王雷 等，2012）、婚姻状况和性别年龄（邓毛颖 等，2020）等因素会影响居民的择业行为、空间流动及消费模式，进而转变为乡村居民点演变的内在动力（房艳刚，2017）。

3. 政策因素

国家和地方政策是影响乡村居民点空间演化的外部因素，通过影响土地资源要素的配置效率和规范村民建房活动，推动乡村居民点空间演化。①政策作用机理的定性分析。国家层面大力推动的耕地占补平衡政策、新农村建设政策以及各地推动的宅基地置换、村庄环境整治政策和各项资源环境保护政策推动乡村居民点用地规模逐渐减小、空间布局不断优化、集约利用程度提高，使乡村居民点从自然发展转向政策优化调控，决定了空间演化的方向（罗小龙 等，2015；赵晨，2013）。地方层面的宅基地管控和村民建房政策，规范村民建房行为，影响乡村空间演化的细节差异（耿慧志 等，2020）。在乡村人口持续外流的背景下，乡村居民点用地缺乏有效的退出途径是引发乡村居民点空心化的深层次政策根源（王旭 等，2017）。②具体政策的评价。土地整治政策推动破碎的农用地和分散的乡村居民点的空间合并，对乡村居民点的空间演化提供正向推动和调控作用（龙花楼，2013）。增减挂钩和宅基地置换政策使乡村空间更集聚，但部分乡村在实施过程中缺乏与村民需求的深度融合，出现了违背村民意愿的被上楼现象，给村民生活造成了不便（田莉，2013）。村民是乡村建设的主体，随着政策支持力度的加大，其集中居住意愿在增大，通过对比各类政策，发现渐进归并政策更有利于乡村空间的优化（王德 等，2012）。③特定地区政策效果的实证分析。基于浙江省乡村的研究，发现政策推动乡村居民点斑块从复杂无序变为规整有序，使乡村居住环境有效改善，但乡村依然存在内生动力不足的问题（武前波 等，2017）。基于成都三个乡村的研究，发现不同的土地产权改革政策使乡村居民点空间形态产生了巨大的差异（汪越 等，2018）。基于无锡乡村的研究，发现政策对土地、人口等显性要素具有正向显著影响，而对村民生活方式和文化传承的影响则出现负面影响（段进 等，2015）。基于台湾乡村的研究，发现各类乡村规划政策和整体社会经济条件存在显著的相互影响作用（蔡宗翰 等，2016）。

乡村居民点空间演化经历了从自然环境的单因素驱动向社会经济、政策等多重因素综合驱动的转变。自然环境因素形成乡村居民点空间布局的基础，在早期乡村居民点空间演化发挥约束和支撑作用，具有影响范围广、作用时间长、一定时期内相对稳定的特点（段德罡 等，2019）。之后，社会经济因素的快速变化改变了乡村居民点空间，人口规模增长和村民非农经济收入增加，促使村民新建住房，增加乡村居民点用地面积。社会经济因素对乡村居民点空间演化具有作用时间短、影响强度高的特点。在土地资源总量束缚的前提下，颁布了各项政策，调节乡村居民点空间演化的方向和速度，各项政策逐渐对乡村居民点空间演化发挥主导作用。

有学者依据各因素对乡村居民点空间演化的作用方式和程度的不同，将影响因素划分为基础型因素、新型因素和突变型因素三类。基础型因素发挥延续支撑作用，新型因素促进乡村居民点空间转型，而突变型因素导致空间的突变，共同形成乡村居民点空间演化的"三轮"驱动机理。从机制构成的角度进行分析，认为乡村空间演化的基础动力是市场机制，核心动力是政府调控，市场机制与政府调控的耦合作用是乡村居民点空间演化的重要动力（段进 等，2015）。可以看出，乡村居民点空间演化既受到城镇化、工业化等社会经济因素变化的影响，又受到各项政策以及区位条件等外源性因素的影响；同时还受到自然环境、村民生产生活方式改变等内源性因素影响。各类因素在不同的时间和空间范围内其作用机理呈现出显著的区域差异性和动态变化性。

2.2.4　空间优化策略研究

随着国家对乡村的进一步重视，乡村振兴战略得以制订，乡村居民点空间优化策略成为近年来乡村空间演化研究的热点。乡村居民点空间优化即通过经济、技术、政策等手段优化乡村居民点空间结构体系、调整内部土地资源配置的过程。目前相关研究可分为三个层面：一是关于乡村居民点空间优化理论和框架的探讨；二是借助数学模型和空间分析方法开展乡村居民点空间优化的方法研究；三是结合不同类型的规划实践，研究各类乡村居民点空间优化模式和具体策略，并对其实施难点和绩效进行评价。

1. 空间优化的维度

相关研究认为空间优化是以结构优化为出发点，妥善处理乡村人口、土地、产业之间的关系。基于社会经济发展水平以及生产、生活、生态空间的联系，实现乡村居民点空间的优化。乡村居民点空间优化应包括乡村居民点的空间类型识别、空间结构演变内在机理分析和空间优化调控三部分内容。随着我国从“乡土中国”转向“后乡土中国”，乡村空间的优化需要从重塑乡土性和培育现代性两方面着手。有学者提出以价值认同为起点，以价值共识为基础，以价值提升为目标的乡村空间优化框架（杨亚妮，2021）。

围绕乡村居民点空间优化，从多个维度进行了乡村空间优化框架的探索。引入生活质量理论从乡村居民点空间功能整合、空间结构优化、空间尺度调控等方面构建有效提高生活质量的乡村居民点空间优化框架与模式（贺艳华 等，2014）。基于尺度和功能两个维度，提出乡村应从单一价值的空间生产向多种复合价值的乡村转变，在此基础上构建了乡村空间复兴理论框架（申明锐 等，2015）。乡村居民点空间优化应拓展到城乡空间转型的背景中，提出包括空间重构、经济社会重构的基本框架，并在中宏观尺度上搭建了乡村空间优化类型和机制的整体框架（彭震伟 等，2006；姜广辉 等，2015）。乡村空间优化需要放置于城乡关系变化中，依据乡村地区对应的农村、农业、农民关系的改变程度，划分为乡村整体转型地区、农村功能转型地区、农业生产转型地区及传统农业农村地区。

2. 空间优化的分析方法

乡村居民点空间优化涉及一系列新技术、新指标的应用。结合实地调研，运用GIS技术、引力模型和地理加权回归模型等多种分析优化方法，从乡村居民点适宜性、空间结构体系和村民意愿等多个角度研究乡村居民点空间优化方案。①以生态位、区位势等理论为基础，通过指标模型构建，综合评价乡村居民点适宜性，划分乡村居民点等级与类型，提出优化调控方向。根据乡村居民点发展的适宜性结果划分乡村居民点类型，结合乡村居民点发展潜力和等级进行空间优化。选取能表征区域内生态、生产和生活条件的相关指标，评价乡村居民点发展等级，制订调控模式（曲衍波 等，2010）。提出乡村非农发展指数，用于识别和调控乡村居民点空间优化（朱介鸣 等，2018）。②运用引力模型，综合加权 Voronoi 图等分析方法，统筹不同等级乡村居民点的空间关系（孔雪松 等，2014）。如从城镇与乡村居民点的空间相互关系入手，综合评价乡村居民点受城镇辐射影响程度，结合三生空间网络优化镇村空间系统，优化乡村居民点的空间结构（范凌云，2015；栾

峰 等,2015;曾鹏 等,2019)。③村民生活便利性及其主体意愿是空间优化的基础,有学者运用参与式乡村评估、结构方程模型等方法,结合村民意愿开展典型乡村居民点空间的优化探索(李郇 等,2018)。④利用元胞自动机和多主体模型(multi-agent model)模拟乡村居民点空间演化过程,为乡村居民点空间演化提供技术依据。⑤通过“旅游＋全域土地综合整治”的方法优化乡村居民点的结构体系和用地布局。

3. 空间优化策略

乡村居民点空间优化可理解为通过政策、规划等多种手段调控乡村居民点的用地规模、空间分布和形态的过程。①对乡村居民点结构体系进行优化。以海南省为例,提出应抛弃过于复杂的结构体系,建立小城镇—新农村中心居民点—特色村庄的三级结构(王红扬 等,2009)。②对乡村居民点空间布局进行优化。依据乡村居民点主导功能,将其划分为农业主导型、工业主导型、旅游主导型和平衡发展型,通过明确各乡村居民点的功能促进其空间布局的优化(乔杰 等,2017)。也有学者从城乡关系的角度出发,将乡村居民点划分为发展型、保留型、挖潜型、并点型和迁移型 5 种类型,通过明确各类乡村居民点的用地规模促进其空间布局的优化(彭震伟 等,2013)。③对特定乡村居民点提出详细优化内容。对空心村,需要依据其主导功能和承载人口,利用城乡建设用地增减挂钩政策逐步对其进行整治(范凌云 等,2015)。对古村落,需要通过环境改善、产业提升和文化传承来延续其特色空间(赵霞 等,2018)。对旅游村,其空间应从传统内生型“人口增长＋生活需求”驱动模式转向外向型的“旅游需求＋人口增长”驱动模式(席建超 等,2011)。对传统农业型乡村,从结构体系、空间布局和用地功能提出优化策略(李和平 等,2021)。

此外,多位学者结合乡村建设实践,反思乡村规划体系,认为乡村规划不仅需要村庄规划和村庄体系规划,还需要各层级规划的有效衔接与传导,通过合理的乡村规划体系优化乡村居民点空间布局(汤海孺 等,2013;张尚武 等,2014)。

2.3　国内外研究特点评述

2.3.1　国内外研究特点

基于对国内外文献的梳理,发现国外研究起步较早,总体经历了一个从简单到复杂、从单一维度到多维度的研究过程。在研究内容上从乡村居民点物质空间演化转向对物质空间和社会经济空间的复合研究；在研究方法上，先后经历了从定性到定量的转向过程；在研究尺度上，从宏观区域尺度转向微观村庄尺度，再到多空间尺度的融合发展。综合而言，国外乡村居民点的研究目前更加注重物质空间演化与社会学、行为科学的交叉研究；侧重于乡村微观物质空间变化和社会经济、政策因素的研究；多使用跨学科、定性和定量结合的研究方法，为乡村居民点空间优化的各项政策决策提供依据。

我国的相关研究整体起步比国外晚，但在改革开放后进入了快速发展阶段，尤其是21世纪后，相关研究快速推进，总体呈现出研究内容不断深入、研究方法多元复合、研究尺度不断拓展的过程。但总体来看，与国外的研究相比，我国乡村居民点的研究仍略显不足。从研究内容上来看，对乡村居民点物质空间演化特征研究较多，对蕴藏在物质空间演化特征下社会经济空间的演变特征及其作用机理的研究较少，对村民及其行为带来的乡村居民点空间演化的关注相对较少。从研究方法来看，国内经历了从传统的定性描述转向定量分析、模型构建等转变；GIS空间分析与RS技术、景观格局指数综合运用的定量分析方法是主流，问卷调查、参与式乡村评估方法也有一定运用，但多学科融合视角下的多源数据分析方法还不多见。

2.3.2 研究存在的不足

基于上述对国内外乡村居民点空间演化研究现状的梳理总结，发现国内关于乡村居民点空间演化的研究在以下四方面需要加强。

在研究对象上，需要加强对超大城市乡村居民点空间演化的研究。既有研究主要集中于西部山区和平原城市，虽然对超大城市乡村居民点空间演化已有一定的实证研究，但相关研究多把超大城市作为一个整体来研究其空间演化特征，对超大城市内部不同地域类型乡村居民点空间演化特征和作用机理差异性的研究略有不足。在社会经济快速转型期，受城镇化和政策等一系列因素的影响，超大城市乡村居民点空间演化剧烈，其规模、分布和形态的演变特征不仅与其他城市和地区的乡村存在显著差异，同时其内部不同区位的乡村居民点空间演化也存在着显著差异，但目前对这些内容的研究还不充分。照搬其他类型区域的结论，难以有效指导超大城市乡村居民点空间优化。因此超大城市乡村居民点需要基于国内外已有研究成果，根据其乡村居民点分布的特殊性开展针对性研究。

在研究尺度上，需要加强对微观村域内部空间演化过程和作用机理的研究。既有研究主要集中于县市层面的宏观和中观尺度的研究，可以较好地解决地域特征识别和理清区域自然和社会经济因素的影响，但由于村域边界的不稳定性，造成村域内相关人口、经济、空间等方面数据获取十分困难，存在对村域层面乡村居民点空间演化研究相对不足的问题。微观尺度的研究较少，难以揭示不同尺度下空间演化的过程和特征差异。乡村居民点空间演化具有多尺度效应。尤其在村域微观尺度上，乡村空间的差异性演变特征尚具有较大的研究空间，可以充分研究各种影响因素的演进过程和多元主体的演进规律。随着空间尺度的缩小以及研究时段的增加，才能发现空间演化的过程与细节差异，各项政策作用机理需要在微观的村域层面才能够得到明确显现。对该过程的研究有利于将宏观和微观的空间演化研究结合起来，丰富发展乡村居民点空间演化理论。因此需要综合采用多种方法，加强对村域微观空间演化和作用机理的研究。

在研究重点上，需要加强对政策作用机理的实证研究。目前从乡村居民点空间演化影响因素或作用机理研究的既有成果来看，自然环境、社会经济和政策三大因素已成为公认的影响因素，对自然环境和社会经济因素的作用机理的分析已比较成熟。但对政策因素的影响主要停留在理论分析上，对各项政策如何在微观层面影响乡村居民点用地、社会空间和经济空间的过程和作用机理的研究相对较少，结合实证案例的比较研究略显不足。尤其是近年来我国实施了一系列政策，如村庄环境整治政策、宅基地置换政策和渐进归并政策等，这些政策都对乡村居民点空间演化产生了显著影响，但这些政策作用于乡村居民点空间演化的过程和具体路径，以及不同政策的实施效果差异还缺乏具体的比较分析。因此，需要加强对政策如何影响乡村居民点空间演化的过程和作用机理的研究。

在研究内容上，需要加强对乡村居民点空间优化策略的研究。目前的研究成果主要集中于乡村居民点空间演化特征和作用机理的分析，对居民点空间优化策略的研究常规性结论多，结合超大城市乡村空间演化存在的主要问题和实际发展需求，提供有针对性的策略略显不足。特别是着眼于优化乡村生产和生活空间，构建适宜超大城市乡村居民点发展的可落地实施的策略并不多见。同时，对于不同类型的乡村居民点尚未形成差异化的空间优化路径，对于乡村闲置宅基地、工业用地管控的配套政策尚未形成。因此应围绕超大城市乡村居民点空间优化的主题，基于不同类型乡村居民点空间演化过程和主要问题，构建适宜超大城市的新型乡村居民点空间体系，深化不同类型乡村居民点空间优化策略和实施路径的研究；细化乡村土地多功能利用、农用地流转、宅基地有效退出、空间规划编制等各方面的系统研究；提供多途径、全方位、可落地实施的优化策略。

基于此,本书选择上海市嘉定区作为实证研究对象,研究其从2000年到2018年乡村居民点的空间演化,建立"宏观空间演化特征—影响因素和作用机理—微观空间演化特征—空间优化策略"的研究路径,以期剖析超大城市乡村居民点的空间演化规律,为乡村居民点空间优化提供理论指导。

参考文献

蔡宗翰,刘娜,丁奇,2016.台湾地区乡村规划政策的演进研究——基于经济社会变迁视角[J].国际城市规划,31(6):30-34.

陈诚,金志丰,2015.经济发达地区乡村聚落用地模式演变——以无锡市惠山区为例[J].地理研究,34(11):55-64.

邓毛颖,张迪瀚,湛冬梅,等,2020.大城市郊区旧村活化模式研究——以广州市增城区泥砖房改造为例[J].城市发展研究,27(1):82-88.

段德罡,赵晓倩,2019.西山地区乡村规划建设实践与反思[J].乡村规划建设,(1):96-106.

段进,章国琴,2015.政策导向下的当代村庄空间形态演变——无锡市乡村田野调查报告[J].城市规划学刊,(2):65-71.

房艳刚,2017.乡村规划:管理乡村变化的挑战[J].城市规划,41(2):85-93.

范凌云,2015.城乡关系视角下城镇密集地区乡村规划演进及反思——以苏州地区为例[J].城市规划学刊,(6):106-113.

耿慧志,胡淑芬,徐烨婷,等,2020.乡村建设规划许可实施的难点、问题和完善策略[J].城市发展研究,27(2):46-53.

郭炎,袁奇峰,谭诗敏,等,2020.农村工业化地区的城市更新:从破碎到整合——以佛山市南海区为例[J].城市规划,44(4):53-61+89.

韩非,蔡建明,2011.我国半城市化地区乡村聚落的形态演变与重建[J].地理研究,30(7):1271-1284.

贺艳华,唐承丽,周国华,等,2014.论乡村聚居空间结构优化模式——RROD模式[J].地理研究,33(9):1716-1727.

贺勇,孙佩文,柴舟跃,2012.基于"产、村、景"一体化的乡村规划实践[J].城市规划,(10):59-63+93.

姜广辉,何新,马雯秋,等,2015.基于空间自相关的农村居民点空间格局演变及其分区[J].农业工程学报,31(13):265-273.

金其铭,1988.农村聚落地理[M].北京:科学出版社.

孔雪松,金璐璐,郄昱,等,2014.基于点轴理论的农村居民点布局优化[J].农业工程学报,30(8):192-200.

雷振东,于洋,陈景衡,2009.灵泉村传统聚落保护与更新适宜性途径研究[J].南方建筑,(4):49-54.

梁发超,刘诗苑,起晓星,等,2019.近30年闽南沿海乡村聚落空间形态演变过程研究[J].农业工程学报,35(22):18-26.

李和平,贺彦卿,付鹏,等,2021.农业型乡村聚落空间重构动力机制与空间响应模式研究[J].城市规划学刊,(1):36-43.

李红波,张小林,吴江国,等,2014.苏南地区乡村聚落空间格局及其驱动机制[J].地理科学,34(4):438-446.

李立,2007.乡村聚落:形态、类型与演变[M].南京:东南大学出版社.

李郇,彭惠雯,黄耀福,2018.参与式规划:美好环境与和谐社会共同缔造[J].城市规划学刊,(1):

24-30.
李裕瑞，卜长利，曹智，等，2020. 面向乡村振兴战略的村庄分类方法与实证研究[J]. 自然资源学报，35(2)：243-256.
刘守英，熊雪锋，2019. 产权与管制——中国宅基地制度演进与改革[J]. 中国经济问题，(6)：17-27.
刘彦随，刘玉，翟荣新，2009. 中国农村空心化的地理学研究与整治实践[J]. 地理学报，64(10)：1193-1202.
龙花楼，2013. 论土地整治与乡村空间重构[J]. 地理学报，68(8)：1019-1028.
栾峰，陈洁，臧珊，等，2014. 城乡统筹背景下的乡村基本公共服务设施配置研究[J]. 上海城市规划，(3)：21-27.
罗小龙，许骁，2015. "十三五"时期乡村转型发展与规划应对[J]. 城市规划，39(3)：15-23.
罗震东，何鹤鸣，2017. 新自下而上进程——电子商务作用下的乡村城镇化[J]. 城市规划，41(3)：31-40.
鲁西奇，韩轲轲，2011. 散村的形成及其演变——以江汉平原腹地的乡村聚落形态及其演变为中心[J]. 中国历史地理论丛，26(4)：77-91＋104.
马晓冬，李全林，沈一，2012. 江苏省乡村聚落的形态分异及地域类型[J]. 地理学报，67(4)：516-525.
彭震伟，王云才，高璟，2013. 生态敏感地区的村庄发展策略与规划研究[J]. 城市规划学刊，(3)：7-14.
彭震伟，陆嘉，2006. 城镇密集地区农村居住模式的思考[J]. 城市规划学刊，(1)：18-21，44.
乔杰，洪亮平，2017. 从"关系"到"社会资本"：论我国乡村规划的理论困境与出路[J]. 城市规划学刊，(4)：81-89.
曲衍波，姜广辉，张佰林，等，2017. 山东省农村居民点转型的空间特征及其经济梯度分异[J]. 地理学报，72(10)：1845-1858.
申明锐，张京祥，2015. 新型城镇化背景下的中国乡村转型与复兴[J]. 城市规划，39(1)：30-34.
汤海孺，柳上晓，2013. 面向操作的乡村规划管理研究——以杭州市为例[J]. 城市规划，37(3)：59-65.
谭雪兰，刘卓，贺艳华，等，2015. 江南丘陵区农村居民点地域分异特征及类型划分——以长沙市为例[J]. 地理研究，34(11)：44-54.
田光进，2003. 近 10 年来中国农村居民点用地时空特征[J]. 地理学报，(5)：651-658.
田莉，罗长海，2012. 土地股份制与农村工业化进程中的土地利用——以顺德为例的研究[J]. 城市规划，36(4)：25-31.
田秀琴，高金龙，陈雯，等，2018. 乡村人口收缩背景下经济发达地区村庄用地演变：以江苏省常熟市为例[J]. 中国科学院大学学报，35(5)：645-653.
王德，刘律，2012. 基于农户视角的农村居民点整理政策效果研究[J]. 城市规划，36(6)：47-54＋83.
王介勇，刘彦随，陈玉福，2010. 黄淮海平原农区典型村庄用地扩展及其动力机制[J]. 地理研究，29(10)：1833-1840.
王劲峰，徐成东，2017. 地理探测器：原理与展望[J]. 地理学报，72(1)：116-134.
王镜均，王勇，李广斌，2014. 苏南村落空间分异的三种典型模式及比较——以蒋巷、坞坵、树山三村为例[J]. 现代城市研究，29(12)：75-81.
王红扬，吴刚，2009. 国内外经验与新农村建设的海南模式[J]. 城市规划，33(S1)：86-91.
王雷，张尧，2012. 苏南地区村民参与乡村规划的认知与意愿分析——以江苏省常熟市为例[J]. 城市规划，36(2)：66-72.
王旭，黄亚平，陈振光，等，2017. 乡村社会关系网络与中国村庄规划范式的探讨[J]. 城市规划，41(7)：9-15＋41.
王勇，李广斌，2011. 苏南乡村聚落功能三次转型及其空间形态重构——以苏州为例[J]. 城市规划，35(7)：54-60.

汪越,刘健,薛昊天,等,2018. 土地制度改革影响下的乡村重构——基于成都市三个村落的比较分析[J]. 城市发展研究,25(6):103-111+119.

武前波,俞霞颖,陈前虎,2017. 新时期浙江省乡村建设的发展历程及其政策供给[J]. 城市规划学刊,(3):86-94.

肖飞,杜耘,凌峰,等,2012. 江汉平原村落空间分布与微地形结构关系探讨[J]. 地理研究,31(10):1785-1792.

席建超,赵美风,葛全胜,2011. 旅游地乡村聚落用地格局演变的微尺度分析——河北野三坡旅游区苟各庄村的案例实证[J]. 地理学报,66(12):1707-1717.

杨忍,刘彦随,龙花楼,等,2016. 中国村庄空间分布特征及空间优化重组解析[J]. 地理科学,36(2):170-179.

杨亚妮,2021. 我国乡村建设实践的价值反思与路径优化[J]. 城市规划学刊,264(4):112-118.

杨勇,邓祥征,吴锋,等,2019. 华北平原农村居民点演变及社会经济影响因素分析[J]. 人文地理,34(2):116-124.

曾鹏,靳子琦,胡景慧,2021."乡土城市"特征下京津冀中小城市空间演化——以河北省宁晋县为例[J]. 城市规划,45(10):78-88+118.

张佰林,张凤荣,周建,等,2015. 农村居民点功能演变的微尺度分析——山东省沂水县核桃园村的实证[J]. 地理科学,35(10):1272-1279.

张济,朱晓华,刘彦随,等,2010. 基于 0.25 m 分辨率影像的村庄用地潜力调查——以山东省巨野县 12 个村庄为例[J]. 经济地理,30(10):17-24.

张京祥,张尚武,段德罡,等,2020. 多规合一的实用性村庄规划[J]. 城市规划,44(3):74-83.

张立,王丽娟,李仁熙,2019. 中国乡村风貌的困境、成因和保护策略探讨——基于若干田野调查的思考[J]. 国际城市规划,34(5):59-68.

张尚武,2014. 乡村规划:特点与难点[J]. 城市规划,(2):17-24.

张小林,李红波,李智,2017. 江南乡村空间的转型与驱动机制研究[J]. 乡村规划建设,(2):1-9.

赵晨,2013. 要素流动环境的重塑与乡村积极复兴——"国际慢城"高淳县大山村的实证[J]. 城市规划学刊,(3):28-35.

赵霞,陶诗琦,汤芳菲,2018. 基于文脉的大尺度乡村地区发展空间对策研究——以湖州市南太湖特色村庄带发展规划为例[J]. 城市规划,42(11):9-19.

周国华,贺艳华,唐承丽,等,2011. 中国农村聚居演变的驱动机制及态势分析[J]. 地理学报,66(4):515-524.

周俭,钟晓华,2015. 发展视角下的乡村遗产保护路径探讨——侗族村寨田野工作案例[J]. 城市规划学刊,(1):54-60.

周岚,于春,何培根,2013. 小村庄大战略——推动城乡发展一体化的江苏实践[J]. 城市规划,(11):20-27.

周庆华,2009. 黄土高原河谷中的聚落:陕北地区人居环境空间形态模拟研究[M]. 北京:中国建筑工业出版社.

周银波,蓝袱彪,毕婧,2013. 城乡发展一体化下乡村居民点合理集聚的方式——以吴江黎里镇浦南片区为例[J]. 城市规划,(9):56-60.

朱介鸣,裴新生,朱钊,等,2018. 城市化欠发达地区的城乡统筹规划:乡村非农发展与农业发展的互动关系[J]. 城市规划学刊,(3):24-32.

朱纪广,李小建,王德,等,2019. 传统农区不同类型乡村功能演变研究——以河南省西华县为例[J]. 经济地理,39(1):149-156.

ALEKSEEV A I, SAFRONOV S G, 2015. Transformation trends of Russia's rural settlement patterns in the late soviet and post-soviet periods (1970-2010) [J]. Regional research of Russia,

(5): 193-201.

ARGENT N M, SMAILES P J, GRIFFIN T, 2005. Tracing the density impulse in rural settlement systems: a quantitative analysis of the factors underlying rural population density across south-eastern Australia, 1981-2001[J]. Population and environment, 27(2): 151-190.

BRUNHES J, ZEYDEL E H, 1925. Human geography[M]. Pairs: University of Pairs Press.

CARRION F C, IRWIN E G, 2004. Determinants of residential land-use conversion and sprawl at the rural-urban fringe[J]. American journal of agricultural economics, 86(4): 889-904.

CHRISTALLER W, 1933. Die zentralen Orte in Süddeutschland: eine ökonomisch-geographische Untersuchung über die Gesetzmassigkeit der Verbreitung und Eniwicklung der Siedlungen mit städtischen Funktionen[M]. Jena: Gustav Fischer.

CLOKE P J, 1980. New emphases for applied rural geography[J]. Progress in human geography, 4 (2): 181-187.

DAHMS F, 1998. Settlement evolution in the arena society in the urban field[J]. Journal of rural studies, 14(3): 299-320.

DEININGER K, JIN S, et al., 2014. Moving off the farm: land institutions to facilitate structural transformation and agricultural productivity growth in China[J]. World development, (59): 505-520.

DEMANGEON A, 1928. La geographie de I'habitat rurale, report of the comission on types of rural settlement[M]. New town: Montgomery Shire Express.

DUANY A, 2011. Garden cities: theory & practice of agrarian urbanism[M]. Miami: Duany Plater-Zyberk and Company.

GILG A W, 1985. Introduction to rural geography[M]. London: Edward Arnold.

GKARTZIOS M, Scott M, 2009. Planning for rural housing in the Republic of Ireland: from national spatial strategies to development plans[J]. European planning studies, 17(12): 1751-1780.

HAINES A, McFarlane D, 2007. Understanding landscape fragmentation and parcelization: an examination of traditional planning tools[C]. The 48th Annual Conference of the American Collegiate Schools of Planning, 18-21.

HILL M R, 2003. Rural settlement and the urban impact on the countryside[M]. London: Hodder and Stoughton.

INFANTEA J, VILLA I, JIMÉNEZ F, 2016. The rise and fall of the cortijo system: scattered rural settlements and the colonization of land in Spain's Mediterranean mountains since 1581[J]. Journal of historical geography, 54(2): 63-75.

JOHAN F R, 2017. Labour migrants and rural change: the mobility transformation of Hitra/Frøya, Norway, 2005-2015[J]. Journal of rural studies, 56(8): 1-11.

KAMUSOKO C, 2009. Rural sustainability under threat in Zimbabwe—Simulation of future land use/cover changes in the Bindura district based on the Markov-cellular automata model[J]. Applied geography, 29(3): 435-447.

KANIANSKA R, KIZEKOVÁ M, NOVÁČEK J, 2014. Land-use and land-cover changes in rural areas during different political systems: a case study of Slovakia from 1782 to 2006[J]. Land use policy, 36(3): 554-566.

KISS E, 2000. Rural restructuring in Hungary in the period of socio-economic transition[J]. GeoJournal, 51(3): 218-233.

KNAPP R G, DONGQI S, 1991. Politics and planning: rural settlements in contemporary China[J].

Journal of Rural Studies，(2)：22-34.
KOHL J G，TRAUTMANN F，1984. Wisconsin through a German's Eyes in 1855：the travels of Johann Georg Kohl[J]. The Wisconsin magazine of history，67(4)：263-278.
KOHLER F，MARCHAND G，2015. Local history and landscape dynamics：a comparative study in rural Brazil and rural France[J]. Land use policy，(43)：149-160.
KOKOYE，SÈNAKPON E，2013. Econometric modeling of farm household land allocation in the municipality of Banikoara in Northern Benin[J]. Land use policy，(34)：72-79.
KORTHALS W K，BONG I S，2011. Promoting rural development through the use of land consolidation：the case of Korea[J]. International planning studies，16(2)：151-167.
LEWIS C A，MRARA A Z，1986. Rural settlements，mission settlements and rehabilitation in Transkei[J]. GeoJournal，12(4)：375-386.
LI H，SONG W，2020. Evolution of rural settlements in the Tongzhou District of Beijing under the new-type urbanization policies[J]. Habitat international，101(1)：1098-1124.
LIU Y，LI J，YANG Y，2018. Strategic adjustment of land use policy under the economic transformation[J]. Land use policy，74(5)：5-14.
LONG H，LI Y，LIU Y，2012. Accelerated restructuring in rural China fueled by "increasing vs. decreasing balance" land-use policy for dealing with hollowed villages[J]. Land use policy，29(1)：11-22.
MARLOW V，KRUPA K S，2002. Rural residential land use：tracking its grows[J]. Agricultural outlook，(8)：14-17.
MARSDEN T，2010. Mobilizing the regional eco-economy：evolving webs of agri-food and rural development in the UK[J]. Cambridge journal of regions，economy and society，3(2)：225-244.
MARULL J，PINO J，TELLO E，2010. Social metabolism，landscape change and land-use planning in the Barcelona Metropolitan Region[J]. Land use policy，27(2)：497-510.
MCCARTHY J，2008. Rural geography：Globalizing the countryside[J]. Progress in human geography，32(1)：129-137.
MCGEE T G，1991. The emergence of desakota regions in Asia：expanding a hypothesis[M]. Honolulu：University of Hawaii Press.
MCLEMAN R A，BRKLACICH M，Woodrow M，2011. Opportunities and barriers for adaptation and local adaptation planning in Canadian rural and resource-based communities[M]. Dordrecht：Springer：449-459.
MEITZEN A，1895. Siedelung und agrarwesen der westgermanen und ostergemanen：der Kelten，Römer，Finnen und Slawen[M]. Berlin：Hertz.
MICHALEK J，ZARNEKOW N，2012. Application of the rural development index to analysis of rural regions in Poland and Slovakia[J]. Social indicators research，105(1)：1-37.
MURDOCH J，2000. Networks—a new paradigm of rural development[J]. Journal of rural studies，16(4)：407-419.
MURDOCH J，LOWE P，WARD N，2003. The differentiated countryside[M]. London：Routledge.
NELSON P B，2001. Rural restructuring in the American West：land use，family and class discourses [J]. Journal of rural studies，17(4)：395-407.
OWEN S，1999. Village design statements：some aspects of the evolution of a planning tool in the UK [J]. The town planning review，(6)：41-59.
PACIONE M，1984. Rural geography[M]. New York：Harper and Row.
PARKER G，2003. Citizenships，contingency and the countryside：rights，culture，land and the

environment[M]. London: Routledge.
PHILLIPS M, 2002. The production, symbolization and socialization of gentrification: impressions from two berkshire villages[J]. Transactions of the institute of British geographers, 27(3): 282-308.
SEVENANT M, ANTROP M, 2007. Settlement models, land use and visibility in rural landscapes: two case studies in Greece[J]. Landscape and urban planning, 80(4): 362-374.
RAY C, 1998. Culture, intellectual property and territorial rural development[J]. Sociologia ruralis, 38(1): 3-20.
REZVANI M R, MANSOURIAN H, 2013. Developing small cities by promoting village to town and its effects on quality of life for the local residents[J]. Social indicators research, 110(1): 147-170.
ROBERTS B K, Wrathmell S, 2000. An atlas of rural settlement in England[M]. London: English Heritage.
SANTÉ, INÉS, 2008. Algorithm based on simulated annealing for landuse allocation[J]. Computers &geosciences, 34(3): 259-268.
SCHJELLERUP I. La Morada, 2000. A case study on the impact of human pressure on the environment in the Ceja de Selva, northeastern Peru[J]. AMBIO: a journal of the human environment, 29(7): 451-454.
SILLINCE J A, 1986. Why did Warwickshire key settlement policy change in 1982: an assessment of the political implications of cuts in rural services[J]. The geographical journal, (2): 176-192.
SLEE B, 1994. 10 theoretical aspects of the study of endogenous development[J]. Born from within: practice and perspectives of endogenous rural development, (10): 184-190.
SMALL C, NICHOLLS R J, 2003. A global analysis of human settlement in coastal zones[J]. Journal of coastal research, (3): 584-599.
SMITH D P, PHILLIPS D A, 2001. Socio-cultural representations of green trified pennine rurality [J]. Journal of rural studies, 17(4): 457-469.
TERLUIN I J, 2003. Differences in economic development in rural regions of advanced countries: an overview and critical analysis of theories[J]. Journal of rural studies, 19(3): 327-344.
THÜNEN J H, 1826. Der isolirte staat in beziehung auf landwirthschaft und nationalökonomie[M]. Hamburg: Deutsches Textarchiv.
TROEN I, 1988. The transformation of Zionist planning policy: from rural settlements to an urban network[J]. Planning perspectives, 3(1): 3-23.
VANSCHYNDEL K D, 2008. Redefining community in the ecovillage[J]. Human ecology review, (2): 12-24.
WANG D, ZHU Y, 2021. Multi-dimensional hollowing characteristics of traditional villages and its influence mechanism based on the micro-scale: a case study of Dongcun Village in Suzhou, China [J]. Land use policy, (1): 101-105.
WILLIAMS M, 1977. Settlements in rural areas: planned landscapes and unplanned changes in south Australia[J]. Landscape and urban planning, (4): 29-51.
WILSON G A, WHITEHEAD I, 2012. Local rural product as a "relic" spatial strategy in globalised rural spaces: evidence from county clare (Ireland)[J]. Journal of rural studies, 28(3): 199-207.
WOODS M, 2010. Performing rurality and practising rural geography[J]. Progress in human geography, 34(6): 835-846.
YOSHITAKE T, DEGUCHI C, 2008. Social capital development in a rural community based on exchange management with outsiders: the case of Akimoto, a small mountainous settlement in

Japan[J]. The town planning review, (7): 427-462.
YOAV G, HADAS E, 2013. Land allocation: agriculture vs urban development in Israel[J]. Land use policy, 31(3): 498-503.
ZUBAREVICH NV, 2013. Transformation of the rural settlement pattern and social services network in rural areas[J]. Regional research of Russia, (3): 221-233.

第 3 章　理论分析框架和数据准备

本章构建乡村居民点空间演化的理论分析框架，对研究的空间对象、研究的时间区段、研究的空间尺度，以及相关数据来源和处理方法进行了分析，为后续各章研究内容的开展提供支撑和准备。

3.1　六种理论：乡村空间演化研究的基础

本章在剖析人地关系理论、城乡关系理论、政策干预理论、空间的尺度性理论、空间多重属性理论、耦合理论的基础上搭建本书的分析框架。

3.1.1　人地关系理论

人地关系理论是认识乡村居民点空间演化影响因素的基础。乡村居民点形成和发展是人类各项生产生活活动与自然环境因素相互作用的结果（朱晓翔 等，2016）。

1. 乡村居民点布局体现着人地关系

人地关系是人类社会及其活动与自然地理环境之间的交互作用关系（吴传钧，1991）。“人”即作为集体或单位的社会人，“地”即各项自然环境因素，随着人口数量、人口构成、人群需求和活动范围的增长和扩大，人地关系也呈现出从相对封闭转向开放重叠的变化过程（谈明洪 等，2021）。

乡村居民点是指在乡村地区服务于广大村民生活的场所，以乡村宅基地图斑为对象的居住空间。乡村居民点是人类生存的物质基础和空间载体，各项自然环境因素约束着人们活动的深度和广度，即人类活动不能超过自然环境因素的承载和约束能力。因此，乡村居民点的空间布局是人类充分利用和适应自然环境的结果，是自然环境因素和人类活动交互作用形成的适应性空间布局，反映了农业生产力水平较低时的乡村人地关系。

2. 自然环境因素形成乡村居民点的地域差异格局

自然环境因素在空间分布上的差异和不均衡性，导致乡村居民点空间分布和形态的差异，形成了乡村居民点地域差异格局。其一，自然环境因素是乡村居民点形成和发展的基础。在社会经济发展水平较低时，人们改造自然环境的能力有限，农业生产和村民生活依赖于自然环境同时又受制于自然环境。坡度、海拔高程等地形因素的变化，会带来降水、气温、光照的差异，带来农业生产和村民生活条件的变化，进而影响乡村居民点的空间选址和分布。河道和水资源是生产生活的必备资源，河道和水资源的分布直接影响乡村居民点的规模和空间布局。其二，不同地域单元的自然环境因素分布的差异性导致乡村居民点空间分布的不均衡性，形成了乡村居民点地域差异格局。我国北方乡村多旱地，耕地半径大，乡村居民点斑块规模大，呈现团状布局形态。南方乡村多水田，耕作半径小，农用地碎片化程度高，乡村居民点斑块规模小，呈现点状布局形态。在同一区域内部，由于自然环境因素分布的不均衡性，乡村居民点空间分布也有显著不同。

3.1.2 城乡关系理论

城乡关系理论是认识乡村居民点空间演化影响因素的前提。随着城镇化、工业化的推进，城乡关系随之变化，推动乡村功能的多元分化，处于不同地域的乡村居民点因其功能差异而呈现多样化的空间演化路径。

1. 乡村居民点空间演化是城乡格局的组成部分，反映城乡关系的变化

乡村居民点作为村民生活的场所，是乡村重要的建设空间，也是城乡空间的重要组成部分。乡村居民点规模、分布和形态的变化必然会带来乡村空间的收缩或扩张，进而影响城乡空间格局的变化。而城乡空间格局演变是人口、劳动力和资本等要素在城乡地域空间的集聚扩散引发的城乡关系和空间格局的变化。乡村居民点作为社会经济的空间载体，其空间演化反映了城乡关系的变化。城乡关系作为跨越自然环境和地理空间的社会经济过程，提供了一个整合城乡空间、产业和人口等不同要素的切入点，可以整体揭示城乡系统内部各要素的相互联系（孟召娣 等，2019）。因此，对乡村居民点空间演化的研究必须放置于一定的城乡关系背景下。

城乡关系是在一定社会经济和政策因素作用下，城乡之间通过要素流动而形成的相互制约和影响的关系，可以反映一定区域内城乡社会经济结构的基本关系，也呈现出随着时间变化而产生的阶段性特征（刘春芳 等，2018；鲍宗豪 等，2019；杜国明 等，2021）。城乡关系产生的根源是由于城镇和乡村的差异性和互补性，劳动力、土地、资本等社会经济因素流动的方向、方式和强度差异造成了城乡功能和空间的变化，整体反映了从乡村社会到城镇社会的转型特征（RANIS et al.，1963；申晓艳 等，2013）。

2. 社会经济因素变化推动城乡关系变化，影响乡村居民点空间演化

不同社会经济因素在城乡空间的集聚和扩散，改变了城乡关系，推动城乡地域空间结构的变化，进而影响了乡村居民点空间演化。在快速城镇化、工业化推动下，城乡经济和功能联系得到加强，推动乡村居民点空间变化。其一，伴随着非农经济从城镇向乡村的扩散，城乡之间的要素联系更加紧密，助推乡村从农业生产功能向非农功能转移，促进了乡村产业结构的转型升级。产业结构调整必然通过改变其空间载体，即土地的利用方式和强度来实现。自然演变状态下乡村空间演化通常始于经济发展，经济的快速发展通常产生对建设用地的旺盛需求，从而在空间演化中发挥主导作用（赵民 等，2016；TU et al.，2018）。其二，经济的发展带动了劳动生产效率的提高，使村民可以摆脱土地的束缚，在更广阔的空间范围内居住就业，从而促进乡村居民点空间分布的调整。其三，经济的发展催生了村民对生活居住环境和配套设施的更高要求，必然通过推动乡村居民点空间的变化来满足其居住生活需求。

人口流动和集聚改变了人口构成，使城乡社会结构和联系方式发生变化，带来乡村居民点空间变化（LONG et al.，2009；LI et al.，2021）。其一，乡村人口的持续外流加速了传统乡村社会的瓦解，增加了乡村的不稳定性，加快了村民和农业的分离，造成了乡村居住人口构成失衡，耕地粗放经营乃至被撂荒，以及大量乡村居民点闲置和空间空废化等一系列问题，进而改变了乡村居民点空间。其二，依据库兹涅茨曲线，随着乡村生产效率的提高，农业劳动力将转向非农就业，促进生产空间的集聚，而生产空间的集聚为乡村居民点空间集聚提供了前提（DAVIS et al.，2003；王小鲁，2010）。其三，村民是乡村社会中最具能动性的行为主体。外来人口进入乡村，导致村民社会交往对象和范围的变化，村民的一系列适应性行为也将影响乡村居民点空间的变化。

3.1.3　政策干预理论

政策干预理论是认识乡村居民点空间演化影响因素的重点。随着空间治理的深入和强化，影响乡村发展的主导因素从自然环境和社会经济因素转向政策因素转移，形成以政策干预调控为主导的空间发展模式（段进 等，2015；耿慧志 等，2020）。在不同的政策作用下，乡村居民点空间变化幅度呈现显著差异。

1. 政策干预手段

政策因素具有分配社会资源、规范人群行为的功能（李婷婷 等，2019；李健 等，2020）。在乡村居民点空间演化中，各项政策因素既规范村民的居住选址和建设行为，又直接调控乡村居民点的分布和规模，进而推动乡村居民点空间发生一

系列转变。这些政策既包括国家层面的宏观政策，如产业政策、户籍政策，以及宅基地管控和耕地占补平衡政策等，影响乡村居民点空间演化的总体方向；也包括地方层面的微观政策，如村民建房政策、宅基地置换政策、渐进归并政策和村庄环境整治政策等，调控乡村居民点空间演化的具体过程和细节。

一系列政策干预调控乡村居民点空间演化，使乡村居民点空间布局满足社会经济因素和自然环境因素变化的要求，使三者重新达到平衡状态（WOODS，2012）。快速的城镇化和工业化进程导致农业相对经济地位的下降和乡村产业结构的调整，城乡人口流动带来乡村人口结构的变化，进而带来乡村社会经济因素的变迁。原有建立在乡村河道、耕地、地形等自然环境因素基础上的乡村居民点空间布局已难以满足社会经济因素变迁的要求。因此，一系列政策对乡村居民点空间进行干预，使其空间演化与自然环境、社会经济因素的变化相匹配（张佰林 等，2016）。

2. 政策干预强度

乡村居民点作为空间的载体，其分布是在自然环境因素、社会经济因素和政策因素等多因素综合约束下形成的适应性空间布局（吴传钧，1991）。作为重要的外部力量，政策因素可以调节乡村居民点空间演化的方向和速度，与不同地域单元自然环境和社会经济因素的差异性相耦合。乡村居民点空间演化能否顺应城乡社会发展转型的趋势与政策干预强度密切相关。适宜的政策干预强度会推动乡村居民点空间的变化和城乡结构的协调发展，促进乡村社会经济快速发展。不适宜的政策会导致乡村空间演化的无序和低效，出现过犹不及或干预不足的现象，从而延缓乡村社会经济的转型。

自然环境因素空间分布的不均衡性和社会经济因素变化的差异性要求不同强度的政策来干预调控。一方面，河道、耕地、地形等自然环境因素在地理空间分布上呈现显著的不均衡性，使乡村居民点在不同地域空间单元呈现差异化的空间结构和形态，形成乡村居民点地域差异格局。另一方面，以要素集聚和比较优势为主导的产业分工和社会再生产加大了不同乡村社会经济发展水平的差异。差异化的社会经济因素与异质化的自然环境因素相叠加，拉大了不同乡村空间转型的差异。不同强度的政策干预可以耦合自然环境和社会经济因素的差异性，调控乡村居民点空间演化的方向和速度，分类有序推进乡村居民点空间演化。

3.1.4 空间的尺度性理论

空间的尺度性理论是全面揭示乡村居民点空间演化特征的基础。乡村居民点空间演化揭示的是在时空进程中乡村居民点空间的变化规律，因此对其空间演化的研究需要从时间和空间两个维度来考察。从时间维度来看，不同时间截面的乡村居民点空间布局演变有其内在规律。从空间维度来看,不同空间尺度的乡村居民点空间演化的特征和细节是有差异的(图 3.1)。

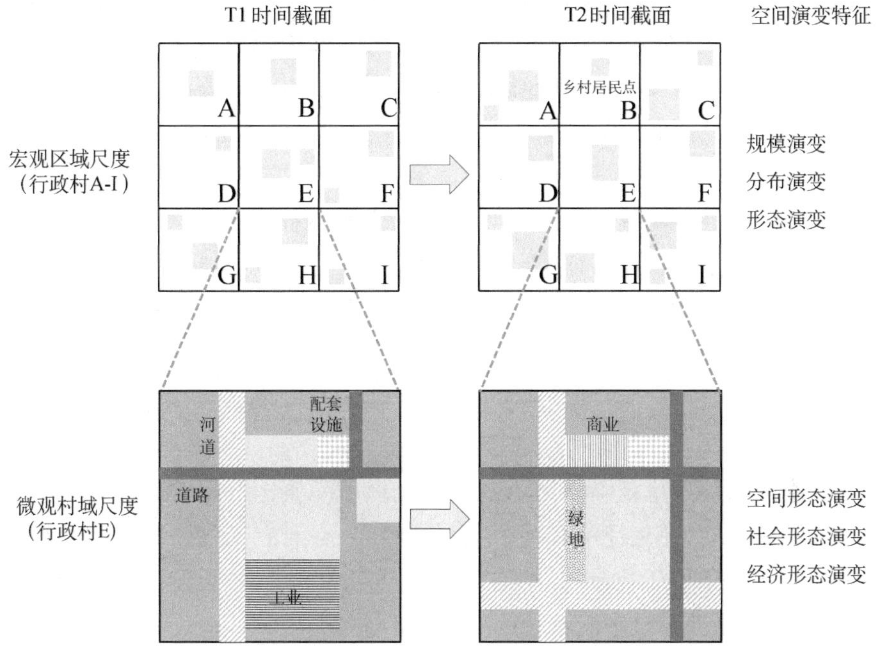

图 3.1　乡村居民点空间演化的时空尺度

1. 空间布局研究需要多指标测度支撑

空间布局是乡村居民点各个要素之间的外在物质表现。从静态来看,乡村居民点是一种物质和信息载体,其规模、分布和形态反映了乡村居民点所承载的生产和生活功能。在不同的生产和生活功能条件下,乡村居民点的静态布局特征有差异(安悦 等,2018)。同一时间截面上乡村居民点的空间布局具有相互关联和差异的特征,如距离某一个环境要素不同距离范围内的乡村居民点空间布局有相似之处,也有不同之处。因此需要从乡村居民点规模、分布和形态等多个指标去测度乡村居民点的静态空间布局。

2. 空间演化研究需要耦合空间布局与时间截面

乡村居民点时空格局是不同时段乡村居民点空间布局变化的综合反映,因此乡村居民点空间演化需要运用动态发展的视角去分析。空间布局主要体现静态特征,难以体现时间要素对乡村居民点空间布局的影响。因此需要对比乡村居民点空间布局在不同时间截面的发展变化,才能归纳乡村居民点空间演化的动态特征,探究不同因素相互影响的方式和强弱。在一段时间段内,同一空间区位乡村居民点也具有空间分异性和关联特征，有的乡村居民点规模变大，有的变小，也有的基本不变。因此，在研究乡村居民点空间演化特征时，需要将空间布局耦合到时间截面上，通过时间序列变化，识别不同时间节点上乡村居民点空间演化特征。

3. 空间演化的特征揭示需要宏观尺度和微观尺度相结合

在不同的空间尺度下，乡村居民点的时空演变特征存在差异。如果空间尺度选择不当，就难以全面揭示乡村居民点空间演化的特征。空间尺度过大，容易忽略乡村居民点空间演化的细节；而空间尺度过小，容易造成演变特征的差异性过多，难以归纳和解释乡村居民点空间演化的一般性规律。因此需要从多个尺度探究乡村居民点的空间演化特征，既要在宏观地域层面提炼总结乡村居民点空间演化的总体特征和空间演化类型，又要在微观村域层面分类解析乡村居民点空间演化的详细过程和细节。

3.1.5 空间多重属性理论

空间多重属性理论是全面揭示乡村居民点空间演化特征的支撑。空间不仅是具象的物质空间，还是经济和社会关系的容器，空间的变化是经济转型和社会变迁的产物(LEFEBVRE et al., 1991；王勇 等，2012)。乡村产业、人口和空间变化相互关联，是表征乡村空间演化的三个基本维度。

1. "产业、空间、人口"的空间属性与"农业、农村、农民"三农关系呼应

一方面，空间是社会经济的载体，具有多重属性，是分析乡村居民点空间演化的理论基础(WOODS, 2010)。乡村空间既包括物质空间，又包括非物质空间。物质空间是可以直接感受与接触到的用地空间，非物质空间是建立在用地空间基础之上的次生空间，包括容纳各种人群交往活动的社会空间，以及各种经济产业活动的空间。另一方面，乡村是城镇以外的重要地理空间，也是重要经济活动和社会交往场所。乡村居民点是各种社会关系的空间载体，是维系村民和国家以及村民之间关系的装置，乡村是由实体空间、经济空间和社会空间组成的农村、农业和农民三位一体的空间结构(刘守英 等，2021)。因此，乡村居民点空间演化不仅是用地空间的变化，还表现为社会空间和经济空间的变化，可以从用地空间、社会空间和经济空间等三方面来考察。

2. 宏观尺度体现为产业构成、人口构成、空间结构

在宏观尺度上，社会经济的发展改变了乡村的产业构成和人口构成，诱发乡村居民点空间的集聚和扩散，从而带来乡村居民点空间结构的变化。其一，经济发展对空间结构具有重要影响。非农产业的转型发展改变了乡村产业构成，增加了对生产空间和生活空间集聚的需求，从而引发土地利用类型和使用强度的变

化，导致乡村空间形态的变化。同时产业构成的变化增加了非农就业岗位，拓展了村民的非农转移就业渠道，从而加速了村民和土地在空间上的分离流动，促进乡村居民点空间演化(LIU et al., 2016)。其二，人口构成的变化对乡村居民点空间结构也具有重要影响。人口的迁移流动为非农产业发展提供了劳动力资源，从而推动生产空间的集聚，而生产空间的集聚势必会带动生活和消费空间的集聚，从而改变乡村居民点空间结构。同时，村民是乡村空间的主体，人群的迁移流动造成村民社会交往活动和空间使用需求的改变，从而引发村民通过各项行为直接改变土地使用的强度、类型和形态，导致乡村居民点用地规模、分布和形态的结构变化。

3. 微观尺度体现为空间形态、社会形态、经济形态

在微观尺度上，用地空间通过影响经济产业活动和社会交往活动的空间来改变乡村的经济形态和社会形态。其一，土地是产业发展的物质基础，不同种类和规模的土地配置形成了差异化的空间载体，从而培育不同类型的产业活动，导致经济形态的变化。如乡村居民点用地的空间整合和农用地流转为规模化的农业发展提供了基础，乡村低效建设用地的整治为现代农业和非农产业的发展培育提供了空间。其二，土地为社会交往活动提供了空间，用地空间形态的变化推动了人群流动，进而改变人群结构和空间分布、社会交往范围和对象，从而造成乡村社会形态的改变。如在传统乡村中，受乡村居民点分散布局和用地规模较小的束缚，人群的社会交往范围和对象局限于自然村内的熟人社交。而在面积较大的乡村集中居住点中，人群结构复杂多元，村民社会交往范围和对象得以扩展，但社会交往强度却发生降低，呈现出半熟人特征的社会形态(屠爽爽 等，2015)。

3.1.6 耦合理论

耦合理论是深入理解乡村居民点空间演化作用机理的关键。耦合源于物理学，是指2个或2个以上要素(系统、模块、组件)通过交互作用形成的彼此影响和相互依赖乃至协同的现象(王亚华 等，2017；HUANG et al., 2019)。各类要素保持一定的耦合关系，既有相互促进、相互依赖的关系，又具有矛盾和冲突的关系，耦合是多种关系共同作用结果。之后，作为一种对复杂系统要素交互作用过程和关系的反映，耦合理论逐渐运用到各类人文社会科学领域的分析中(DING et al., 2014；孙平军 等，2012；方创琳 等，2016)。将其运用到乡村居民点空间演化的分析中，既包含自然环境、社会经济和政策等影响因素交互影响形成的耦合作用模式，又包括宏观演变特征和微观演变特征的耦合。运用耦合理论，可以有效揭示乡村居民点空间多尺度演变特征和多因素作用机理。

1. 自然环境、社会经济和政策等影响因素的耦合

乡村居民点空间演化是自然环境因素、社会经济因素和政策因素共同作用的结果。超大城市由于地域范围广阔,不同乡村所处的社会经济条件和自然环境基础具有显著差异,需要差异化的政策来调控乡村居民点空间演化的方向和速度。当政策因素与社会经济和自然环境的变化耦合协调时,三类因素形成相对平衡的状态,促进乡村居民点空间的正向演变。当政策因素超前或滞后于社会经济因素和自然环境因素的变化时,就会出现一系列冲突和不协调的问题。如果政策的干预超前于社会经济的变化,就会导致缺乏产业支撑和违背村民意愿的乡村空间片面集中,难以使村民摆脱传统农业生产,阻碍农业的适度规模经营,造成村民居住成本的增加,进一步导致乡村居民点的空废化等问题。同时,也会导致村民失去赖以生存的土地后,缺乏非农就业岗位支撑,难以解决村民集中居住后的就业转换问题,村民生活难以得到保障,就会增加乡村社会的不稳定因素。如果政策干预滞后于社会经济的变化,村民改善生活的各项需求难以满足,就会导致乡村发展缓慢,逐步失去社会活力等问题。因此,政策干预需要耦合社会经济因素和自然环境因素的变化,才能推动乡村居民点空间的良性演变。

2. 宏观空间演化和微观空间演化的耦合

乡村居民点的宏观演变特征和微观演变特征既有区别又有联系,两者是耦合影响的。其一,宏观演变特征可以有效诠释快速城镇化、工业化进程中乡村居民点在规模、分布和形态的差异特征和分化类型,理解乡村居民点宏观空间结构演变的总体趋势。同时,乡村居民点宏观空间结构的变化必然会引发微观用地形态的变化,进而影响村民的社会交往行为和村民生计,从而推动社会形态和经济形态的变化。其二,微观演变特征可以有效诠释乡村微观空间形态、社会形态和经济形态的变化特征,特别是从微观的视角理解乡村居民点空间演化的过程和细节差异。同时,乡村居民点微观空间演化也会带来乡村居民点斑块规模、分布和形态的变化,影响着乡村宏观空间演化。

3.1.7 分析框架

本书基于人地关系理论、城乡关系理论、政策干预理论、空间的尺度性理论、空间多重属性理论和耦合理论,揭示超大城市乡村居民点空间演化的多尺度多维度特征,剖析多影响因素的耦合作用机理,制订面向未来的空间优化策略(图 3.2)。

首先,基于空间的尺度性理论和空间多重属性理论,乡村居民点空间演化特征在不同尺度和维度表现各异,本书构建的双尺度多维度结构有利于全面揭示乡村居民点空间演化特征。①空间具有尺度性,不同空间尺度的演变特征有差异。

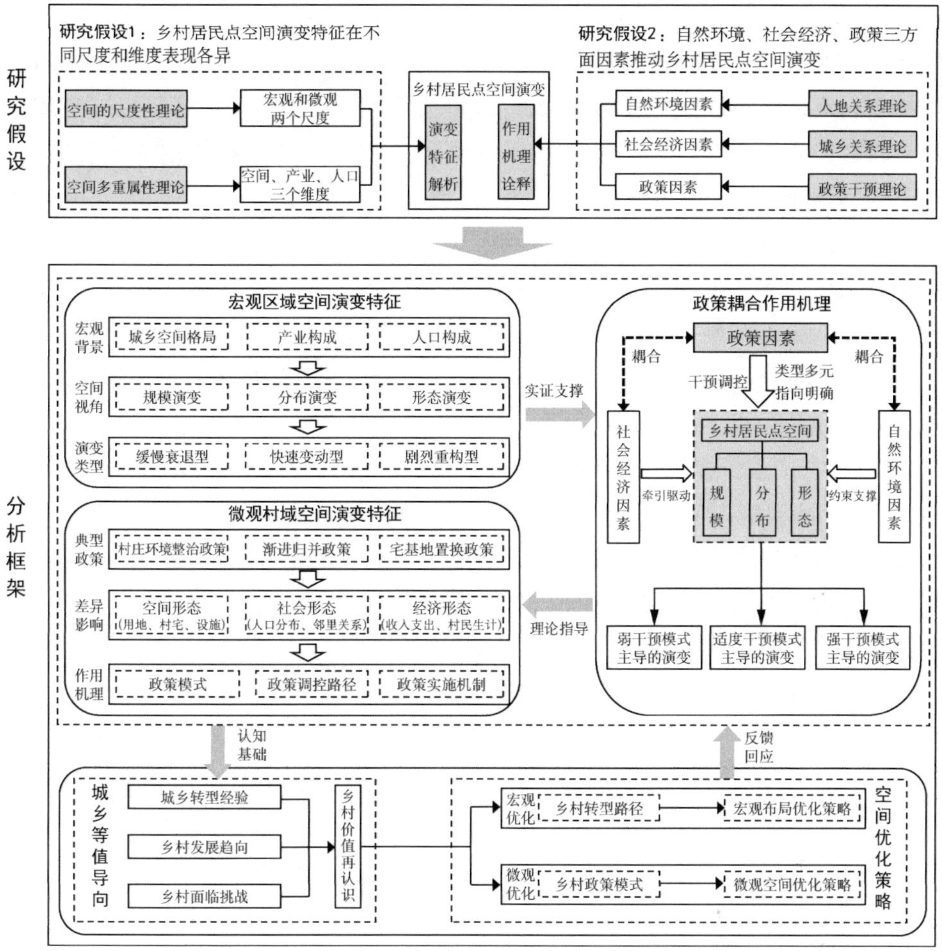

图 3.2　理论分析框架图

乡村居民点空间演化既体现为用地规模、分布和形态等宏观空间结构的变化，又体现为村庄内部用地构成、村宅建设和设施配套等微观空间的变化。②空间是社会经济的载体，具有多重属性。空间、产业和人口是乡村居民点空间演化三个基本维度，将其融入两个空间尺度的分析中，总体形成“双尺度、多维度”的结构。宏观尺度从产业构成、人口构成、空间结构三个维度细分空间演化的类型，微观尺度从空间形态、社会形态和经济形态分析空间演化的过程和细节差异。

其次，基于人地关系理论、城乡关系理论、政策干预理论和耦合理论，自然环境因素、社会经济因素和政策因素耦合作用推动着乡村居民点空间演化，本书构建的政策耦合多因素模型有利于深入诠释各因素的影响强弱和耦合作用机理。①自然环境因素是乡村居民点形成的基础，在不同的自然环境条件约束下，造成乡村居民点的地域差异格局；社会经济因素是乡村居民点空间演化的动力，社会经济因素的变迁带来乡村功能分化，推动乡村居民点空间的差异演变；政策因素调控乡村居民点空间演化的方向和速度，不同干预强度的政策模式可以促进或干扰乡村居民点空间演化。②乡村居民点受到三类因素的耦合作用和综合驱动。在不同的地域单元，三类因素对乡村居民点空间演化的影响存在强弱程度的差异，需要厘清各因素的作用范围、影响强弱和规律。③在同一地域单元，乡村居民点空间演化受到三类因素的综合影响，需要诠释政策耦合多因素的作用模式，剖析不同作用模式和细节差异，探究调控路径和实施机制，全面阐释作用机理。

最后，研判超大城市乡村发展趋势，结合作用机理剖析乡村发展面临挑战，从宏观和微观两个层面制订空间优化策略，干预调控乡村居民点空间演化。一方面，乡村居民点空间演化作用机理的分析可为乡村发展趋势的分析和乡村价值重塑提供认知基础，从而明确乡村发展的未来方向，制订完善的空间优化策略。另一方面，基于乡村居民点空间演化类型的差异，空间优化策略从宏观和微观两个层面干预调控乡村居民点的空间演化，推动乡村居民点空间耦合自然环境和社会经济因素变迁要求，促进乡村空间的整体优化。

21 世纪以来，超大城市的乡村在多因素的交互作用和综合驱动下，乡村产业、人口和空间发生了巨大变化，乡村居民点空间演化出现动态性、尺度性和多维性的特征。基于上述理论建立的分析框架可以全面分析空间演化的多尺度和多维度特征差异，剖析乡村居民点在宏观空间结构和微观空间形态的具体演变特征，解析乡村居民点空间分化机理，从而掌握乡村居民点在不同空间尺度和维度的演变规律和发展趋势。在此基础上，制定适当的空间干预政策，有效干预调控乡村居民点的宏观空间结构和微观空间形态，使不同的乡村居民点空间布局耦合其自然环境因素和社会经济因素变化的趋势，推动乡村居民点空间的优化。

3.2 研究范围选择：自然环境、社会经济与政策的代表性

2020 年，上海市域陆地面积 6 833 km^2，常住人口 2 487.09 万人，是典型的超大城市。但由于上海市域范围过大，一方面各项数据和统计资料，尤其是历史用地数据难以获取，给宏观层面研究的开展带来困难；另一方面，微观层面村域的选取需要建立在宏观层面全面研究的基础上，研究范围过大容易导致研究深度和精度不足，从而难以全面揭示超大城市乡村居民点的演变特征，因此本书需要聚焦超大城市的典型代表性区域。嘉定区地处上海市西北部，行政区域面积为 463.60 km^2，2020 年常住人口 183.43 万人。本书选择嘉定区为实证研究对象基于下述三方面的考虑。

3.2.1　具备差异化的自然环境本底条件

区域自然地理环境的差异是乡村居民点形成的客观基础。嘉定区位于上海市西北部，东与宝山区、普陀区相邻；西与江苏昆山毗邻；南与闵行区、长宁区相邻；北临浏河，与江苏太仓相邻。全区地势平坦，东北高，西南低。“西北—东南”走向的古冈身将上海划分为东西两部分，见图 3.3(a)。西侧向太湖倾斜呈半碟状，东侧向长江倾斜，平均高程 4.1 m(朱敏彦，2007)。嘉定区境内为堆积地貌类型，整体分为古冈身、滨海平原、湖积平原三部分，见图 3.3(b)。其中古冈身分布在嘉定区西侧，宽度 2.5～4 km，形成从北向南的沉积带，以河湖沉积物和淡水软体动物化石为主。古冈身以东为滨海平原，占据嘉定区区境的大部分区域，主要由流入东海的泥沙沉积形成。古冈身以西为湖积平原区，泥沙由古冈身向太湖经水体沉积而成，包括外冈和安亭两镇。

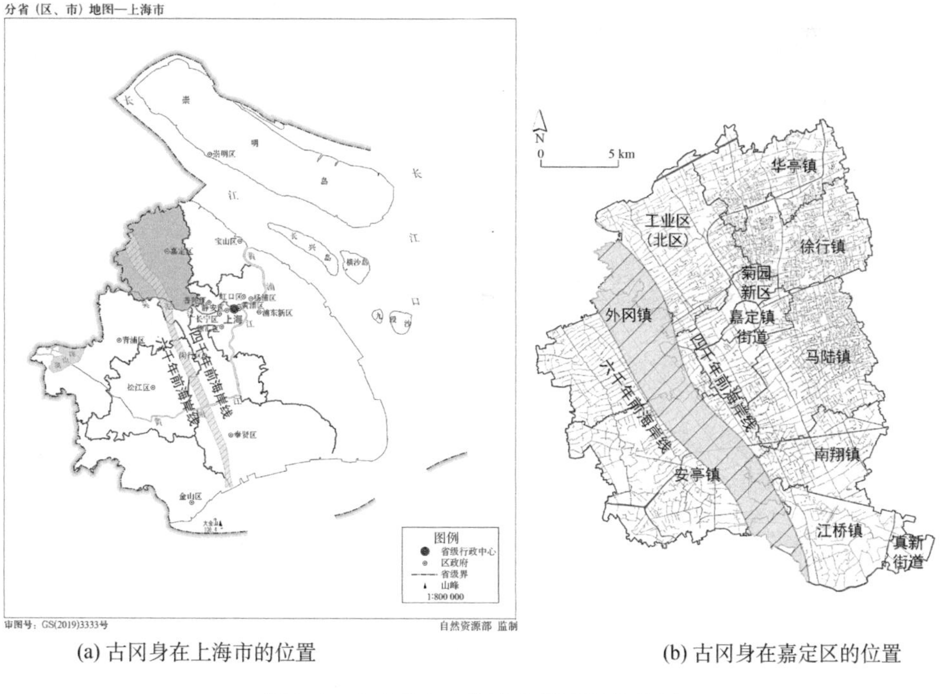

(a) 古冈身在上海市的位置　　(b) 古冈身在嘉定区的位置

图 3.3　古冈身在上海市和嘉定区的位置

资料来源：作者基于自然资源部地图底版，审图号为 GS(2019)3333 号，依据《上海志》和《嘉定志》的相关资料整理绘制

整个嘉定区河道被上海古冈身划分为古冈身以西和以东两个部分，其水文和地形因素能够反映超大城市典型的自然条件。其中，古冈身以西的部分主要位于

嘉定区西部外冈镇等地，河道水系纵横，为排涝和引水生产而呈现出直线型几何特征；乡村居民点依河而建，主要街道与水系并行，呈现出典型的带状形态。而古冈身以东的部分，主要位于嘉定区东部，其河道呈现自然曲折的状态，乡村居民点往往夹水生团，村宅因河就势、灵活布局，在桥头及分叉处形成公共空间，乡村居民点整体呈现出团状形态。可以发现，受到水文和地形条件的影响，乡村居民点分布形态多样，既有带状，又有团状。以嘉定区为实证研究对象，开展乡村居民点空间演化研究，可表征超大城市上海在不同自然环境因素下乡村居民点规模、分布和形态演变的多样性，具有很好的代表性。

3.2.2 具备典型梯度差异的社会经济特征

社会经济条件的变化是推动乡村居民点空间演化的重要动力。2018 年，嘉定区共有 12 个镇级行政单元，辖 3 个街道、7 个镇、1 个工业区、1 个新区管委会，共含 146 个行政村。2018 年共有常住人口 158.89 万人，实现 GDP 为 2 362.7 亿元。其中 3 个街道，即嘉定镇街道、新成路街道和真新街道在 2000 年时已经是完全城市化区域，没有乡村居民点。因此后续分析主要对剩余 9 个镇级行政单元的社会经济因素进行分析（图 3.4）。

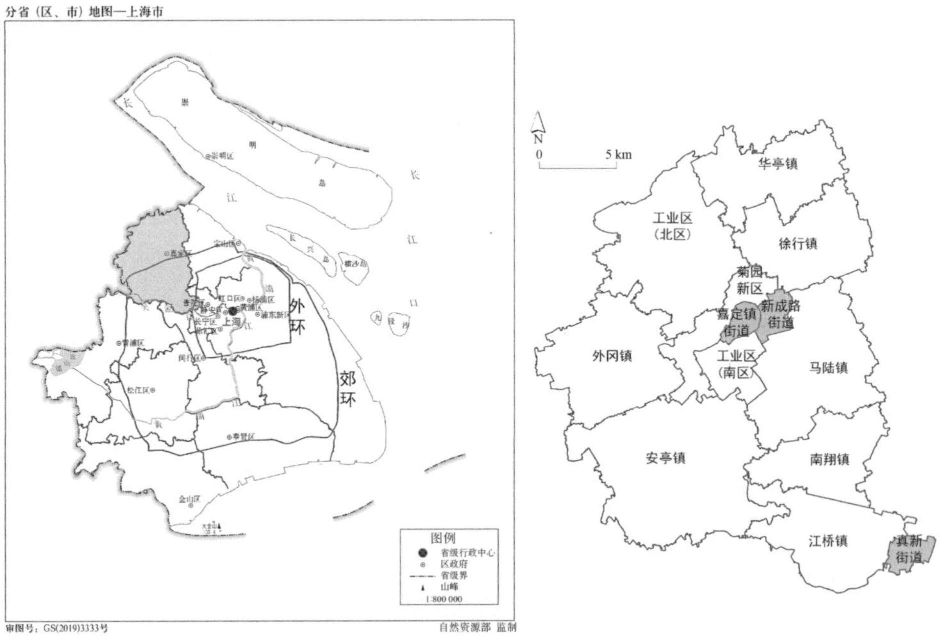

(a) 嘉定区在上海市的位置　　(b) 嘉定区行政区划

图 3.4　嘉定区在上海市位置及嘉定区行政区划组成

资料来源：作者基于自然资源部地图底版，审图号为 GS(2019)3333 号，结合相关资料绘制

分析2018年嘉定区9个镇在户籍人口、乡村人均可支配收入、财政收入和工农业总产值方面的数据,发现这9个镇在社会经济因素方面存在典型的梯度差异,可以综合反映超大城市边缘区、近郊、远郊等不同社会经济条件对乡村居民点空间演化的影响(表3.1)。嘉定区南部江桥镇、南翔镇、安亭镇属于城市边缘区,呈现出工农业总产值、财政收入、乡村人均可支配收入高的特点。中部的马陆镇、外冈镇、菊园、工业区属于城市近郊区,而北部的徐行镇、华亭镇属于城市远郊区,呈现出工农业总产值、财政收入、乡村人均可支配收入相对较低的特点。在不同的社会经济条件下,乡村居民点所处区位不同,受城市化辐射的影响程度也存在典型差异。嘉定区不同乡村居民点所处空间区位、人口构成和经济发展的梯度差异基本囊括了超大城市不同社会经济因素下乡村居民点空间演化的特征,可以全面反映不同社会经济因素对乡村居民点空间演化的影响范围和程度的差异。

表3.1 嘉定区9个镇2018年社会经济基本信息统计表

	户籍人口(人)	乡村人均可支配收入(元)	财政收入(万元)	工农业总产值(万元)
南翔镇	68 333	37 855	245 712	1 782 044
江桥镇	84 105	29 698	99 690	1 616 969
安亭镇	98 271	32 974	361 869	13 092 055
马陆镇	69 238	31 591	260 155	4 119 775
菊园新区	34 673	30 287	71 611	341 311
工业区	64 020	28 564	380 384	12 316 147
外冈镇	31 408	25 644	96 604	2 549 639
徐行镇	31 267	26 785	73 996	1 379 629
华亭镇	24 546	23 714	22 684	629 149

资料来源:根据2018年嘉定区统计年鉴和统计公报整理

3.2.3 具备乡村政策的全方位试点实践

2000年后,为优化乡村居民点空间布局,改善乡村人居环境,上海市先后推行了一系列乡村政策,包括村民建房政策、村庄环境整治政策、宅基地置换政策、村庄渐进归并政策、郊野单元政策等(吴燕,2018)。这些政策通过不同的方式推动乡村居民点从空间分散布局走向空间集中布局,推动居民点用地减量,从而优化空间布局,提高乡村居民点的空间配置效率,对乡村的空间结构和社会经济发展产生重大影响。嘉定区历来是上海市一系列乡村政策的试点区域,各项乡村政策均在嘉定区有条件的乡村进行过试点探索,在总结相关经验后,进一步向全市范围内推广。选择嘉定区作为研究对象,可以全面反映一系列乡村政策对乡村居民点空间演化的影响。

综上所述,嘉定区既具备多样化的自然环境因素,可以综合反映不同自然环境条件对乡村居民点空间演化的影响;又具备典型梯度差异的社会经济因素,可以反映不同社会经济条件对乡村居民点空间演化的影响;同时,嘉定区经历过一系列乡村政策的试点,可以反映不同政策对乡村居民点空间演化的影响。

3.3 三个截面:嘉定区发展历程与时段选择

本书从宏观区域和微观村域两个层面研究乡村居民点空间演化特征。其中宏观区域的研究选择 2000 年和 2018 年两个时间截面,微观村域的研究选择 2000 年、2009 年和 2018 年三个时间截面。

3.3.1 嘉定区在 2000 年后进入社会经济快速转型期

嘉定区乡村居民点的发展最早可追溯至魏晋南北朝时期。据《嘉定志》记载,公元 503 年,在盐铁塘与泄溇交会处建方泰寺,围绕方泰寺形成居民点,其后发展成方泰镇。公元 505 年,在横沥河西侧建白鹤寺,其周边后发展成南翔镇,见图 3.5(a)。唐宋时期,东吴孙氏后裔迁居练祁河和横沥河交会处,形成居民点,后发展为嘉定镇。公元 1217 年(南宋嘉定十年),以年号为名设嘉定县,县署即在今嘉定镇。之后,何氏聚居于横沥河和娄塘交会处,后发展成娄塘镇;安亭泾和泗泾交会处形成安亭镇;公元 1276 年,南宋马军司陆南大避居横沥河西岸,后发展成为马陆镇,见图 3.5(b)。明弘治年间,在横沥河和南虬江交会处形成对外贸易商埠,发展为江桥镇;明嘉靖年间,徐氏在新泾东岸开设米行,后发展为徐行镇;万历年间,唐氏在皇姑塘开设棉花行,后发展成华亭镇。清代以后,望新镇、戬浜镇、朱桥镇、曹王镇等陆续成形,奠定了嘉定区乡村居民点空间分布的基本格局,见图 3.5(c)。

从史料可以看出,嘉定区乡村居民点最初从沿河点状分布,逐步扩展形成网状分布。总体经历了魏晋时期的初步生长—唐宋时期的扩展成长—明清时期的发展成形三个阶段。同时,由于嘉定地处水乡地区,受自然环境条件影响,村民为便于生产和生活,形成了“沿水而居、逐路而巢”的乡村居民点布局方式。村民住宅以乡村道路、河流为主线,呈“一”字形或“非”字形排列,或以历史上形成的原村宅为中心,呈组团式散落群居。总体形成了乡村居民点带状或团状的布局特征。

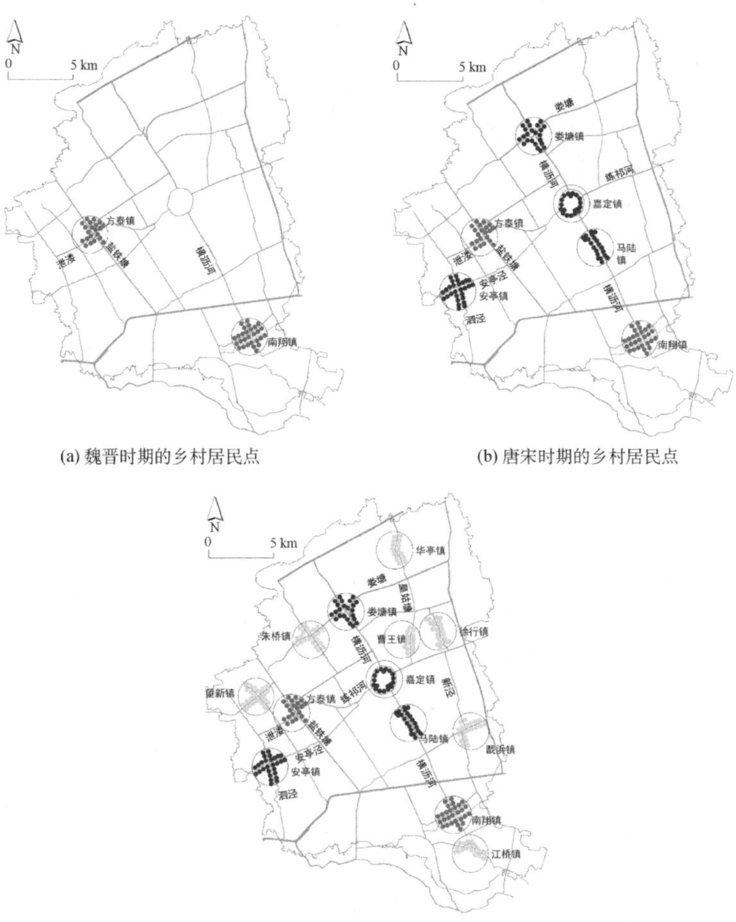

(a) 魏晋时期的乡村居民点　　(b) 唐宋时期的乡村居民点

(c) 明清时期的乡村居民点

图 3.5　嘉定区乡村居民点发展演变历程图

资料来源:作者依据《嘉定志》中相关资料整理绘制

从新中国成立到改革开放前,上海乡村建设相对缓慢。改革开放后,随着城镇化的快速推进,乡村居民点的空间形态和结构发生了重大变化。依据嘉定区乡村居民点空间变化的程度,新中国成立后嘉定区乡村居民点的发展可大致划分为缓慢发展阶段(1949—1978 年)、快速扩张阶段(1979—1990 年)、稳步发展阶段(1991—2000 年)、优化调整阶段(2000 年至今)四个阶段。

缓慢发展阶段:新中国成立初期,社会经济处于恢复发展时期,在以城市建设为纲的整体背景下,乡村并无大型建设活动。该阶段,嘉定区各项乡村建设缓慢增长,村民住宅以土坯房为主、砖木结构为辅,乡村各项配套设施缺乏,整体居住环境较差,乡村居民点用地扩展速度慢,乡村居民点斑块用地规模小。

快速扩张阶段：改革开放后，随着乡村生产力的提高，乡村居民点用地迅速扩张，上海市现存大部分村宅建设于20世纪八九十年代(朱建江，2016)。该时期村民住房以自建为主，建筑质量有很大提高，土坯房逐渐被砖木结构和砖混结构所取代。但由于缺乏有效的乡村规划引导，村民住宅建设见缝插针，导致乡村居民点空间更加破碎，基础和公共配套设施不完善，土地利用效率不高。

稳步发展阶段：进入90年代后，村民住宅自发无序的建设状态逐渐得到了控制。上海市增加了对村民住房选址和布局的引导，嘉定区各级政府开始有计划地设计中心村，规定中心村建设必须遵循耕地总量动态平衡的原则；村民搬到中心村后，必须对老宅基地进行复垦，退地还耕。同时，土坯住房逐渐被砖混和钢筋混凝土结构取代，住房质量大幅度提高。村民住房原址翻建和新址迁建同时存在，传统乡村小而分散的布局没有得到显著改善，乡村居民点用地仍继续扩张，但配套的公共和基础设施有所完善。

优化调整阶段：进入21世纪后，乡村居民点空间建设进入快速推进、优化调整的新阶段。一方面，嘉定区进入经济社会快速转型期，随着上海城市建设工作重心向郊区的转移。城镇化和工业化快速推进，引发乡村地区的社会经济环境发生巨大变化，大量乡村居民点用地被城镇和产业园区建设征用，导致乡村居民点规模的迅速减少。另一方面，由于耕地资源保护的压力，嘉定区从2000年开始对村民建房严格管控，有效控制了新增乡村居民点用地规模。同时，随着村庄环境整治、村庄渐进归并、宅基地置换等一系列政策的施行，乡村居民点空间布局、村宅建设、公共设施配套的要求进一步明确，村民逐步实现了集中居住，乡村居民点经历了快速的空间集聚、规模减量的过程。村民住宅占用耕地的现象得到有效遏制，乡村建设逐渐从无序杂乱的状态中摆脱出来，进入有序规范的发展阶段。

综上所述，嘉定区在2000年后进入了社会经济快速转型期，其用地规模、空间分布和形态发生了巨大变化。但对其空间演化特征和作用机理还缺乏深入研究，对社会经济快速转型期下超大城市乡村居民点空间演化的内在规律还缺乏全面认识，也就难以对超大城市乡村居民点空间优化提出有效策略。因此，在系统梳理嘉定区乡村发展历程的基础上，重点研究2000年后社会经济快速转型期下乡村居民点的空间演化，具有其时间选择的合理性。

3.3.2 两个时间截面突出总体趋势和空间分化特征

一方面，目前乡村居民点空间形态数据主要源于嘉定区编制的历版总体规划用地调查数据，可以获得2000年、2009年和2018年的土地利用数据。研究时段内的其他年份数据虽然可以通过卫星遥感历史影像提取，但由于卫星遥感数据在统计口径和数据精度方面无法达到用地调查数据的深度，二者之间存在较大的精度差异，无法在空间上比较，故在 2000—2018 年期间无法找到更多的时间节点获取乡村居民点的用地数据。另一方面，宏观层面的研究，以行政村为单位，把乡村居民点用地当作一个点，主要揭示总体演变趋势。在该层面，空间演化特征更多体现为不同行政村居民点演变的空间分化特征，而同一行政村在不同研究时段内的演变过程和细节差异由于研究尺度较大，难以在宏观层面体现。基于以上两方面原因，为进一步聚焦研究内容，凸显宏观和微观层面的研究重点，将嘉定区 2000—2018 年总体规划编制的调查数据作为主要数据源，综合反映乡村居民点空间演化特征。在此基础上，为系统揭示乡村居民点空间演化作用机理，本书选择用 2000—2018 年的社会经济数据关联 2000 年和 2018 年乡村居民点空间数据，将社会经济属性数据和空间数据相关联以弥补空间数据的不足，突出研究的全面性，加强空间数据之间的可比性，客观反映嘉定区乡村居民点空间演化特征，准确把握乡村居民点空间演化规律和作用机理。

3.3.3 三个时间截面突出演变过程和细节

本书微观村域的研究在 2000 年和 2018 年时间截面的基础上增加了 2009 年作为研究的中期时间截面，是基于深化微观层面空间演化研究的需要。乡村居民点空间演化具有多尺度性，不同的空间尺度对应不同的空间演化特征。宏观区域尺度的研究有利于发现乡村居民点空间演化的总体特征和类型差异，但难以揭示空间演化的细节。增加时间截面，缩小研究空间尺度，许多空间演化的过程和细节的差异才能深入考察并发现。选择 2009 年作为时间截面，将 2000—2018 年的时间划分为相等的两段，有利于更好地从时空角度考察对比空间演化特征。

微观村域研究的空间范围相对较小，在已有土地使用现状图的基础上，借鉴既有经验，结合卫星遥感影像、参与式乡村评估和驻村调研等方法，可以准确复原 2000 年、2009 年和 2018 年土地利用的详细数据，具有可操作性。但参与式乡村评估方法需要大量的现场驻村调研，在宏观层面的 146 个行政村内难以全面展开。基于以上两方面原因，在微观村域的研究中，增加了 2009 年作为空间演化中期的时间截面，反映乡村居民点空间演化的阶段性特征和细节。

3.4 两类尺度：行政村和用地图斑尺度相结合

3.4.1 以行政村作为基本统计分析单元

我国社会经济数据是以行政单元为基础进行统计的，镇级行政单元一般是各种公开的社会经济属性数据的最小空间统计单位，但其空间尺度较大，不利于乡村居民点空间演化类型和空间分异特征的研究。在本书研究过程中，通过系统调研，获取了 2018 年嘉定区各行政村的社会经济属性数据。本书以行政村作为研究的基本单元，对嘉定区各村的空间演化特征和作用机理进行识别和归纳，有利于在更小的行政村尺度上揭示空间演化的规律。需要特别说明的是，嘉定区的 3 个街道，即嘉定区中部的嘉定镇街道、新成路街道和南侧的真新街道，与南翔铁路编组站用地单元在 2000 年已经实现了完全的城市化，没有乡村居民点存在，不能对乡村居民点空间演化进行前后对比。因此，本书将研究范围界定为嘉定区的 9 个镇级行政单元，分别是华亭镇、徐行镇、马陆镇、外冈镇、安亭镇、南翔镇、江桥镇、嘉定工业区、菊园新区(图 3.6)。包含 146 个行政村，总面积为 444.5 km^2。

图 3.6　嘉定区 146 个行政村空间分布

3.4.2　以乡村居民点用地图斑作为最小空间载体

乡村居民点用地图斑是指乡村居民点所占用的土地，是表征乡村居民点的最小空间载体，能够客观反映乡村居民点的空间分布情况。在农业社会，村民以农业生产为主要生存手段，乡村居民点用地以宅基地为主，主要承担居住功能（王勇 等，2012）。1984 年制订的《土地利用现状调查技术规程》以及过渡期适用的土地利用分类标准均将乡村居民点用地定义为"镇以下的居民点"，究其原因，乡村非农经济不发达，导致当时乡村居民点用地类型和功能单一（林坚 等，2012）。改革开放后，村民的生产和生活方式发生变化，乡村居民点用地功能和类型也逐渐多样化，将其视为最基础地类的分类系统无法满足用地管控需要。《城乡用地分类与规划建设标准（征求意见稿）》（2018）将城乡居民点建设用地划分为城市建设用地、镇建设用地、村庄建设用地三种类型。其中村庄建设用地即乡村居民点的建设用地，又可进一步细分为村庄住宅用地（宅基地）、公共服务设施用地、产业用地、基础设施用地、绿地与公共空间用地和其他建设用地等。

目前学术界对乡村居民点用地的认识有不同观点。一种观点认为乡村居民点等同于宅基地，是指以乡村住房及其周边配套空间为主的用地（屠爽爽 等，2015）。而另外一种观点则认为乡村居民点是乡村所有建设用地，包括乡村居住用地、乡村公共服务设施用地、道路用地、独立工矿用地等其他所有类型的建设用地（闵婕 等，2016）。本书不仅需要研究乡村居民点用地自身规模、分布、形态的变化，而且需要研究乡村居民点用地演变与乡村地区其他用地（包含农用地、水域、工业用地、公共服务设施用地、道路用地等）演变的相互耦合关系和作用机理。因此，本书研究的乡村居民点仅对应于自然资源部统计的乡村宅基地图斑，包括村民居住生活的主房、附房以及配套建设的庭院、围墙等用地。

3.4.3　宏观尺度的单元数据与微观尺度的图斑数据相结合

乡村居民点用地图斑可以在微观尺度上反映乡村居民点的空间分异性以及乡村居民点用地和其他用地的相互转化情况，揭示空间演化的过程和细节。而行政村单元则有利于获取各类社会经济属性数据，从宏观尺度上把握乡村居民点空间演化的整体规律和类型差异，定量解析乡村居民点空间演化的影响因素和作用机理。将乡村居民点用地图斑和行政村社会经济属性数据结合起来，既有利于各类数据的获取和分析，又能保证研究的精度，便于总结分析不同空间尺度下乡村居民点的空间演化特征。

因此，本书从宏观尺度和微观尺度两个层面展开研究。首先，在宏观区域层面的研究中，以行政村作为统计分析单元，关联乡村居民点用地数据和社会经济属性数据，整体揭示乡村居民点空间演化的特征，并以行政村为单位进行类型归纳和总结。其次，在微观村域层面的研究中，以乡村居民点用地图斑为最小空间载体,揭示不同类型乡村居民点空间演化的过程和细节。

3.5 本书数据来源与处理方法

3.5.1 数据来源和存在问题

根据本书的研究目的,研究需要的基础数据包括两类:一类是空间数据,细分为矢量和栅格数据;另一类是分镇和行政村的社会经济统计数据,细化为统计数据和调研数据。表 3.2 列出了主要的空间数据类型、年份、来源等信息。在资料收集和整理中,发现嘉定区的空间数据、分镇和分行政村的社会经济统计存在一些问题,主要体现在以下四个方面。

表 3.2　　研究数据类型及其来源

类型	数据名称	年份	数据来源
矢量数据	土地利用调查数据	2000、2009、2018	嘉定区规划和自然资源局
	3 个典型村的地形图	2018	嘉定区规划和自然资源局
	嘉定行政区划边界	2000、2018	嘉定区规划和自然资源局
栅格数据	嘉定区交通路网图	2000、2018	嘉定区规划和自然资源局
	嘉定区河道水系图	2000、2018	嘉定区规划和自然资源局
	3 个典型村的卫星遥感影像	2000、2009、2018	卫星遥感历史影像
统计数据	分街镇社会经济属性数据	2000—2018	嘉定区统计局
	第五次人口普查分村人口数据	2000	嘉定区统计局
调研数据	各行政村社会经济属性数据	2018	调研
	3 个典型村的统计数据	2018	调研和访谈

(1) 空间数据比例尺不一致问题。本书分析使用的乡村居民点数据是从各年份的土地利用调查数据中提取,但各年份的数据精度有差异。其中 2000 年用地调查数据的比例尺为 1∶25 000,而 2009 年和 2018 年用地调查数据的比例尺为 1∶10 000,各年份土地利用数据精度存在差异。

(2) 部分社会经济统计资料缺失。由于统计口径和保存工作的原因,部分镇、部分年份的某些社会经济属性数据存在缺失不全的问题。

(3) 2000 年后,嘉定区经过大范围的“合乡并镇”的行政区划调整,导致 2000 年和 2018 年的行政区划边界和统计资料不能直接对应。

（4）通过统计年鉴只能获取分镇的社会经济数据，分行政村的社会经济统计数据只能通过问卷调研获取。本书通过调研获取了 2018 年 146 个行政村的社会经济统计数据，但 2000 年社会经济统计数据还是以乡镇为最小单元，两者难以比较。

3.5.2　数据处理方法和过程

上述四方面问题需要经过相关的技术处理，才能开展有效的比较分析。需要运用相应的方法使各类用地和统计数据更加契合研究的需要，从而提高研究成果的准确度。这些处理方法包括土地利用数据缩编、社会经济属性数据的空间分解、空间插值等内容。

1. 土地利用数据缩编

考虑到用地数据的来源和统计口径，本书的空间数据选取嘉定区 2000 年和 2018 年土地调查数据，但由于 2000 年的用地数据为 1∶25 000 的矢量图，为解决比例尺不一致带来的空间精度问题，需要将 2018 年嘉定区乡村居民点用地数据进行缩编，将其比例尺从 1∶10 000 缩编至 1∶25 000。地图缩编是将大比例尺的用地数据缩编至小比例尺，依据研究目的、比例尺和研究区的空间特性，采取抽象、概括和简化的方法，提炼数据中的核心信息（李秀丽，2015）。本书的缩编工作遵循《第二次全国土地调查成果数据缩编技术指标规范（试行）》的相关规定，结合各年份嘉定区居民点用地数据，利用 GIS10.5 的制图综合工具，包括融合、聚合和边界简化等，将 2009 年和 2018 年嘉定区用地数据进行缩编，其方法如表 3.3 所示。

表 3.3　　地图缩编的主要工具和原理示意

制图工具	主要功能	原理示意
融合	将具有相同土地利用类型的图斑合并	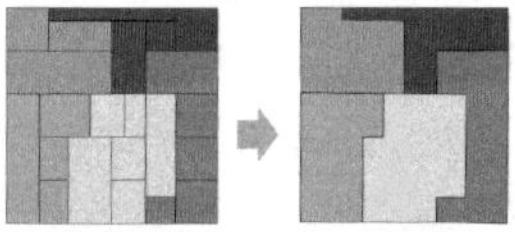
聚合	将各个土地利用类型根据其特点和重要性进行距离聚合，乡村居民点用地的聚合距离为 25 m	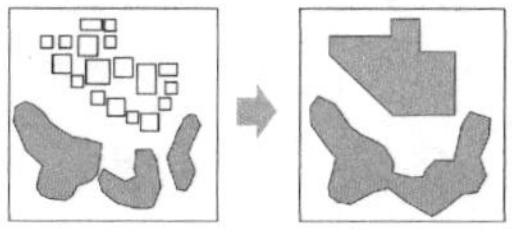
边界简化	在保持图斑整体形状不变的前提下，尽可能去掉不重要的细节边线部分，简化图斑边界	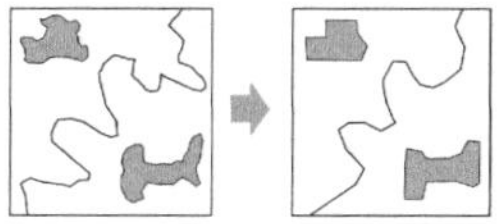

地图缩编也是将大比例尺、高分辨率转换到小比例尺、低分辨率的过程（张莉

等，2019）。随着分辨率变小，其空间精度会下降。为客观评价地图缩编后的质量，本书借鉴前人研究成果（王晓妍 等，2015），利用结构相似度指数、布局相似度指数对2009年和2018年缩编前后的用地数据进行对比。发现乡村居民点用地面积在缩编前后的误差仅为1.7%，该结果在正常范围内，缩编后乡村居民点用地数据能够作为本书的基础数据。

2. 资料缺失的处理方法

本书采用两种方法对资料缺失的区域进行数据处理。①相近年份替代的方法。由于统计口径的变化和保存不当等方面原因，导致部分区域和部分年份的数据缺失。对于这种情况，可利用该时段前后1—2年内的资料近似替代。②空间数据内插和外推方法。当某类数据在某一年份缺失时，可对数据进行空间插值；当某类指标已有较长年份的数据，但所需年份数据缺失时，可依据已收集的数据，建立趋势外推回归方程，并根据数据拟合结果去填补缺失项。

3. 数据单元前后对应

2000年后，嘉定区进行了多轮行政区划调整，镇级行政单元从2000年的18个缩减至2018年的12个，各行政单位空间边界产生较大变化，造成各镇统计数据难以直接对应。2000年初，嘉定区辖2个街道（新成路街道和真新街道）、16个镇。同年，撤销嘉定镇，设立嘉定镇街道；撤销外冈镇、望新镇，设立新的外冈镇；撤销安亭镇、方泰镇，设立新的安亭镇。2001年，撤销江桥镇、封浜镇，设立新的江桥镇；撤销马陆镇、戬浜镇，设立新的马陆镇；撤销徐行镇、曹王镇，设立新的徐行镇；撤销娄塘镇、朱家桥镇，设立新的娄塘镇；撤销华亭镇、唐行镇，设立新的华亭镇。2009年，撤销安亭镇、黄渡镇，设立新的安亭镇。至此，嘉定区形成12个镇级行政单元，辖3个街道、7个镇、1个新区管委会（菊园新区）、1个市级工业区（嘉定工业区），并延续至今。

在本书中，以2018年12个镇级单元为参照对象，将2000年18个镇级单元的数据在空间边界和统计资料上进行融合，以保证前后空间边界数据的一致，以及各空间边界和统计数据的一致。

4. 各镇社会经济数据分解至行政村单元

本书通过系统调研获取了2018年146个行政村的各项社会经济数据，通过第五次人口普查数据获得2000年各行政村的人口数据，但2000年各行政村的其他社会经济属性数据仍难以获得，只能获得2000年各街镇层面的社会经济数据。一种方法是依据各村域所占镇域面积，按照比例均匀将镇级数据分解至各行政村中，但这种方法无法表达各行政村的内部差异，从而导致各行政村社会经济数据的误差，需要对统计数据进行空间化处理。参考既有研究成果（梁友嘉 等，2012；

卢秀 等,2020),比较其模型适用方法和处理手法,运用修改后的乡村居民点影响模型和土地利用反演模型(凡宸 等,2014;刘梦鑫 等,2014),将嘉定区 2000 年各街镇的社会经济属性数据分解到各行政村中,并利用各镇的社会经济属性数据进行检验。结果表明嘉定区统计数据空间化的误差在 2.1%左右,在可接受范围内,可以作为村域层面各项社会经济统计数据的分析。

3.6　本章小结

本章构建了乡村居民点空间演化的理论分析框架,明确了研究的时空范围和空间尺度,并对收集的各项数据进行了优化处理,后续各章将遵循本章确定的理论分析框架和整理的数据开展实证研究。

(1) 乡村居民点空间演化的理论分析框架。基于人地关系理论、城乡关系理论、政策干预理论分析自然环境、社会经济和政策三类影响因素,依据空间的尺度性理论和空间多重属性理论分析空间演化的尺度和维度特征,依据耦合理论整合影响因素和空间分析内容。在此基础上,形成本书理论分析框架,为全面诊断超大城市乡村居民点空间演化的多尺度多维度特征和多因素耦合作用机理提供基础。

(2) 嘉定区作为本书的实证研究对象。嘉定区具备差异化的自然环境本底条件,可综合反映不同自然环境因素对超大城市乡村居民点演变的影响;嘉定区各乡镇社会经济发展水平存在显著的梯度差异,从南至北呈现出经济发展水平逐渐降低的特征,可以综合反映不同社会经济因素对乡村居民点空间演化的影响;同时,嘉定区经历过全方位乡村政策的试点实践,可以综合反映不同政策对乡村居民点空间演化的影响。

(3) 在宏观区域层面的研究中,选择 2000 年和 2018 年两个时间截面,可以综合反映社会经济快速转型期的中国超大城市乡村居民点空间演化总体趋势和空间分化特征。在微观村域层面的研究中,增加了 2009 年作为研究的中期时间截面,以利于细化分析微观村域居民点空间演化的过程和阶段性特征。

(4) 研究的空间尺度包括宏观和微观两个层面。在宏观区域尺度,以 146 个行政村作为统计分析单元,整体揭示空间演化的特征,并以行政村为单位解析空间演化类型。在微观村域尺度,以 3 个典型村庄为对象,以乡村居民点用地图斑为最小空间载体,揭示不同类型乡村居民点空间演化的详细特征。

(5) 基于研究的需要,对各项数据进行处理。针对用地数据比例不一致、统计资料不全、社会经济统计数据和空间数据边界不一致等阻碍研究开展的诸多细节问题,逐一进行处理。如利用 ArcGIS 制图工具对用地数据进行空间缩编,从而保证精度一致性；运用土地利用反演模型获取2000年嘉定区各行政村社会经济属性数据；采用空间插值得到部分缺失年份的社会经济数据。

参考文献

安悦，周国华，贺艳华，等，2018. 基于“三生”视角的乡村功能分区及调控——以长株潭地区为例[J]. 地理研究，37(4)：695-703.

鲍宗豪，岳伟，2019. 新中国70年城乡关系：历程、转变、启示[J]. 学术界，(6)：19-28.

杜国明，刘美，2021. 基于要素视角的城乡关系演化理论分析[J]. 地理科学进展，40(8)：1298-1309.

段进，章国琴，2015. 政策导向下的当代村庄空间形态演变——无锡市乡村田野调查报告[J]. 城市规划学刊，(2)：65-71.

凡宸，秦建桥，高洋，等，2014. 基于GIS数据的县域人口密度空间降尺度模拟——以广东省惠东县为例[J]. 中国人口·资源与环境，24(S1)：226-230.

方创琳，周成虎，顾朝林，等，2016. 超大城市群地区城镇化与生态环境交互耦合效应解析的理论框架及技术路径[J]. 地理学报，71(4)：531-550.

耿慧志，李开明，韩高峰，2019. 内生发展理念下超大城市远郊乡村的规划策略——以上海市崇明区新征村村庄规划为例[J]. 规划师，35(23)：53-59+75.

梁友嘉，徐中民，2012. 基于LUCC和夜间灯光辐射数据的张掖市甘州区人口空间分布建模[J]. 冰川冻土，34(4)：999-1006.

李健，荣幸，2020. 国际比较视野下的社会企业政策模式选择——基于“工具—结果”维度的多案例研究[J]. 社会政策研究，(2)：40-53.

李婷婷，龙花楼，王艳飞，2019. 中国农村宅基地闲置程度及其成因分析[J]. 中国土地科学，33(12)：64-71.

李秀丽，2015. 地图缩编在测绘生产中的应用[J]. 测绘与空间地理信息，38(4)：1-2+6.

林坚，楚建群，张书海，等，2012. 城乡统筹视角下的规划用地分类探讨[J]. 城市规划，36(4)：49-53.

刘春芳，张志英，2018. 从城乡一体化到城乡融合：新型城乡关系的思考[J]. 地理科学，38(10)：1624-1633.

刘梦鑫，邬群勇，卢毅敏，2014. 加权人口密度连续分布模拟模型[J]. 地球信息科学学报，16(2)：199-206.

刘守英，程国强，2021. 中国乡村振兴之路——理论、制度与政策[M]. 北京：科学出版社.

卢秀，李佳，段平，等，2020. 基于夜间灯光和土地利用数据的GDP空间化及预测——以云南沿边地区为例[J]. 地域研究与开发，39(2)：36-39+81.

孟召娣，郝汉，蒋和平，等，2019. 城乡要素合理配置带动都市农业发展模式研究[J]. 农业现代化研究，40(1)：18-25.

上海地方志编撰委员会，2021. 上海市志·大事记(1978—2010)[M]. 上海：上海人民出版社.

申晓艳，丁疆辉，2013. 国内外城乡统筹研究进展及其地理学视角[J]. 地域研究与开发，32(5)：6-12+45.

孙平军，丁四保，修春亮，等，2012. 东北地区“人口—经济—空间”城市化协调性研究[J]. 地理科学，32(4)：450-457.

谈明洪，李秀彬，2021. 从本土到全球网络化的人地关系思维范式转型[J]. 地理学报，76(10)：2333-2342.

屠爽爽，龙花楼，刘永强，等，2015. 农村居民点整治潜力测算方法研究进展与展望[J]. 自然资源学报，30(11)：1956-1968.

王小鲁,2010.中国城市化路径与城市规模的经济学分析[J].经济研究,45(10):20-32.
王晓妍,裴欢,2015.土地利用图中面状要素缩编的质量评价[J].中国土地科学,29(3):90-97.
王亚华,袁源,王映力,等,2017.人口城市化与土地城市化耦合发展关系及其机制研究——以江苏省为例[J].地理研究,36(1):149-160.
王勇,李广斌,王传海,2012.基于空间生产的苏南乡村空间转型及规划应对[J].规划师,28(4):110-114.
吴传钧,1991.论地理学的研究核心——人地关系地域系统[J].经济地理,(3):1-6.
吴燕,2018.全球城市目标下上海村庄规划编制的思考[J].城乡规划,(1):84-92.
张佰林,蔡为民,张凤荣,等,2016.中国农村居民点用地微观尺度研究进展及展望[J].地理科学进展,35(9):1049-1061.
张莉,苗连朋,2019.地图数据缩编生产中线面共线套合处理方法[J].测绘与空间地理信息,42(8):206-207.
赵民,陈晨,周晔,等,2016.论城乡关系的历史演进及我国先发地区的政策选择——对苏州城乡一体化实践的研究[J].城市规划学刊,(6):22-30.
朱建江,2016.论美好城市生活和美好农村生活[J].上海农村经济,(2):30-33.
朱晓翔,朱纪广,乔家君,2016.国内乡村聚落研究进展与展望[J].人文地理,31(1):33-41.
DAVIS J C, HENDERSON J V, 2003. Evidence on the political economy of the urbanization process [J]. Journal of urban economics, 53(1): 98-125.
DING M, CHENG Z, WANG Q, 2014. Coupling mechanism of rural settlements and mountain disasters in the upper reaches of Min River[J]. Journal of mountain science, 11(1): 66-72.
HUANG Q, HUANG J, YANG X, et al., 2019. Quantifying the seasonal contribution of coupling urban land use types on urban heat island using land contribution index: a case study in Wuhan, China[J]. Sustainable cities and society, (1): 666-75.
LEFEBVRE H, NICHOLSON-SMITH D, 1991. The production of space[M]. BlackWell: Oxford.
LI K, GENG H, 2021. Spatial differentiation characteristics and driving mechanism of rural settlements transformation in the metropolis: a case study of Pudong District, Shanghai [J]. Frontiers in environmental science, (9): 755207.
LIU Y, LONG H, CHEN Y, 2016. Progress of research on urban-rural transformation and rural development in China in the past decade and future prospects[J]. Journal of geographical sciences, 26(8): 1117-1132.
LONG H, LIU Y, 2009. Spatio-temporal dynamic patterns of farmland and rural settlements in Su-Xi-Chang region: implications for building a new countryside in coastal China[J]. Land use policy, 26(2): 322-333.
RANIS G, FEI J C, 1963. The ranis-fei model of economic development: reply[J]. The American economic review, 53(3): 452-464.
TU S, LONG H, 2018. Rural restructuring at village level under rapid urbanization in metropolitan suburbs of China and its implications for innovations in land use policy[J]. Habitat international, (5): 143-152.
WOODS M, 2010. Performing rurality and practising rural geography [J]. Progress in human geography, 34(6): 835-846.
WOODS M, 2012. Rural geography Ⅲ: rural futures and the future of rural geography[J]. Progress in human geography, 36(1): 125-134.

第 4 章　上海市城乡空间格局演变历程

超大城市乡村居民点空间演化是城乡空间格局演变的重要组成部分，反映一段时间内城镇化、工业化引发的城乡关系变化和乡村社会经济的变化特征。为更好地理解超大城市乡村居民点时空演变背景，本章对新中国成立后上海城乡关系的演变历程进行阶段划分，之后分析各个阶段乡村发展的特征。在此基础上，剖析城乡空间格局和乡村功能的变化特征，为后续嘉定区乡村居民点空间演化特征和作用机理的分析提供基础(图 4.1)。

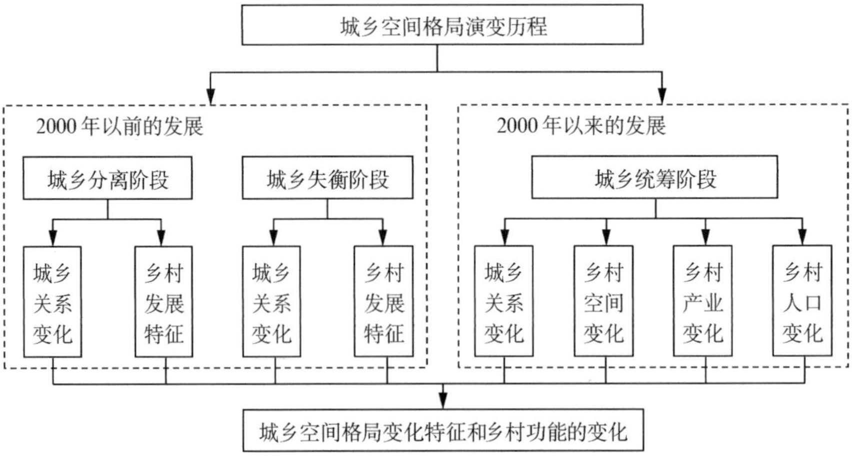

图 4.1　上海市城乡空间格局演变历程分析

4.1　2000 年以前上海城乡关系演进历程

城乡关系是在一定社会经济和政策因素作用下，城乡之间通过要素流动而形成的相互制约和影响的关系，可以反映一定区域内城乡社会经济结构的基本关系，也呈现出随着时间变化而产生的阶段性特征(胡鞍钢 等，2012；刘春芳 等，2018；鲍宗豪 等，2019)。城乡关系产生的根源是由于城镇和乡村的差异性和互补性,劳动力、土地和资本等城乡要素流动的方向、方式和强度差异造成了城乡关系的变化(孟召娣 等,2019)。基于新中国成立后至 2000 年以前上海城乡要素流动的差异,可将其城乡关系划分为以下两个阶段。

4.1.1　城乡分离阶段:乡村缓慢变化

1. 城乡关系变化

新中国成立后到改革开放前为城乡分割阶段(图 4.2)。新中国成立后,我国处于工业化初期阶段,为实现后发工业国向发达工业国的转变,全面学习苏联模式,国家采取优先发展重工业的战略,在产业发展上实施“二、三、一”方针(王曙光,2011;霍露萍,2019;刘守英 等,2021)。在这样的背景下,上海被定位为国内先进的综合性工业基地,市域范围内的各项建设均围绕工业展开,形成“重生产、轻生活;重城市,轻乡村”的指导思想。该阶段乡村以农业为主,其任务主要是为城镇提供粮食供给,并通过农产品价格剪刀差的措施为工业发展提供原始资金积累。1952 年起,根据中央相关精神,上海市乡村开展从互助组、初级社到高级社的人民公社改造,至 1956 年底,全市入社农户达乡村总户数的 97.0%,完成了生产资料私有制向集体所有制的改造,逐步形成了“三级所有、队为基础”的乡村经济政策(王祖德,1996)。由于社会经济发展水平较低,为保障粮食供应和稳定粮价,国家于 1953 年颁布了《关于实行粮食的计划收购与计划供应的决议》,形成农产品“统购统销”政策,切断了农产品自由流动市场(袁以星,2013)。之后,于 1958 年颁布了《户口登记条例》,将人口划分为农业户籍和非农户籍,严格管控非农户籍规模,限制农业户籍向城市流动,形成城乡二元分割的基础(张强,2006)。

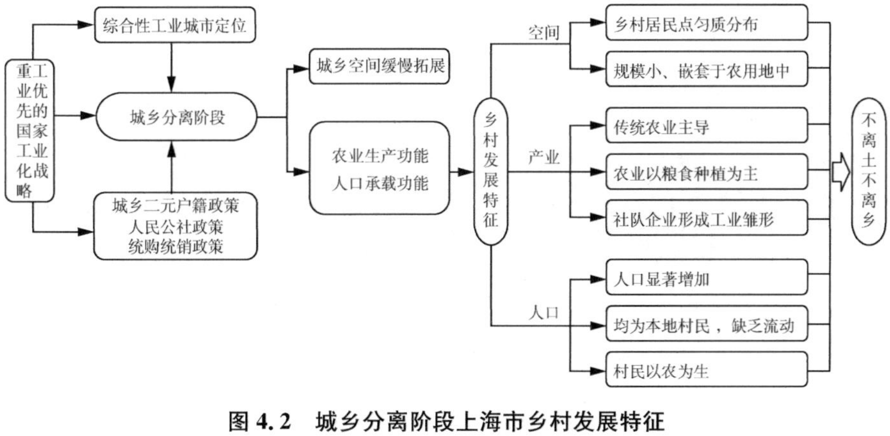

图 4.2　城乡分离阶段上海市乡村发展特征

该阶段建立的户籍政策、人民公社政策和统购统销政策基本上把乡村排除在工业化和城镇化之外，城乡在各自范围内缓慢发展。为解决工业园区的建设空间需求和农产品的有效供应，国家于 1958 年将嘉定、松江、青浦等 10 区从江苏省划归上海市，奠定了上海城乡空间的基本格局（王健 等，2019）。从 1949 年到 1978 年，上海城镇建成区面积从 91.60 km^2 增加到 169.60 km^2，仅为当时上海陆域面积的 2.7%（赵晶，2004）。

2. 乡村发展特征

该阶段，乡村主要为工业化提供原料和资金支持，乡村的主要功能为农业生产和人口承载。在“以粮为纲”的背景下，村民固化于乡村的土地和农业生产上，形成“不离土不离乡”的传统乡村（向博文 等，2020）。大量村民滞留在十分有限的耕地上，从事高密集和高度自给的农业生产。受社会经济发展水平整体较低的影响，乡村居民点建设十分缓慢。在传统农业生产条件下，耕作半径较小，生产生活分化程度低，乡村居民点多围绕农田和河道布局，空间结构松散，呈现均质散状分布的特征。乡村居民点规模也较小，多为 10 户以下的点状住宅（耿慧志 等，2020）。

为满足集体经济发展和农业生产的需要，有效提高农业机械化水平，更好地为国家工业化提供原料，各人民公社和生产大队于 1956 年起，相继在其辖区内新建农具修理厂、服装缝纫厂、五金厂和化肥厂等小型工厂，发展成社队企业（孙怀文，1990；于辉，2008；蔡莉莉，2010）。社队企业作为乡村工业的雏形，在该阶段仅作为农业的副业形式存在，受到诸多条件的限制，其用地规模小、布局灵活，常依附于乡村居民点而存在（陈吉元 等，1993）。

依据《上海市国民经济和社会发展历史统计资料：1949—2000》中的统计数据，该阶段农业发展呈现以下两方面特征。其一，为保证粮食的有效生产供应，乡村形成了以粮食种植为重点、以传统农业为主导的产业结构。从 1949 年到 1978 年，农业机械总动力从 2.27 万 kW 增加到 187 万 kW，增长了 82.4 倍，表明农业生产条件得到极大改善。农业播种面积和农产品产量均有显著提升，其中粮食产量从 66 万 t 增加到 261 万 t，蔬菜产量从 15.98 万 t 增加到 145.45 万 t，粮食播种面积从 38.46 万 hm^2 增加到 53.22 万 hm^2，经济作物播种面积从 27.96 万 hm^2 增加到 29.64 万 hm^2，表明农业生产效率的提高。其二，农业经济总量增长，但其在国民经济中的占比下降。从 1949 年到 1978 年，农业总产值从 1.45 亿元增加到 11.0 亿元，增长了 7.6 倍，但农业在国民经济中的占比却从 7.2% 下降到 4.0%，从侧面反映了重工业优先发展战略导致农业和工业的差距不断变大。

乡村人口显著增加，村民被束缚在土地上，从事农业生产。其一，在生育高峰和户籍政策的双重作用下，乡村户数从 66.09 万户增加到 122.32 万户，乡村常住人口数量从 272.74 万人增加到 429.56 万人，但乡村人口在整个城市中的比重却从 54.2%降低到 38.9%。同时，乡村户均人口从 4.13 人降低到 3.51 人，表明随着城镇化的推进，乡村家庭结构趋于小型化。其二，该阶段村民主要以农为生。到 1978 年，乡村就业人口总量为 276.24 万，其中从事农业、工业和服务业的人口占比分别为 76.2∶20.1∶3.7，表明该阶段村民的主要就业渠道为农业生产（统计年鉴无 1978 年前乡村工业从业人口数据）。

4.1.2　城乡失衡阶段：乡村快速变化

1. 城乡关系变化

改革开放后到 20 世纪末为城乡失衡阶段（图 4.3）。1978 年，党的十一届三中全会确定了改革开放的基本国策，国家经济发展从重工业优先发展转向城镇化和工业化并重战略，同时开启了从计划向市场经济的转型，上海城乡关系进入了新的阶段。其一，国家要求上海在对内对外经济联系中发挥龙头作用，明确上海城市定位从单一的工业城市转向经济中心城市。在此背景下，编制完成《上海市城市总体规划（1984—2000）》，逐渐形成“优先发展三产、积极调整二产、稳固发展一产”的产业布局，将不适宜在中心城区建设的工业用地逐步外迁至郊区。其二，落实中央部署，上海于 1984 年底完成了家庭联产承包责任制的改革，农民获得生产的自主权（方志权，2014）。之后，废除了人民公社，将乡村的政治组织和经济组织分开，建立以乡镇人民政府和村民委员会结合的组织结构，将村民从“以粮为纲”的农业生产中束缚出来，农业生产力得到极大释放，大批农业剩余劳动力转向乡村工业就业。其三，1986 年起，逐步放开对农产品价格统购统销的管控，改革农产品流通体制，使农产品可以依据市场定价和自由流动（方志权 等，2020）。其四，乡镇企业的蓬勃发展，促进了乡村社会经济的发展。1984 年，中央颁布《关于开创社队企业新局面的报告》，将社队企业改为乡镇企业，明确乡镇企业在我国经济发展中的地位。在此背景下，上海乡村工业化进入了快速发展时期，吸纳了大量农业剩余劳动力（郭柏林，1993；肖辉，2000）。

该阶段实施的家庭联产责任承包制和乡镇企业政策，以及取消统购统销政策，解放了乡村生产力，促进了农产品的自由流通，使村民可以脱离农业的束缚，从事非农产业，从而促进城镇化和工业化的进一步发展。1978 年到 2000 年，上海城镇化率从 66.1%增加到 77.6%，年均增长率为 0.75%，在空间上体现为建设空间的快速拓展。首先，城镇空间圈层式快速扩张，中心城区内部以居住和三产为主，中心城区边缘分布大量的工业和三产，郊区则以一二产并重。到 2000 年，

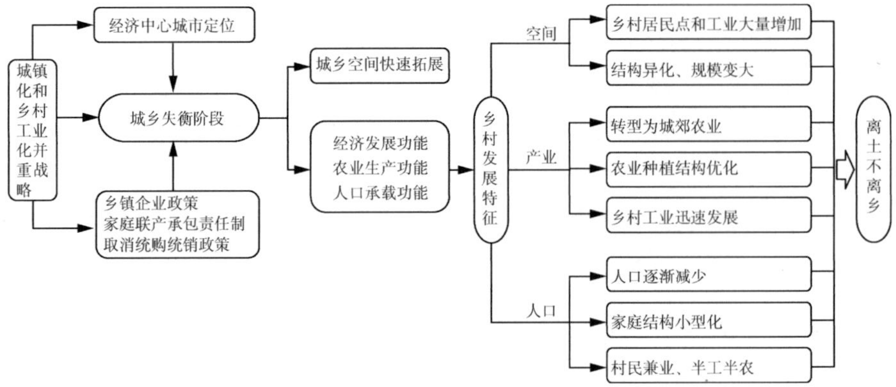

图 4.3　城乡失衡阶段上海市乡村发展特征

全市城乡建设用地面积已达到 2 295 km^2，占全市陆域总面积的 36.1%。其次，工业用地快速扩张，2000 年时，全市工业用地 334 km^2，其中集中布局的工业用地占比达 30%，分布于乡村的非集中布局的工业用地占比达 70%（虞先豪，2003）。再次，受快速城镇化和工业化影响，耕地面积从 1978 年的 36.01 万 hm^2 减少到 2000 年的 28.6 万 hm^2，减少了 21%。

2. 乡村发展特征

该阶段各项政策放松了对城乡要素流动的管控，与乡村地域紧密结合的乡村工业化为村民就地非农就业提供了条件，整体形成“离土不离乡”的格局。该阶段，乡村主要为快速城镇化服务，乡村在原有农业生产和人口承载的基础上增加了经济发展功能。经济收入的增加，为村民新建住房和增加居住面积提供了基础，大量的乡村居民点在此阶段建设。1983 年颁布的《村镇建房用地管理实施细则》，规定村民建房尽量利用空地和宅基地，不准再占用耕地，原有点状的乡村居民点逐渐加密为线状布局。2000 年，上海乡村居民点用地面积已达到 713 km^2。

乡村工业用地粗放式蔓延，形成“村村点火、家家冒烟”的分散格局，为乡村剩余劳动力提供大量非农就业机会，但也固化了乡村居民点空间分散的格局，造成一系列问题。其一，大部分乡村工业选址受到土地和劳动力来源的束缚，对用地规模和配套设施的要求低，多与乡村居民点相结合，依托乡村原有仓库、晒场改造建设而成，形成了分散化的工业空间，不利于农业的现代化和村民的非农转移，也造成乡村城镇化滞后工业化（赵民 等，1996；陈国权，2009）。其二，分散的布局造成土地资源的浪费，难以形成集聚效益，生产效率较低、环境污染较大。该阶段上海乡村工业约占全市工业用地总面积的 70%，但其工业总产值只占全市的 1/6（熊鲁霞 等，2000）。同时，乡村工业的设备和工艺都很落后，对乡村环境造成严重污染(刘君德 等,1997)。

该阶段乡村产业构成中工业占比增加,农业种植结构得到优化。《上海市国民经济和社会发展历史统计资料:1949—2000》表明,该时期乡村产业的发展呈现以下特征。其一,农产品种类增多,农业种植结构优化。随着人口总量的增加和生活水平的提升,城乡居民对农副产品的多样性提出了更高要求,农业种植从单一的粮食生产转向粮食和经济作物协调发展的结构,农业也从传统农业向城郊农业转变。粮食作物和经济作物播种面积之比从 1978 年的 64.2∶35.8 变化为 2000 年的 49.6∶50.4。其二,农业经济总量增加,但所占比重却逐渐下降。从 1978 年到 2000 年,农业总产值从 11.0 亿元增加到 74.76 亿元,增加了 6.8 倍,但由于非农产业的持续发展,农业所占比重却从 4.0%下降到 1.6%。其三,乡村工业迅速发展,逐渐成为乡村产业构成的主导。其类型丰富多元,不仅包括排灌、农机、种子、副业等为农服务工业,又包括各类五金器材、建筑业、纺织、机械、电子机械、金属制品等多个种类。

乡村人口逐渐减少,村民逐步非农就业转型,形成“非农为主、种粮为辅”的兼业特征。其一,家庭联产承包责任制的推行,彻底打破农业生产和收益分配中的“大锅饭”现象,赋予村民生产经营自主权,农业生产效率提高,推动农村剩余劳动力大批转向非农产业。乡村户数从 122.32 万户减少到 115.17 万户,乡村常住人口数量从 429.56 万人减少到 360.71 万人,乡村户均人口从 3.51 人降低到 3.13 人,表明家庭结构进一步小型化。其二,乡村工业推动村民脱离农业生产,导致乡村就业结构的变化。乡村从业人口数从 276.24 万人减少到 255.60 万人,乡村从事农业、工业和服务业的人口数量占比已从 1978 年的 76.2∶20.1∶3.7 转变到 2000 年的 33.1∶45.9∶21.0,表明乡村剩余劳动力逐步转向非农产业。

4.2　2000 年以来上海城乡关系演进历程

4.2.1　城乡关系演进历程

进入 2000 年以来,国际国内环境发生变化,推动上海进入城乡统筹发展阶段(图 4.4)。首先,经济全球化加速了全球地域劳动分工,制造业加速从发达国家向发展中国家转移,全球城市网络日趋成形。上海成为全球城市网络中的重要节点,其定位逐渐从经济中心城市转向为国际中心城市。在这样的背景下,编制了《上海市城市总体规划(1999—2020 年)》,提出大力发展郊区新城,进一步加强人口、产业和空间的相对集聚(陈群民 等,2010)。形成于 20 世纪 90 年代的“三个集中"政策在全市范围内大面积推广,"居住向城镇集中、工业向园区集中、农田向规模化经营集中"成为城乡建设的指导思想。2012 年,上海确定了城乡建设用地"总量锁定、增量递减、存量优化"的政策,大量闲置分散的乡村工业用地和乡村居民点用地被复垦还耕,推动城乡空间布局的优化。

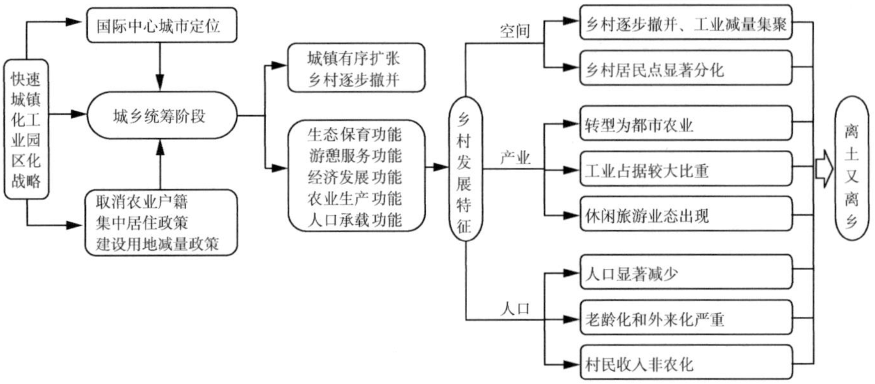

图 4.4　城乡统筹阶段上海市乡村发展特征

其次,党的十六大以后,三农问题成为国家关注重点,相继颁布了取消农业税、社会主义新农村建设和美丽乡村等一系列统筹城乡发展的政策,力图破除城乡二元结构,推动乡村发展(张强,2006)。经过快速城镇化发展后,上海经济实力不断增强,具备了城市反哺乡村、工业反哺农业的条件。在这样的背景下,上海逐步取消农业税,完善乡村公共设施配置,加大农业补贴力度,建立乡村最低生活保障制度、新型农村合作医疗和农民养老金社会保障制度。在此基础上,逐步取消了城乡二元户籍政策。2002 年,上海出台"农转非"政策规定,对所有 2001 年后在上海乡村出生的人口统一登记为城镇户口。该政策的实施导致上海乡村将无新增农业户籍人口。2015 年,上海颁布新的户籍改革政策,取消农业户籍与非农业户籍的区分,并逐步完善与统一城乡户口登记制度相配套的土地和社会保障制度,阻碍城乡人口流动的户籍政策在上海完全消失(孙雷,2016)。

再次,伴随着经济收入的提高,村民对居住舒适度的要求进一步提升。为改变乡村居民点布局散、规模小、公共配套差的现状,上海市相继颁布了村庄环境整治、迁村并点以及宅基地置换等一系列政策,推动乡村居民点空间从分散转向集中,从而改善乡村居住环境和提高农业现代化水平。2005 年,规定 10 户以下小而散的乡村居民点必须归并,30 户以下零星乡村居民点逐步压缩,大力建设中心村,通过村民集中居住增加公共服务设施配套水平。2007 年《上海市农村村民住房建设管理办法》颁布,鼓励集体建房,引导村民逐步向集中居住点迁移。

该阶段城市开始反哺乡村，非农产业和城镇化的快速发展使村民可以彻底脱离农业，从事非农产业，户籍政策的取消彻底打破了城乡二元分割的基础，各类集中居住政策加速推动了村民离开乡村，整体形成“离土又离乡”的格局。一方面，受城镇空间日趋拥挤和环境品质不佳的影响，乡村独特的生态环境价值和文化魅力逐渐得到显现，一部分人口和资本开始从城镇向乡村流动，乡村在原有经济发展、农业生产和人口承载的基础上增加了生态保育功能和游憩服务功能，使乡村功能日趋多元化。另一方面，在一系列反哺政策下，乡村的各项公共设施得以完善，乡村整体实现快速发展，城乡差距逐步缩小。

4.2.2　乡村空间变化

1. 乡村空间迅速收缩、居住环境整体改善

上海的城镇化率从2000年的77.6%增加到2018年的90.0%，城乡空间格局也发生了巨大的变化。其一，城镇空间剧烈扩张，侵占了大量的耕地和乡村居民点，导致乡村空间迅速收缩。根据2000年和2017年上海市城市总体规划编制时的土地利用现状调查数据(图4.5)，全市建设用地总量从2 295 km^2增加至3 071 km^2，建设用地占比达到45%，远高于伦敦、巴黎、东京等国际大都市平均30%左右的水平，已达到资源环境承载的极限能力。城镇用地面积从842 km^2增加到1 141 km^2，工业用地面积从334 km^2增加到839 km^2，交通和其他建设用地面积从406 km^2增加到578 km^2，乡村居民点用地从713 km^2减少到513 km^2。根据统计年鉴，耕地面积从2000年的28.6万hm^2减少到2018年的19.2万hm^2，减少了33%。其二，经过一系列撤乡并镇和行政村归并后，村镇数量显著减少。从2000年到2018年，乡镇数量从153个减少至109个，减少了28.8%；行政村数量从2 784个减少到1 572个，减少了43.6%。村镇面积和行政村面积有所扩大，有利于在更大范围内高效配置各项资源。乡村各项基础设施逐步完善。2018年底，上海乡村基本实现了村村通沥青或水泥路，75%的村公交通达，乡村基础教育设施、医疗卫生设施和文化服务设施实现行政村全覆盖，乡村居住环境得到显著改善(方志权 等，2019)。

2. 乡村居民点和工业用地呈现多元分化特征

在一系列差异化政策作用下，城区边缘、近郊区和远郊区的乡村居民点减量集聚的程度并不相同，其空间呈现出多元分化特征，点状、线状、面状乡村居民点共存的现象十分明显。城区边缘的乡村居民点被吞并，其空间与城镇发展融为一体，乡村空间整体消失。在快速城镇化集中推进的近郊乡村，通过征地拆迁

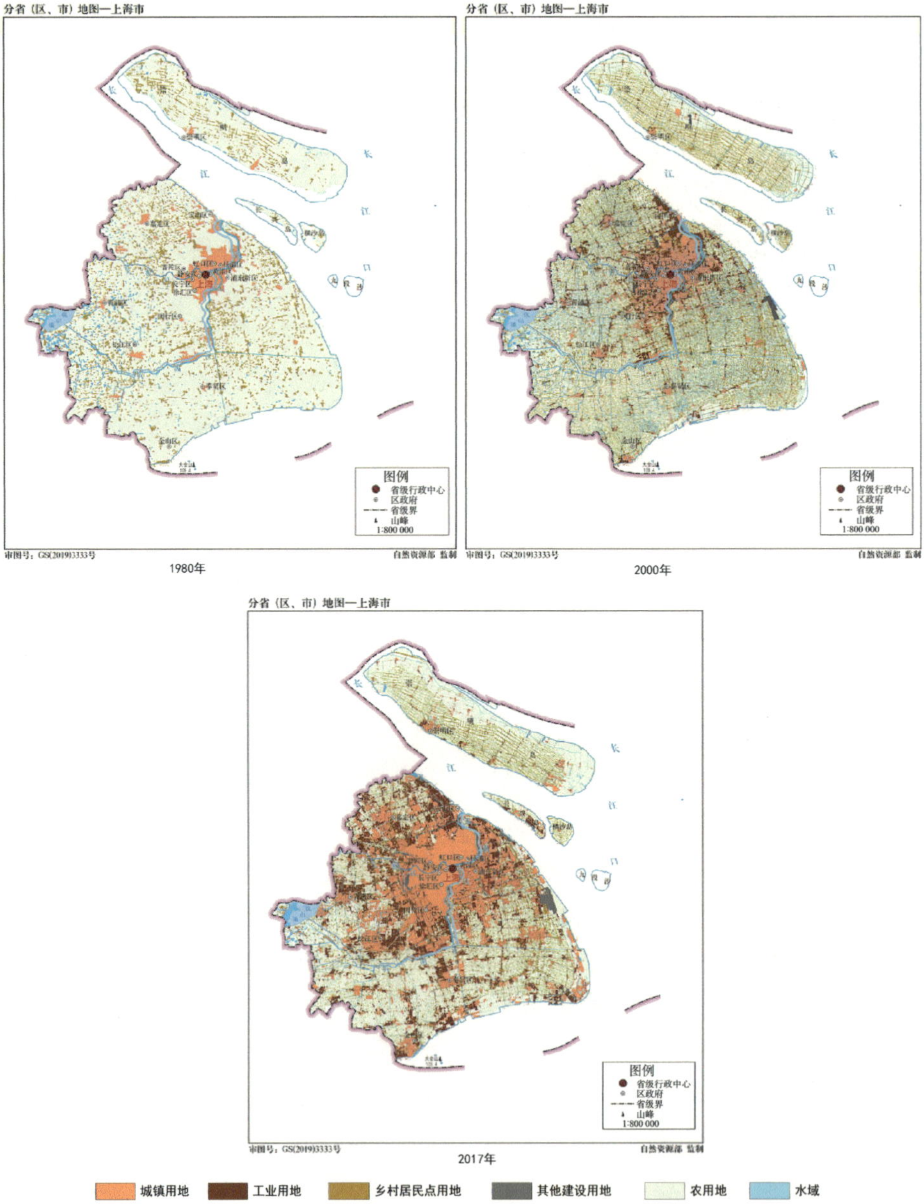

图 4.5　上海市 1980 年、2000 年和 2017 年土地使用现状图

资料来源：作者基于自然资源部地图底版，审图号为 GS(2019)3333 号。结合《上海市城市总体规划(1999—2020 年)》和《上海市城市总体规划(2017—2035 年)》中的土地使用现状图以及 1980 年的上海市遥感影像图改绘

和集中居住形成一些大规模的集中居住点，其空间从分散走向集聚，形成面状空间。远郊纯农型乡村，经济实力薄弱，大量青壮年进城，留存在村中的多为老年人，社会关系逐步瓦解，乡村居民点空间出现空心化乃至收缩的现象，依然保持传统的点状形态。而部分乡村随着乡村休闲旅游的推行，其空间逐步更新和复兴。总体来看，乡村居民点空间内部发展不均衡、不充分的问题仍然十分突出。

乡村工业用地分布呈现出从近郊向远郊地区依次递减的特征(王方兵 等，2015)。2000—2011 年，上海乡村工业用地以年均 31 km^2 的速度增长，在近郊乡村呈现整体面状增长，在远郊乡村呈现零散增长特征(王贺封 等，2014)。2012 年后，随着郊区建设用地减量的有序推行，乡村工业用地逐步减量，集聚到工业园区中，实现工业用地的减量。以上海市松江区石湖荡镇为例，2015—2017 年，共拆除乡村闲置企业 57 家，复垦工业用地面积约 30 hm^2(黄娟，2020)。根据上海统计年鉴数据，2018 年上海乡村集体工业企业利润总额仅占全市工业企业利润总额的 0.8%，表明乡村工业受空间布局分散和产业竞争力低下的影响，整体效益较低。

4.2.3　乡村产业变化

1. 农业经济总量持续增加、结构和功能不断优化

随着农业生产效率的提高，农业经济总量持续增加，农业种植结构和功能也不断优化(图 4.6)。其一，农业生产效率显著提升。地均农业机械化总动力从 2000 年的 5.0 kW/hm^2 增加至 2018 年的 6.3 kW/hm^2，农业劳均产出也显著提高。在农业基础条件好的区域，已经形成了规模化的农业种植公司、农业合作社和家庭农场等新型经营主体，提高了农业产业化水平(王东荣 等，2011)。其二，农业总产值从 2000 年 74.76 亿元增加到 2018 年 104.78 亿元，但其占比却从 1.6%降低到 0.3%，表明农业和二产、三产的差距不断扩大，二产和三产已成为推动上海乡村经济发展的主要动力，见图 4.6(a)。其三，农业种植结构不断优化，粮食和经济作物播种面积比从 2000 年的 49.6∶50.4 转变为 2018 年的 45.5∶54.5。其四，农业逐步转向都市农业，农产品数量和结构随着市民消费需求进行调整，蔬菜和水产品产量略有下降，牛奶产量则略有增加，见图 4.6(b)。总体上，各类农产品仍保留一定的自给能力，说明乡村的农业生产功能对超大城市仍发挥着基础性作用。

2. 新兴业态逐渐出现、工业提供较多工作岗位

休闲旅游等新兴业态出现，使乡村形成多元复合的产业结构，但农业和服

(a) 2000—2018年上海市三次产业GDP占比变化图

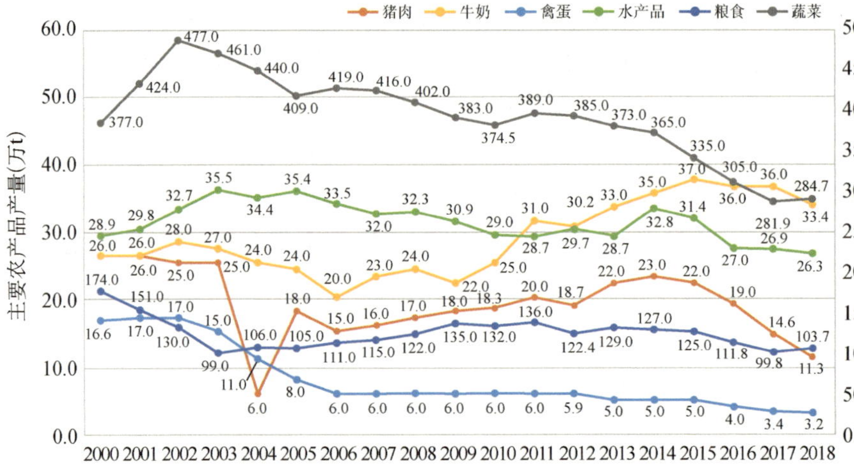

(b) 2000—2018年上海市主要农产品产量变化图

图 4.6　2000—2018 年上海市三次产业构成和主要农产品产量变化图

资料来源:作者根据历年上海统计年鉴整理

务业比重较低,工业仍提供较多工作岗位(图 4.7)。其一,农业产业链不断拓展延伸,推动乡村从单一农业转向一、二、三产融合发展的多元业态。一方面,以农产品深加工企业为龙头,把分散的农民与变化的市场连接起来,实现生产、加工、销售一体化,从而加快农业产业化的步伐。另一方面,随着乡村环境的改善,农业和旅游、康养、文化创意等相结合的乡村新产业新业态不断出现,金山区水库村、嘉定区毛桥村都成为农业部确定的美丽休闲乡村。其二,从村民就业结构来看,乡村从业人口 2000 年的从 253.45 万减少到 2018 年的 147.26 万,其中从事工业的人口比重占据 58.3%,而从事农业和服务业的比重分别为 22.7%和 19.0%,表明乡村非农转移就业趋势明显,工业仍提供乡村最主要的工作岗位。

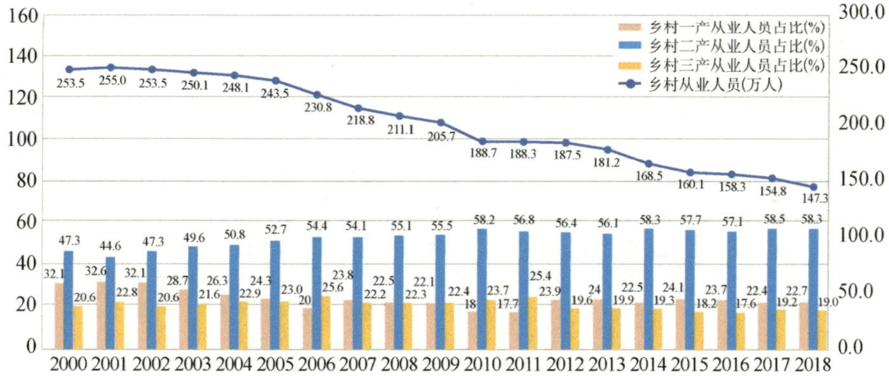

图 4.7　2000—2018 年上海市乡村从业人员数量和占比变化图

资料来源：作者根据历年上海统计年鉴整理

4.2.4　乡村人口变化

1. 乡村人口总量显著减少、外来化和老龄化严重

随着城镇化的持续推进，乡村人口逐步外流，人口结构呈现显著的老龄化和外来化特征。其一，随着户籍政策的改革和村民非农就业转移，乡村人口总量显著减少，见图 4.8(a)。根据统计年鉴，从 2000 年到 2018 年，上海市常住人口从 1 609 万人增加至 2 424 万人，但乡村常住人口从 360.71 万减少到 241.56 万，其在上海总人口的比重从 22.4%下降到 2018 年的 10.0%。乡村户数从 115.17 万户减少到 95.68 万户，减少了 17.0%。其二，乡村人口老龄化和外来化现象严重。农业户籍人口从 2000 年的 335.47 万人下降到 2014 年 139.19 万人(统计年鉴无 2014 年后农业户籍人口统计数据)，其在乡村常住人口中占比从 93.1%下降到 55.2%，表明大量来沪务工人员到乡村居住，增加了乡村社会综合治理的难度。同时，随着青壮年村民非农转移就业，留在乡村的多为老年人，导致部分乡村人口结构的老龄化，传统乡村社会结构逐渐解体。

2. 村民人均收入持续增加，工资性收入成为主要来源

伴随着城乡生产力水平的提高和经济的进一步发展，村民人均可支配收入持续增加，村民收入结构中工资性收入成为主要来源，见图 4.8(b)。其一，村民人均可支配收入从 2000 年的 5 565 元增加至 2018 年的 30 375 元，增加了 5.45 倍；但城市居民人均可支配收入从 11 718 元增加至 68 034 元，增加了 5.81 倍；导致城乡居民收入比从 2.11 扩大至 2.24。一方面，农业增产不增收，农业是弱质产业，来自农业的生产经营收益对村民收入的提升作用十分有限。另一方面，村民

(a) 2000—2018年上海市城乡人口变化统计图

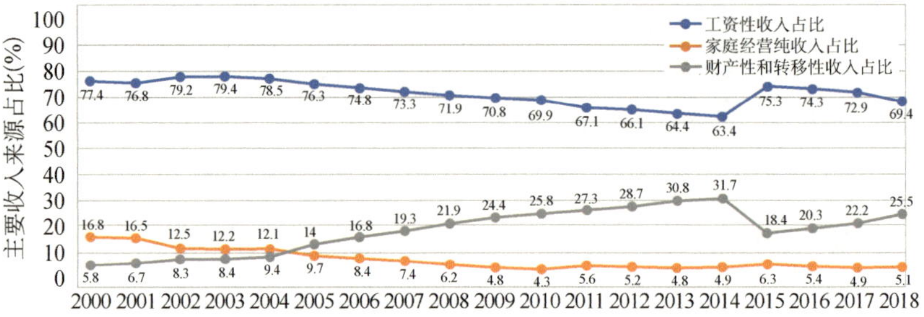

(b) 2000—2018年上海市村民收入构成统计图

图 4.8 2000—2018 年上海市人口构成和村民收入变化图

资料来源:作者根据历年上海统计年鉴整理

受学历、技能等因素制约,非农就业的层次相对偏低,其增加工资性收入的难度较大。其二,村民收入渠道多元化,工资性收入和家庭经营收入比重逐渐下降,而财产性和转移性收入比重逐渐增加。工资性收入从 4 310 元增加至 21 080 元,但其占比却从 77.4%波动减少至 69.4%;表明受经济大环境影响,非农就业工资性收入的提升难度正在变大。家庭经营收入从 934 元增加至 1 549 元,其占比却从 16.8%减少到 5.1%;表明随着农业生产资料价格的上涨,农业的比较经济效益逐渐降低,农业家庭经营纯收入占比逐渐下降。财产和转移性收入从 321 元增加到 7 746 元,其占比从 5.8%逐渐增加至 25.5%;表明房屋出租收入和各项社保转移政策增加了村民收入。

4.3 超大城市城乡空间格局和乡村功能的变化特征

4.3.1 城乡空间格局变化

1. 乡村空间分化:城镇快速扩张、乡村逐步压缩、内部显著分化

在经历不同阶段的发展后,城镇空间迅速扩展,乡村空间逐步压缩,内部出现

显著分化，主要体现为以下几个方面(图 4.9)。其一，乡村居民点在改革开放后经历了快速增长的过程，在 2000 年以后经历了空间集聚和规模减量的过程，其用地总规模不断减少，同时存在面积较小的点状空间和面积较大的块状空间，空间分化严重。其二，乡村工业用地经历了改革开放后的迅速增长后，固化了乡村居民点的分散布局，在 2000 年以后有序减量集聚到工业园区中，形成分散和集聚相结合的布局。其三，耕地面积从 1949 年的 37.5 万 hm^2 减少至 2018 年的 19.2 万 hm^2，人均耕地面积从 1949 年的 1 375 m^2 减少至 2018 年的 793 m^2。随着农业现代化的推进，耕地空间布局从分散走向集聚。

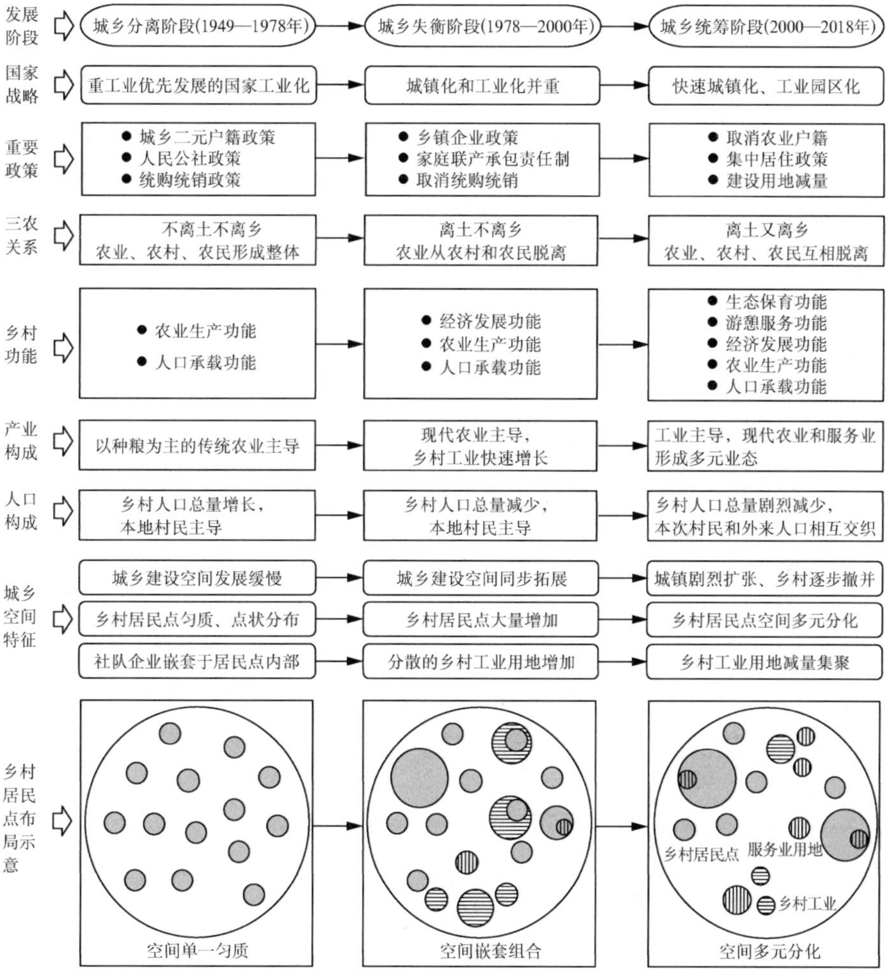

图 4.9　不同城乡关系下乡村发展特征和功能演进比较图

2. 乡村产业升级:农业不断转型、工业减量提质、新兴业态涌现

乡村产业从单一种植业转型分化为多元业态构成,体现为以下三方面。其一,农业生产效率不断提高,完成从传统种植业向现代农业的转型。农业机械总动力从1949年的2.27万kW增加到2018年的119.8万kW,表明农业规模化、现代化水平不断提高,农业生产效率得到提高。同时,农业种植从单一的粮食生产,转向以粮食和经济作物协调发展的多元种植结构,粮食和蔬菜的产量分别从66.0万t和15.98万t提升到103.7万t和284.73万t,形成与城镇居民饮食习惯相匹配的都市农业。其二,工业经过有序减量后,保留的企业多为地均效益好、环境污染小的优质企业。1949年乡村劳动从业人口均为农业,而2018年乡村从事农业、工业和服务业的人口数量占比为22.7∶58.3∶19.0,表明工业仍为乡村提供大量就业岗位。其三,在农业资源丰富和景色优美的乡村,逐渐形成了休闲旅游、科普教育等乡村新产业新业态,表明乡村多元功能和价值逐步得到显现和利用。

3. 乡村人口转型:乡村人口占比下降、结构老龄和外来化、村民非农就业

经历不同阶段发展后,大量村民向城镇迁移,外来人口大量涌入乡村,造成乡村人口构成的分化,本地村民不再是乡村常住人口和农业生产的主体,体现为以下几方面。其一,乡村人口占比持续下降,家庭结构日趋小型化。乡村常住人口总量从1949年272.74万人增加到1978年的429.56万人后,逐渐下降至2018年241.56万人;但乡村常住人口在城市总人口的比重却从1949年的54.2%逐渐下降至2018年的10.0%,表明乡村人口非农转移趋势明显。同时,乡村逐渐从传统聚居的大家庭转向现代生活的小家庭,乡村户均人口从1949年的4.13人一直下降至2018年的2.52人。其二,乡村人口老龄化和外来化严重。乡村青壮年逐渐向城镇转移,留在乡村的多为老年人;大量外来人口到乡村居住,造成乡村社会关系的异化。其三,村民就业非农化,从事乡村农业的人口比重显著减少。1949年乡村从业人口为124.54万人,均从事农业,而2018年从事乡村农业的人口仅为33.4万人,仅占当年乡村从业人口总量的22.7%,从事农业生产的多为老年人和外来职业农民。

4.3.2 乡村功能变化

上海城乡关系经历了三次转型后,在不同城乡发展阶段内,乡村空间、产业和人口均发生了相应的变化,呈现出不同的特点,从而导致乡村整体功能发生变化。城乡分离阶段,通过户籍政策、统购统销和人民公社政策把村民束缚在土地上,村民缺乏进入城镇的途径,村民不得不在乡村就地转移和消化。该阶段乡村解决的是粮食短缺问题,乡村的主要功能是传统农业生产和人口承载。城乡失衡阶段,

家庭联产承包责任制、政社分离政策以及乡村工业的发展，把村民从土地中解放出来，乡村剩余劳动力转向非农就业，村民的空间流动性增加，乡村经济发展的自主性也相应增强，乡村增强了经济发展功能。城乡统筹阶段，通过农业户籍政策改革、土地整治和集中居住政策，促进乡村居民点的减量集聚，逐步复垦乡村工业用地，推动乡村转型发展。该阶段，乡村解决的是城乡多元人口的需求问题，乡村增加了生态保育和游憩服务功能。总体上，乡村从传统的保障农产品供应和人口居住逐渐转向乡村多元功能。

1. 城乡分离阶段乡村以传统农业生产和人口承载为主导功能

新中国成立后到改革开放前，上海处于计划经济体制下的短缺经济年代，城市和乡村呈现孤立分离发展的特征。该时期乡村生产力水平较低，形成自给自足的传统农业。乡村的发展重点是提高粮食产量和提供简易居住，以解决人口的温饱问题。在这样的背景下，乡村的主要功能是传统农业生产和人口承载功能。

该阶段城乡总体发展缓慢，乡村空间规模基本不变，总体形成点状的乡村居民点嵌套在块状农用地的空间形态，乡村居民点空间分布呈现小和散的特征。乡村形成以粮食种植为主导的单一产业结构，工业和服务业受到严格限制，农业生产追求农产品的数量，各项农产品产量均处于较高水平。农业生产技术水平较低，农业生产机械化水平不高，农业生产效率较低。该时期乡村人口总量持续增长，受到严格的户籍管控政策影响，村民缺乏流动，固化于乡村土地中，主要从事农业种植生产。

2. 城乡失衡阶段以现代农业生产、人口承载和经济发展为主导功能

改革开放后，上海乡村的温饱问题基本得到解决，基本农产品从短缺逐渐变丰富，部分年份甚至出现粮食的结构性过剩问题。城市和乡村快速发展，但由于大量非农要素向城市的过快集聚，导致城市发展显著快于乡村，整体进入城乡失衡阶段，乡村成为城市发展的重要腹地空间。该阶段乡村生产力得到进一步发展，从传统农业生产转向服务于城市发展的现代化城郊农业。乡村的发展重点是保障城市的各项农副产品供应，突出“米袋子”和“菜篮子”作用，缓解供需矛盾。在这样的背景下，乡村功能以现代农业生产、人口承载和经济发展为主导。

该阶段城镇空间快速拓展，乡村空间快速收缩，在原有点状乡村居民点和块状农用地的基础上新增了点状的工业用地和块状的乡村居民点用地，乡村居住条件整体得到改善提高。农业形成了生产、加工和销售一体化的产业体系。在快速城镇化推动下，工业迅速发展，乡村形成了现代农业生产和工业相结合的产业结构，从而实现从单纯依靠农业向复合产业结构发展。农业生产结构从追求数量转向追求效益，粮食作物生产减少、经济作物生产增加，从传统农业转向城郊型农

业。农业机械化和规模化水平提高，农业生产呈现区域性、专业化的发展趋势，农业生产效率提高。受到城镇化和工业化影响，该时期乡村人口总量缓慢减少，城乡要素流动增加。农业生产效率的提高和乡村工业的发展提升村民收入，推动村民的职业分化，乡村剩余劳动力开始向工业转移，村民形成“离土不离乡”的兼业化生计。该阶段传统乡村以家庭为核心的差序格局改变，邻里关系逐渐从熟悉人社会转向陌生人社会（费孝通，2001）。

3. 剧烈变化阶段乡村逐渐转向多功能发展

21世纪以来，乡村的发展逐渐受到重视，乡村不再是城市的附属，而成为与城市互补的一种居住形态，整体进入城乡统筹发展阶段。在城市人群多元需求的背景下，乡村的多元功能和价值得到重视。一方面，城市居民对农产品的数量需求转向对农产品的品质、生态和健康需求，都市农业蓬勃发展。另一方面，乡村低密度、开放和绿色的人居环境催生了乡村旅游、生态农业、乡土教育等新产业新业态。乡村的发展重点是满足城乡人群的多元需求。在这样的背景下，乡村在原有都市农业生产、人口承载、经济发展的功能上增加了生态保育和游憩服务功能，乡村逐步从农业生产和人口承载功能转向乡村多功能发展。

该阶段城镇空间拓展速度有所放缓，乡村空间呈现逐步收缩特征，新增了部分乡村旅游度假景点，原有的点状乡村居民点用地逐步归并到块状居住用地中，乡村各项基础设施进一步完善，基本实现了居住的现代化。乡村形成工业主导和农旅融合的产业结构，部分乡村开始出现新产业新业态，逐渐摆脱对农业生产的过度依赖。农业机械化和规模化水平进一步提高了农业生产能力，农产品从数量增长转向品质提升，农产品种类进一步增多，农业转向都市农业。受到快速城镇化和户籍政策改革的影响，该时期乡村人口总量快速减少。由于非农产业和非农收入的比较优势，大量青壮年村民流入城镇，基本上脱离了农业生产，形成“离土又离乡”的非农就业生计。留在乡村的多为眷恋乡村生活的老人，加剧了乡村人口结构的老龄化现象。外来人口进入乡村居住，造成乡村人口结构严重的外来化现象，进一步加剧了社会分化。

4.4 本章小结

本章首先分阶段剖析新中国成立后上海城乡关系的变化，研究各阶段城乡空间格局和乡村发展特征，之后总结了乡村功能的演进特点。

(1) 2000年以前上海城乡关系经历两个阶段。①新中国成立后到改革开放前为城乡分离阶段，在重工业优先发展的战略下，乡村发展缓慢。农业生产效率和农产品产量提高，乡村人口增加，农业以种粮为主，乡村居民点空间缓慢增加。②改革开放后到 20 世纪末为城乡失衡阶段，受快速城镇化和工业化影响，乡村发展速度显著落后于城镇，城乡差距拉大。该阶段农业生产效率显著提升，耕地面积显著减少，乡村居民点迅速增加，乡村人口总量减少，农业剩余劳动力转向二产和三产。

（2）2000 年以后上海城乡关系进入城乡统筹阶段，乡村经历了剧烈变化。在空间方面，快速推进的城镇化导致大量乡村空间迅速消亡；受行政村归并政策影响，行政村数量减少了 43.6%；不同区位的乡村居民点和工业用地呈现空间多元分化特征。在产业方面，农业经济总量不断提升，农业种植结构和功能得到优化，农产品逐步从追求数量到关注品质；乡村新产业新业态逐步出现，但工业仍为乡村提供较多就业岗位。在人口方面，乡村人口总量逐渐减少，老龄化和外来化严重；村民可支配收入持续增加，工资性收入成为村民收入的主要来源。

（3）上海在经历城乡关系发展三个阶段后，乡村空间剧烈收缩并呈现空间多元分化特征，乡村产业从单一种植业转型分化为多种业态构成，乡村人口总量减少，外来化和老龄化现象显著。三个阶段乡村的功能也不断拓展，城乡分割阶段为解决粮食短缺问题，乡村的主要功能是传统农业生产和人口承载；城乡失衡阶段为解决农副产品的供求基本矛盾问题，乡村的主要功能是现代农业生产、人口承载和经济发展；城乡统筹阶段，乡村解决的是城乡人口的多样需求问题，乡村增加了生态保育和游憩服务功能。总体上，乡村功能从传统的农业生产和人口承载功能逐渐转向乡村多功能。

参考文献

鲍宗豪，岳伟，2019. 新中国 70 年城乡关系：历程、转变、启示[J]. 学术界，(6)：19-28.
蔡莉莉，2010. 20 世纪 80 年代以来上海农村土地流转探析[D]. 上海：华东师范大学.
陈国权，2009. 上海发展战略研究[M]. 上海：上海人民出版社.
陈吉元，韩俊，1993. 中国农村工业化道路. 北京：中国社会科学出版社.
陈群民，吴也白，刘学华，2010. 上海新城建设回顾、分析与展望[J]. 城市规划学刊，(5)：79-86.
方志权，2014. 农村集体经济组织产权制度改革若干问题[J]. 中国农村经济，(7)：4-14.
方志权，张晨，2019. 发展壮大上海纯农地区集体经济问题研究[J]. 科学发展，(3)：75-79.
方志权，张晨，楼建丽，2020. 关于上海农业农村现代化若干问题的思考[J]. 科学发展，(9)：75-83.
费孝通，2001. 江村经济[M]. 上海：商务印书馆.
耿慧志，李开明，韩高峰，2019. 内生发展理念下超大城市远郊乡村的规划策略——以上海市崇明区新征村村庄规划为例[J]. 规划师，35(23)：53-59+75.
郭柏林，1993. 上海郊区乡镇工业集聚布局探讨[J]. 经济地理，(4)：60-65.
胡鞍钢，马伟，2012. 现代中国经济社会转型：从二元结构到四元结构(1949—2009)[J]. 清华大学学报

（哲学社会科学版），27(1)：56-57.
黄娟，2020.从规划土地管理视角对上海乡村振兴的若干思考——以松江区为例[J].上海农村经济，(5)：13-16.
霍露萍，2019.我国城乡关系演变特征及发展趋势[J].中国名城，(7)：19-24.
刘春芳，张志英，2018.从城乡一体化到城乡融合：新型城乡关系的思考[J].地理科学，38(10)：1624-1633.
刘君德，彭再德，徐前勇，1997.上海郊区乡村—城市转型与协调发展[J].城市规划，(5)：43-45.
刘守英，程国强，2021.中国乡村振兴之路——理论、制度与政策[M].北京：科学出版社.
孟召娣，郝汉，蒋和平，等，2019.城乡要素合理配置带动都市农业发展模式研究[J].农业现代化研究，40(1)：18-25.
上海市统计局，2000—2018.上海统计年鉴[M].北京：中国统计出版社.
上海市统计局，2001.上海市国民经济和社会发展历史统计资料.郊区分册：1949—2000[M].北京：中国统计出版社.
上海市统计局，上海市农业委员会，2000—2018.上海郊区统计年鉴[M].北京：中国统计出版社.
孙怀文，1990.上海社会主义经济建设发展简史[M].上海：上海人民出版社.
孙雷，2016.城乡发展一体化的实践与思考——上海都市三农工作记录[M].上海：上海财经大学出版社.
王东荣，方志权，章黎东，2011.上海家庭农场发展研究[J].科学发展，(4)：54-58.
王方兵，吴瑞君，2015.上海人口郊区化与产业郊区化协同发展研究[J].生态经济，31(1)：85-90+96.
王贺封，石忆邵，2014.政策影响下上海市工业用地扩张与效益研究[J].世界地理研究，23(2)：133-141.
王健，贾璐阳，2019.1958年江苏省十县与上海市的行政区划调整[J].史林，(1)：170-182.
王曙光，2011.中国城市化发展模式研究[D].长春：吉林大学.
王祖德，1996.上海农业志[M].上海：上海社会科学院出版社.
肖辉，2000.上海市郊区乡镇工业与小城镇发展——以松江区洞泾、泗泾、九亭三镇为例[J].城市规划汇刊，(1)：58-62+76-80.
向博文，赵渺希，2020.1958—1962年中国人民公社居民点规划简评[J].城市与区域规划研究，12(1)：93-106.
熊鲁霞，骆棕，2000.上海市工业用地的效率与布局[J].城市规划汇刊，(2)：22-29+45-79.
虞先豪，2003.论乡镇企业集中布局的动力机制和小城镇工业园区开发模式——以上海市金山区枫泾镇和朱泾镇为例[D].上海：同济大学.
袁以星，2013.都市三农的实践和思考[M].上海：上海财经大学出版社.
于辉，2008.大城市郊区工业发展现状、问题及对策建议——以上海为例[J].工业技术经济，(9)：2-6.
张强，2006.乡村与城市融合发展的选择：北京市城乡一体化发展研究[M].北京：中国农业出版社.
赵晶，2004.上海城市土地利用与景观格局的空间演化研究[D].上海：华东师范大学.
赵民，孙斌栋，1996.经济发达地区的乡镇企业布局与小城镇发展[J].城市规划，(5)：18-21+60.

第5章　乡村居民点空间演化特征

本章以嘉定区为实证案例，首先回顾嘉定区城镇化发展历程和城乡空间格局的总体变化特征。之后，以2000年和2018年为主要研究时间截面对嘉定区各村产业构成和人口构成的变化特征进行分析，并从乡村居民点规模、分布和形态三个方面的演变剖析乡村居民点空间演化的特征。在此基础上，解析嘉定区乡村居民点空间演化类型，总结乡村居民点空间演化特征和规律。

5.1　数据提取和测度指标

5.1.1　数据提取

基于研究目的，从2000年和2018年的土地利用数据中，分别提取嘉定区乡村居民点用地，同步叠加多时段的交通、河道和行政村边界等空间数据，形成空间分析的数据底版。乡村居民点空间布局可理解为一定地域范围内乡村居民点斑块的空间分布与组合，是由不同大小和形状的乡村居民点斑块按照一定的组合方式形成的集合，因此其空间关系可从规模、分布和形态三方面来反映。在规模方面，有的斑块用地面积大，有的斑块用地面积小。在分布方面，不同斑块相互组合呈现差异的分布特征，有的斑块接近道路，有的斑块远离道路，有的区域斑块分布密度高，有的区域斑块分布密度低。在形态方面，有的斑块为团状，有的斑块则为带状。正是由于这些不同特征的组合使乡村居民点在空间上呈现出不同的布局类型。因此，乡村居民点空间布局可从规模、分布及形态三方面特征进行分析。

本章首先分析嘉定区城乡空间格局演变的总体特征。其次，对各村产业构成和人口构成的变化进行比较。最后，从规模、分布、形态三个方面构建表征乡村居民点空间布局的指标体系，并在空间格局的基础上引入时间维度，从区域和行政村两个层面系统分析乡村居民点空间演化的总体趋势和空间分化特征。在此基础上，提炼嘉定区乡村居民点空间演化的类型(图5.1)。本章研究主要从以下六方面进行：①产业构成变化特征，分析城乡产业结构和各村产业构成的变化；②人口构成变化特征，分析城乡人口结构和各村人口构成的变化；③规模演变特征，乡村居民点用地规模的变化程度；④分布演变特征，乡村居民点空间分布密度，乡村居民点与周边道路的空间距离分布关系，以及乡村居民点与周边河道的空间距离分布关系；⑤形态演变特征，乡村居民点的景观形态指标变化和差异程度；⑥演变类型，依据规模、分布和形态的差异分化特征，并结合各村产业构成和人口构成的变化，解析凝练空间演化的类型。

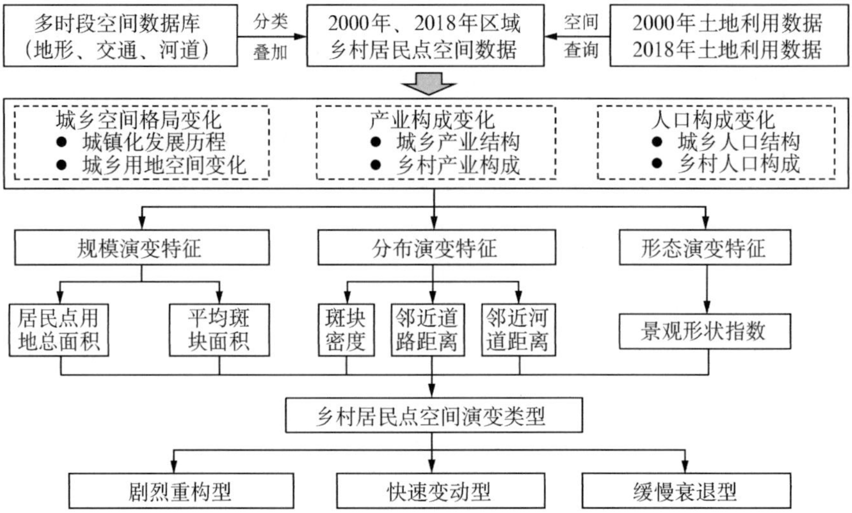

图 5.1 乡村居民点空间演化的数据提取和测度指标

5.1.2 测度指标

1. 空间布局测度方法

表 5.1 乡村居民点空间布局测度指标及含义

多维特征	指标	符号和计算公式	特征含义
规模特征	用地面积	A	为村域范围内乡村居民点总用地面积，单位：hm^2
	平均斑块面积	$Mps=A/N$	Mps 为村域范围内乡村居民点的平均斑块面积，单位：hm^2；N 为乡村居民点斑块数量，单位：个
分布特征	斑块密度	$D=N/S$	D 为乡村居民点斑块密度，单位：个/km^2；S 为行政村面积，单位：km^2

（续表）

多维特征	指标	符号和计算公式	特征含义
分布特征	邻近道路距离	$Dt_i = \sum_{i=1}^{n}(dt_i a_i / A)/N$	Dt_i 为面积加权后的乡村居民点斑块邻近道路的距离，单位：m；dt_i 为乡村居民点斑块 i 邻近道路的距离，单位：m；a_i 为居民点斑块 i 的面积，单位：hm^2
	邻近河道距离	$Dr_i = \sum_{i=1}^{n}(dr_i a_i / A)/N$	Dr_i 为面积加权后的乡村居民点斑块邻近河道的距离，单位：m；dr_i 为居民点斑块 i 邻近河道的距离，单位：m
形态特征	景观形状指数	$Ls_i = \sum_{i=1}^{n}(0.25p_i / \sqrt{a_i})/N$	p_i 为乡村居民点斑块 i 的周长，单位：m；Ls_i 反映斑块边界和形状复杂程度

资料来源：作者依据 Fragstats 相关解释自行绘制

分别从规模、分布、形态三方面选取测度指标。其中规模特征包括乡村居民点总规模、单个斑块的规模，分别由用地面积 A、平均斑块面积 Mps 表示；分布特征包括乡村居民点分布的密度、与道路的距离、与河道的空间联系，分别用斑块密度 D、邻近道路距离 Dt_i、邻近河道距离 Dr_i 表示；形态特征为乡村居民点斑块边界的复杂程度，用景观形状指数 Ls_i 表示。以上指标均运用 GIS10.5 和 Fragstats4.2 软件计算，指标的详细含义见表 5.1。

2. 空间演化特征测度方法

为进一步揭示乡村居民点空间演化的特征，需要在测度空间布局的基础上，引入时间的维度，比较两个年份同一指标的变化率，变化率公式如下：

$$X = \frac{X_{2018} - X_{2000}}{X_{2000}} \times 100\%$$

其中，X 为六类指标在两个不同年份的变化率，X_{2018} 表示指标在 2018 年的数值，X_{2000} 代表指标在 2000 年的数值。具体说来，如果 X 为负值，代表相关指标 2018 年的数值比 2000 年的数值减少。乡村居民点用地面积变小，说明在研究期内有更多的乡村居民点用地转出为其他类型用地；平均斑块面积变小说明乡村居民点斑块规模更破碎。斑块密度变小说明斑块在单位空间上的数量变小；邻近道路距离变小说明乡村居民点斑块与道路的距离更近。景观形状指数变小说明斑块边界变得更规整；邻近河道距离变小说明乡村居民点斑块与河道的空间联系加强。如果 X 为正值,代表相关指标 2018 年的数值比 2000 年的数值增加,各项指标的变化含义与负值变化含义相反。

5.2 城乡空间格局演变特征

5.2.1 城镇化发展历程

嘉定区在 2000 年以后相继经历了城镇化的快速扩张和结构优化阶段,城乡空间结构和用地布局发生巨大的变化。

1. 快速扩张阶段

2000 年以后,上海确立了建设国际化大城市的总体定位,中心城区有限的空间已难以满足其社会经济快速发展的需求,各项功能开始逐步从中心城区向郊区转移,郊区进入快速发展阶段。《上海市城市总体规划(1999—2020 年)》于 2000 年审批通过,第一次把郊区纳入城市总体规划的范围,把加快郊区发展放在更加突出的位置,确定了“中心城—新城—中心镇—一般镇”的城镇体系,并明确在全市郊区建设 11 个新城的目标。该规划提出在嘉定老城的基础上联动周边区域建设嘉定新城。在此背景下,嘉定区进入城镇化快速扩张阶段,位于嘉定区中部和南部的广大乡村被城镇建设所侵占,大量农用地和乡村居民点变为了各类城镇用地。之后,《嘉定区区域总体规划实施方案(2006—2020 年)》于 2006 年审批通过,确定了由嘉定新城主城区、安亭组团、南翔江桥组团形成“一核两翼”的空间结构,同步明确嘉定区产业园区的布局(图 5.2)。产业园区的建设有效承接了中心城区制造业向郊区的转移,但大量的乡村居民点和农用地也在该阶段因产业园区建设被征用,总体上形成城镇空间的剧烈扩张和乡村空间的剧烈收缩并存的特征。

2. 结构优化阶段

城镇化的快速扩张导致乡村空间和耕地的快速消亡,粗放的发展模式带来城乡用地效率低和生态环境恶化等一系列问题,使建设用地总量突破了资源环境的承载能力。为有效引导城镇空间布局,优化城乡空间结构,《嘉定区城乡总体规划》(2010 年梳理版)划定了城镇和产业用地的管控边界,城镇空间的快速扩张得到控制,标志着嘉定区城镇化进入结构优化阶段。2012 年,上海进一步确定了城乡建设用地“总量锁定、增量递减、存量优化”的政策,将乡村建设用地的减量和城镇建设用地的增量结合起来。在此背景下,大量闲置分散的乡村工业用地和乡村居民点用地被复垦还耕,同步推动城镇建成区附近规模小、布局散的乡村居民点

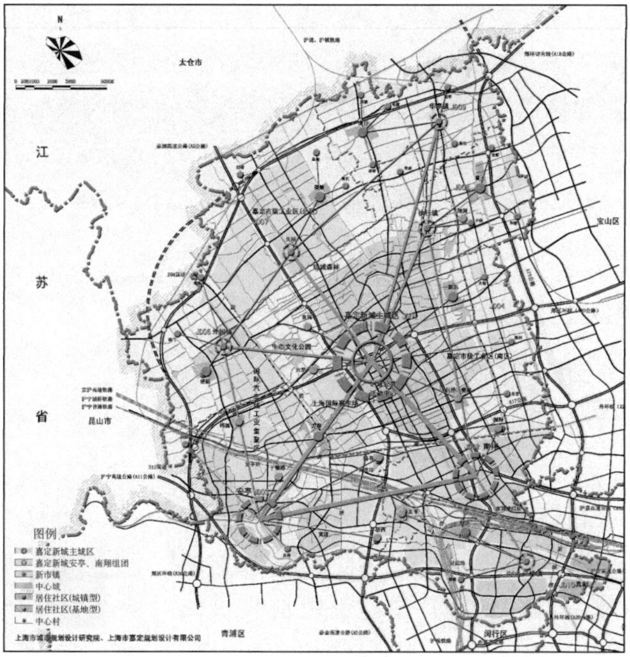

(a) 城乡体系规划图

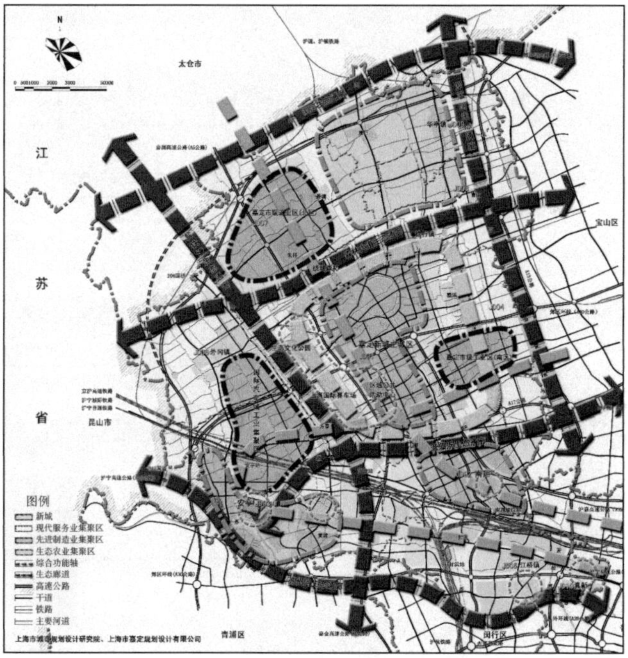

(b) 空间结构规划图

图 5.2　嘉定区城乡体系和空间结构规划图

资料来源：上海市城市规划设计研究院、上海嘉定规划设计院有限公司，2006

斑块向集中居住点迁移集聚。2018年，《上海市嘉定区总体规划暨土地利用总体规划（2017—2035年）》审批通过，进一步明确人口规模和土地资源的底线约束，锁定城乡建设用地总量，实施“建设用地只减不增，生态用地只增不减”的管控政策。在这一系列措施下，推动嘉定区城镇空间从传统的增量扩张转向存量优化为主，乡村居民点在整体减量的背景下，其空间布局也逐步集聚，城乡空间结构得到优化。

5.2.2 城乡用地空间变化

基于土地利用数据的可获得性和时段细分的需要，以2009年为间隔将其划分为相等的两段，利用2000年、2009年和2018年的土地利用数据，分析其在2000—2009年和2009—2018年两个细分时段内用地构成变化特征。由于三个年份用地统计口径有一定差异，为突出研究重点，揭示空间形态演变的主导特征，参考既往研究，将三个年份的土地使用类型简化为农用地、城镇用地、乡村居民点用地、工业用地、其他建设用地和水域六种类型（林坚 等，2016）。既可以反映不同用地类型的演变特征，又避免了用地分类过细而影响主要变化特征的呈现。依据此思路，嘉定区在2000年、2009年和2018年的用地构成如表5.2所示。

表5.2　　嘉定区2000—2018年用地变化信息一览表

	2000年		2009年		2018年	
	面积（km^2）	占比	面积（km^2）	占比	面积（km^2）	占比
农用地	290.85	62.7%	188.03	40.6%	157.20	33.9%
城镇用地	23.57	5.1%	74.19	16.0%	107.09	23.1%
乡村居民点用地	60.95	13.1%	48.54	10.5%	37.48	8.1%
工业用地	36.25	7.8%	85.05	18.3%	91.31	19.7%
其他建设用地	15.65	3.5%	33.02	7.1%	37.24	8.0%
水域	36.33	7.8%	34.77	7.5%	33.28	7.2%
合计	463.60	100%	463.60	100%	463.60	100%

1. 总体变化特征

嘉定区在2000年城镇空间面积较小，城镇外围分布着大量农用地和乡村居民点，见图5.3(a)。主要的城镇空间分布在嘉定镇街道、安亭镇、南翔镇和毗邻中心城区的真新街道，工业用地沿主要道路呈带状分布，农用地和乡村居民点用地共占全区总面积的 75.8%，而城镇用地和工业用地仅占全区总面积的 12.9%。2000—2009 年，快速的城镇化和工业化进程推动了嘉定区用地空间的非农化转变，嘉定新城和安亭汽车产业园等重大项目建设使城镇空间急剧扩张，大量农用地转为城镇用地和工业用地，农用地占比从 2000 年的 62.7%下降到 2009 年的 40.6%。与此相对，城镇用地和工业用地在嘉定区南部区域呈现蔓延式扩张。城镇用地在嘉定镇街道、安亭镇、南翔镇和江桥镇的基础上不断拓展，逐渐连为一体，其用地占比从 2000 年的 5.1%增加到 2009 年的 16.0%。工业用地在沿路扩张的同时，在产业园区内大量集聚，其用地占比从 7.8%增加到 18.3%，见图 5.3(b)。但在该时段内，乡村居民点用地占比仅从 13.1%下降到 10.5%，其下降幅度没有农用地大。主要原因是农用地量大面广，其征地补偿成本比乡村居民点用地低；而乡村居民点用地不仅征地补偿成本高，而且需要安置大量村民，增加了拆迁安置的难度。基于对经济成本和拆迁难度的考虑，更多的农用地被城镇空间所侵占。

2009 年后，上海原城市规划管理局和原房屋土地管理局中的土地管理部门整合组建为上海市规划和国土资源管理局，加大了对城乡建设用地的管控。嘉定区在 2010 年梳理版总体规划中划定了城镇和产业用地的管控边界，城镇空间的发展逐渐从规模扩张走向质量提升。2009—2018 年间，城镇空间扩张整体放缓。嘉定区南部城镇空间在原有基础上继续拓展，其城镇空间已经连为一体；北部城镇空间也有一定数量的增长，见图 5.3(c)。其间，城镇用地占比从 2009 年的 16.0%增长到 2018 年的 23.1%；工业用地占比从 2009 年的 18.3%增长到 2018 年的 19.7%。与此相对，农用地面积进一步减少，其占比从 40.6%下降到 33.9%。在此过程中，乡村居民点用地占比从 10.5%下降到 8.1%，其他建设用地占比从 7.1%增加到 8.0%，水域占比从 7.5%减少到 7.2%，三类用地的变化幅度均较小。该时段的用地变化数据说明，城镇空间的规模扩张得到一定程度的控制，城乡空间结构逐步趋于完善。

从 2000—2018 年整个时段来看，嘉定区整体呈现出“城镇空间扩张、乡村空间压缩、其他空间略有增长”的趋势。城乡空间布局实现了从乡村包围城镇到城镇包围乡村的演变。①城镇空间大幅扩张。城镇用地从 2000 年的 23.57 km^2 增加到 2018 年的 107.09 km^2，其占比从 5.1%增加到 23.1%。工业用地从 36.25 km^2 增加到 91.31 km^2，其占比从 7.8%增加到 19.7%。两者构成的城镇空间用地面积占比从 12.9%增加到 42.8%。②乡村空间大幅缩减。农用地从 2000 年的 290.85 km^2 减少到 2018 年的 157.20 km^2，其占比从 62.7%减少到 33.9%。乡村居民点用地从 60.95 km^2 减少到 37.48 km^2，其占比从 13.1%减少到 8.1%。

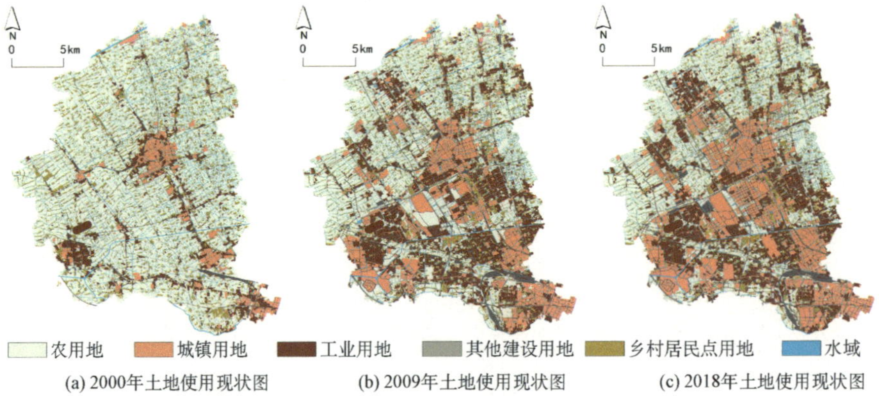

图 5.3　2000—2018 年嘉定区用地空间演化图

资料来源：作者基于 2000 年、2009 年和 2018 年用地调查数据改绘

两者构成的乡村空间，其用地面积占比从 75.80%减少到 42.0%。③其他建设用地(主要为交通运输用地)从 2000 年的 15.65 km^2 增加到 2018 年的 37.24 km^2，其占比从 3.5%增加到 8.0%；水域从 36.33 km^2 减少到 33.28 km^2，其占比从 7.8%减少到 7.2%。

2. 各类用地阶段性变化特征

分析各类用地在 2000—2009 年和 2009—2018 年用地占比变化，总体呈现为三种情况(图 5.4)。第一种情况包括城镇用地、工业用地和其他建设用地，2009 年以前的增加幅度远高于 2009 年之后增加的幅度。城镇用地从 2000 年的 5.1%增加到 2009 年的 16.0%，增加了 10.9%，而 2009—2018 年间仅增加了 7.1%。工业用地在 2000—2009 年增加了 10.5%，远高于其在 2009—2018 年增加的 1.4%。其他建设用地在 2000—2009 年增加了 3.6%，高于其在 2009—2018 年增加的 0.9%。第二种情况为农用地，2009 年前的减少幅度远高于其在 2009 年后的减少幅度。农用地从 2000 年的 62.7%减少到 2009 年的 40.6%，减少了 22.1%，远高于其在 2009—2018 年减少的 6.7%。农用地的减少由剧烈变得平缓，与城镇用地、工业用地和其他建设用地三类用地从快速扩展到缓慢扩张相吻合。第三种情况包含乡村居民点用地和水域，两个时段内的变化比较均匀，没有明显的差异。其中乡村居民点用地从 2000 年的 13.1%减少到 2009 年的 10.5%，减少了 2.6%；在 2009—2018 年减少了 2.4%，二者基本持平。水域在两个时段内均减少了 0.3%。

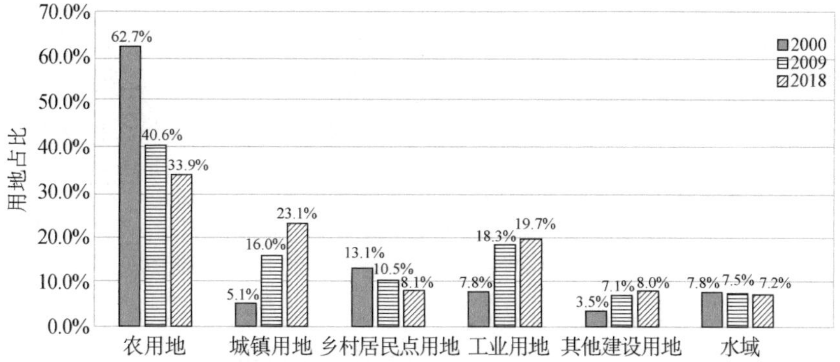

图 5.4　2000—2018 年嘉定区各类用地面积占比统计图

从 2000—2018 年，嘉定区经历了快速城镇化进程，城乡空间结构和用地格局发生了剧烈的变化。由于乡村居民点用地总量少且空间分布散，其用地面积变化在 2000—2009 年和 2009—2018 年两个时段内并没有呈现出显著的差异。也就是说，在区域层面，嘉定区乡村居民点用地在 2000—2018 年的研究时段内，其空间演化没有发现显著的阶段差异特征。因此，在以下各节的分析中，不再对研究时段进行细分，重点研究 2000 年和 2018 年两个时间截面内产业构成、人口构成，以及乡村居民点规模、分布和形态在行政村尺度的空间演化特征。

5.3　产业构成和人口构成变化

产业构成和人口构成的变化既体现为城乡之间的结构差异，又体现为各行政村之间的村际差异。本书结合嘉定区 2000—2018 年国民经济和社会发展统计公报、统计年鉴，以及乡村调研得到的 2018 年各村统计数据开展研究。需要补充说明的是，2015 年，上海市颁布了《上海市人民政府关于进一步推进本市户籍制度改革的若干意见》，取消了农业户口和城镇户口的区分，统一为居民户口。之后的统计资料（2017 年和 2018 年）不再对农业和城镇户籍进行区分，因此，本书 2018 年有关乡村的各项社会经济数据主要依托本书对 146 个乡村开展的调研获取。

5.3.1　城乡产业结构变化

1. 经济总量持续增长、农业占比持续降低

进入 21 世纪以来，嘉定区经济总量不断增加，但农业所占比重却持续降低。

其一，嘉定区实现经济高速发展。根据统计资料，其GDP从2000年的170.5亿元增加到2018年的2 362.7亿元，增加了13.9倍(图5.5)。其二，三次产业结构得到优化。2000年一产、二产和三产的GDP分别为3.6亿元、114.6亿元、52.3亿元，其占比为2.1∶67.2∶30.7。到2018年，一产的GDP下降至2.4亿元，二产和三产的GDP分别增加至1 609.0亿元和751.3亿元，三次占比变化为0.1∶68.1∶31.8。统计数据表明，嘉定区在快速城镇化推动下，不仅实现了经济总量的稳步增长，而且也实现了产业结构的优化。农业在国民经济中比重进一步下降，二产和三产比重进一步提高，这既与快速城镇化过程中耕地的快速减少直接相关，也反映了乡村产业从农业向非农产业快速转移的趋势。

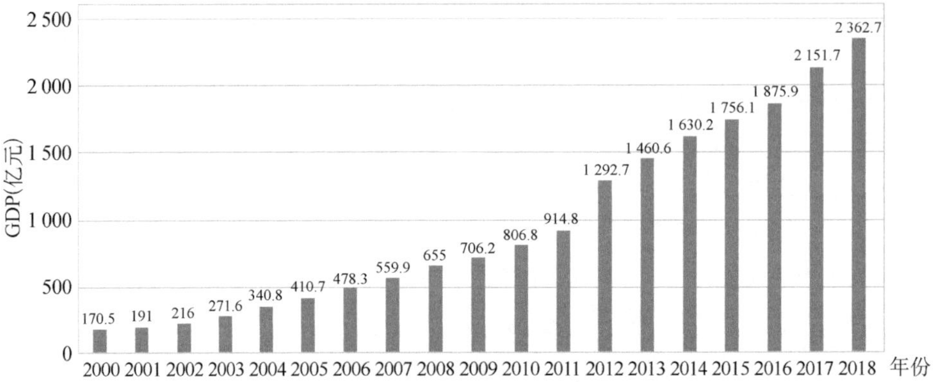

图5.5　2000—2018年嘉定区生产总值统计图

资料来源：作者依据历年统计公报绘制

2. 生产效率持续提高、多元复合业态出现

城镇化工业化显著提高了生产效率，乡村出现了多元复合的产业业态。其一，农业机械大量运用到农业生产中，提高了农业生产效率，推动农业向现代化和机械化方向发展。其二，农产品数量和结构随着市民消费需求进行调整，从粮食种植主导逐渐转向经济作物种植主导，农产品逐步从追求数量到关注品质，农业经营方式也从粗放型向精细型转变。其三，农业与加工制造、休闲旅游相结合的复合业态逐渐在乡村出现。以农产品深加工企业为龙头，推动生产向市场拓展，构筑多环节和多渠道的流通体系，初步实现生产、加工、销售一体化。同时，随着新农村建设和美丽乡村政策的实施，农业和旅游、康养、文化创意等相融合的业态在乡村不断发展，推动乡村产业从单一生产型农业逐步转向一、二、三产融合发展的多元业态。

5.3.2　乡村产业构成变化

1. 村域经济分化显著、村民非农转移就业增强

2000 年，各村产业构成均以传统农业为主导；2018 年，各村产业构成呈现多元分化特征。由于各村自然资源和区位的不同，各村经济发展水平和产业构成存在显著差异，非农产业水平呈现出从城区边缘到远郊递减的规律。城区边缘区的乡村，工业和服务业发达，农业消失殆尽。这些乡村耕地资源匮乏，农业对村集体收入的贡献十分微薄。由于其毗邻城镇建成区，该类乡村通过厂房仓库租赁获取高额非农收入，经济实力最强。近郊乡村非农产业发展迅速，农业逐步减少，但还保留一部分耕地用于农业生产，形成以工业和服务业为主导，以农业为基础的复合产业构成，其经济发展水平介于城区边缘和远郊乡村之间。远郊乡村还保留有大量耕地，农业仍是其主导产业，在部分区域出现了少量的工业和服务业等非农产业。由于农业相对于非农产业是低效益的，远郊乡村的经济发展水平较低，多为经济薄弱村。

村民不断从农业生产转向二产和三产就业。从 2000 年到 2018 年，乡村从业人口从 17.10 万人增加到 36.39 万人，其中从事乡村一产的人口从 3.18 万人减少到 0.62 万人，其占乡村从业人员的比重从 18.6%减少至 1.7%；从事乡村二产的人口从 13.23 万人增加至 29.97 万人，其占比从 77.4%增加至 82.4%；从事乡村三产的人口从 0.68 万人增加至 5.80 万人，其占比从 4.0%增加至 15.9%。以上数据表明伴随着城镇化进程和农业生产方式的转型，村民逐渐脱离农业生产的束缚，转向二产三产就业。但同时应看到，由低端制造业主导的乡村工业仍为乡村提供了主要的非农就业岗位，服务业就业岗位比重相对较少，乡村产业构成仍需优化。

2. 人均可支配收入持续增加、空间分布存在显著差异

嘉定区村民人均可支配收入持续增加，工资性收入在收入来源中成为主导。①根据统计资料，2000 年嘉定区乡村人均可支配收入为 6 730 元。2018 年，依据本书调研，乡村人均可支配收入增加至 32 738 元，是 2000 年的 4.86 倍。村民收入的增加缩小了城乡居民收入的差距，表明 21 世纪以来实施的一系列城乡统筹措施显著，也为村民住房条件的改善提供了经济基础。②从收入结构来看，工资性收入占主导，财产性和转移性收入占比增加，而家庭经营收入占比下降。根据统计资料和调研数据，工资性收入占比一直在 70%左右波动，成为村民收入的主要来源。财产性和转移性收入占比从 10%增加到 28%，表明一系列包括乡村最低生活保障、新型农村合作医疗、农村社会养老保险在内的保障体系不断完善，加

大了对村民的社会保障力度；同时村民房屋出租收入和土地流转收入也增加了村民财产性收入。但家庭经营收入占比却从 21%急剧下降到 2%。

各村人均可支配收入在空间分布上呈现显著差异特征(图 5.6)。①2000 年时，各村人均可支配收入呈现出“南高北低”的特征。人均可支配收入超过 0.7 万元的乡村主要分布在南侧沪宁高速沿线区域以及嘉定老城南侧的区域；人均可支配收入为 0.5 万～0.7 万元的乡村主要分布于中部沪嘉高速公路两侧的区域；北部乡村的人均可支配收入在 0.3 万～0.5 万元之间。这与嘉定区城镇化进程和社会经济发展水平的地域差异相关，总体上沪宁高速和沪嘉高速是当时两条主要的对外联系通道，也是城镇化建设推进较快的区域，其沿线乡村经济外向度高，非农产业较发达，相较于北部以传统农业为基础的乡村，其人均可支配收入更高。②2018 年时，各村人均可支配收入呈现出“中部南部高、北部乡村低”的特征。人均可支配收入超过 3.4 万元的乡村主要分布在嘉定新城和南部区域；人均可支配收入为 2.8 万～3.4 万元的乡村主要位于嘉定新城周边和集中工业园区周边；人均可支配收入为 2.2 万～2.8 万元的乡村主要位于北部。这是因为随着嘉定新城各项城镇建设的快速推进，带动周边区域村民转向城镇就业，带来人均可支配收入的显著提高。③2000—2018 年，各村人均可支配收入均有显著提升。但从各村收入增加的幅度来看，位于中部区域的乡村随着嘉定新城的建设，其主导产业已实现从农业到非农产业的转换，村民人均可支配收入增长最为显著，而北部乡村中农业还占据较大比重，人均可支配收入增长相对较慢。

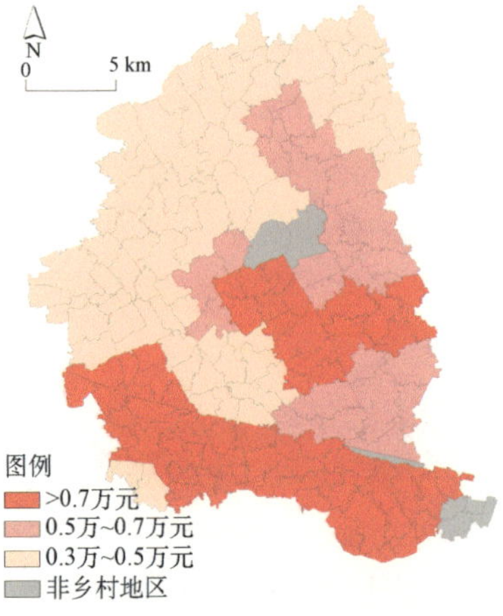

(a) 2000 年各村村民人均可支配收入

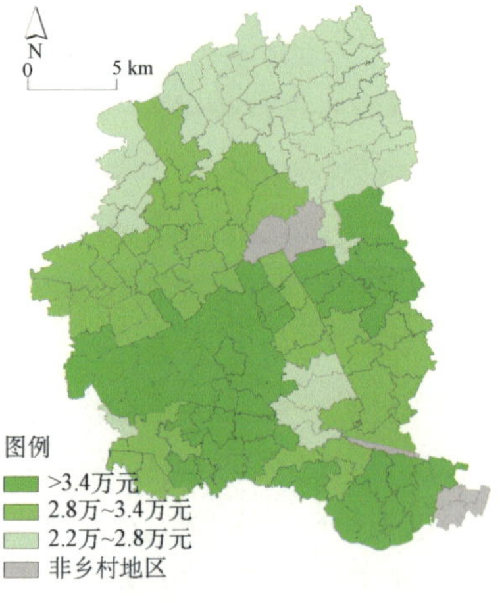

(b) 2018 年各村村民人均可支配收入

图 5.6　2000—2018 年各村村民可支配收入

资料来源：作者依据统计年鉴和调研数据绘制

从以上关于村域经济和人均可支配收入的变化来看，北部远郊乡村主要承担农业生产和人口承载功能，近郊乡村的功能兼具农业生产和经济发展的功能，而城区边缘的乡村功能则实现向城镇功能的整体转型，农业生产功能基本消失。

5.3.3　城乡人口结构变化

1. 外来人口总量显著增长、形成外来人口主导的结构

城镇化的持续推进改变了嘉定区常住人口结构，外来人口在常住人口中的占比超过本地户籍人口，形成以外来人口占主导的人口结构。根据统计年鉴，从2000年到2018年，嘉定区常住人口从75.31万人增加到158.89万人，为2000年的2.11倍；户籍人口从48.64万人增加到64.07万人，为2000年的1.32倍。常住人口增速显著高于户籍人口增速，表明嘉定区人口增长主要是由外来人口导致的。同时，外来人口在常住人口中占比从2000年的35.4%上升到2018年的59.7%，在嘉定区常住人口结构中占据主导。

2. 农业户籍人口快速减少、形成城镇人口主导的结构

伴随着城镇化持续推进，农业户籍人口显著减少，嘉定区户籍人口主导从农业户籍人口转变为城镇户籍人口。从户籍人口构成来看，2000年嘉定区农业户籍人口为27.79万人，占当年户籍人口总量的57.1%；2018年农业户籍人口减少至10.7万人，占当年户籍人口总量的16.7%。城镇户籍人口占比显著增加，农业户籍人口显著减少，既与农业户籍人口制度有关，也与城镇化进程中村民的非农转移就业有关。上海市2002年实行的户籍政策规定在乡村出生的新生户籍人口均为城镇户口，2015年的户籍政策进一步取消了城镇和农业户籍的区分。在这样的政策下，导致农业户籍人口只减不增。此外，快速城镇化推动村民非农转移就业，一部分村民在乡村土地征收拆迁中通过土地换社保的方式到城镇居住，另外一部分村民则通过就业、升学等方式实现向城镇的流动。

5.3.4　乡村人口构成变化

1. 乡村人口总量略有增长、外来化和老龄化严重

农业户籍人口的持续减少和外来人口涌入乡村并存，导致乡村人口总量略有增长，乡村人口结构外来化和老龄化现象严重。①尽管农业户籍人口持续减少，但乡村人口总量却从2000年的51.6万人增加到2018年的58.1万人。这主要是因为乡村具有大量廉价的住房和靠近就业岗位，逐步吸引了数量庞大的外来人口。乡村外来人口从2000年的23.8万人增加到2018年的47.4万人，其在乡村常住人口构成中已占据主导。农业户籍人口的减少和外来人口涌入乡村使乡村

人口结构呈现“户在人不在,人去村不空”的总体特征,外来人口占据乡村,成为乡村常住人口的主导。②随着大量乡村青壮年进城工作居住,实现从农业户籍向非农户籍的转移,留在乡村的户籍年轻人口越来越少,使乡村人口构成呈现显著的老龄化特征。

2. 外来人口占比呈现梯度差异

各村外来人口占比在空间分布上呈现显著地域差异特征(图 5.7)。其一,大部分乡村在 2000 年时均以本地人口为主导,外来人口占比呈现出从南向北依次递减的特征。外来人口占比为 50%~70%的乡村主要分布于南侧区域,该区域邻近上海中心城区,是城镇空间的重要拓展区,提供了较多的低端制造业岗位,吸引外来人口进入。外来本地人口占比为 25%~50%的乡村主要分布于中部沪嘉高速沿线和南侧沪宁高速沿线区域,大量工业沿着该区域扩展,为外来人口提供了较多工作岗位。外来人口占比小于 25%的乡村主要位于中部和北部,该区域主要以农业为主,非农就业岗位较少。其二,大部分乡村在 2018 年时均以外来人员为主导。外来人口占比为 70%~90%的乡村主要分布于集中工业园区附近,为外来人员提供大量的制造业就业岗位。外来本地人口比为 50%~70%的乡村主要分布于主城区边缘,这些乡村距离城镇建成区附近,使外来人口既能享受乡村低廉的住房,又能便利地到城区就业居住。外来人口占比为 25%~50%的乡村主要位于城镇建成区内。外来人口占比小于 25%的乡村主要分布于北部。北部乡村以农业为主,非农就业工作机会少,外来人口增加的数量相对较少。其三,比较 2000 年和 2018 年各村外来人口占比的变化,总体上大部分乡村从以本地人

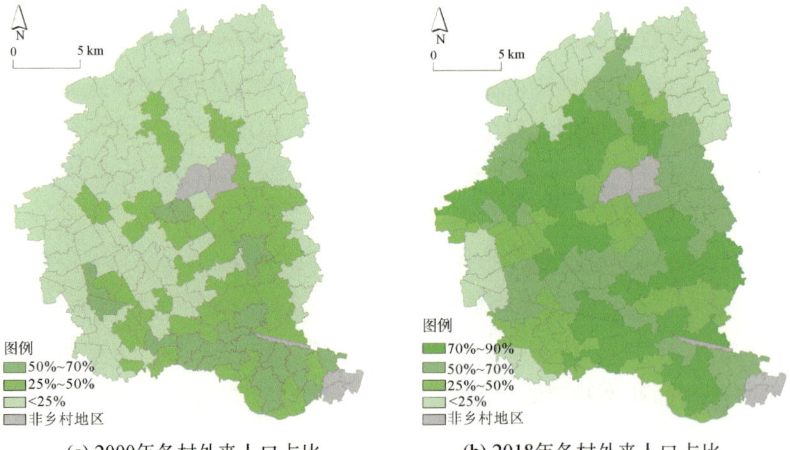

(a) 2000年各村外来人口占比　(b) 2018年各村外来人口占比

图 5.7　2000—2018 年各村外来人口占比

资料来源:作者依据统计年鉴和调研数据绘制

为主导转变为以外地人为主导。从各村外来人口占比的变化来看，在主城区和集中工业园区边缘的乡村，因其低廉的住房和临近就业岗位的优势，其外来人口占比的增加最为显著，部分位置优越的乡村已成为外来人口集聚地。而北侧乡村非农就业岗位相对较少，其外来人口占比的变化相对不明显，乡村人口构成变化较小。

5.4　规模演变特征

5.4.1　总体变化情况

乡村居民点规模既包括用地面积，又包括每个居民点斑块的平均斑块面积。从 2000 年到 2018 年，乡村居民点用地面积显著减少。2000 年乡村居民点用地面积为 6 095.11 hm^2，2018 年乡村居民点用地面积为 3 747.91 hm^2，乡村居民点用地面积减少了 38.5%。与乡村居民点用地面积显著减少相对应，乡村居民点平均斑块面积略有减少。2000 年平均斑块面积为 3.14 hm^2，2018 年平均斑块面积为 2.83 hm^2，乡村居民点平均斑块面积减少了 0.31 hm^2，减少 9.9%(表 5.3)。

表 5.3　　嘉定区乡村居民点面积演变信息一览表

	2000 年	2018 年	变化率
用地面积(hm^2)	6 095.11	3 747.91	−38.5%
平均斑块面积(hm^2)	3.14	2.83	−9.9%

深入分析乡村居民点用地的变化趋势，可以发现 2000 年乡村居民点在嘉定区分布比较均匀，各乡村居民点斑块的面积差异不大，见图 5.8(a)。2018 年，乡村居民点用地在城镇区域内显著减少，出现了空心化；同时在城镇区域边缘出现了一些面积较大的乡村居民点斑块，与原有面积小的乡村居民点斑块形成显著对比，见图 5.8(b)。将 2000 年和 2018 年的乡村居民点用地叠置，用以分析乡村居民点用地在研究期间的变化情况，见图 5.8(c)，可以发现总体呈现"城镇区域显著减少，城区边缘显著增加，北部区域基本不变"的演变特征。①乡村居民点用地转出为其他用地的面积较大，为 3 244.86 hm^2；主要分布于嘉定区的中部和南部，这些区域城镇化和工业化进程快，大部分乡村居民点转出为城镇用地或工业用地。②其他用地转入为乡村居民点用地的面积较小，为 897.66 hm^2；主要分布在城区边缘，且这些新增乡村居民点斑块用地规模较大，主要是村民动迁安置小区，包括沥苑、育苑和仓新小区等。③在嘉定区北部和外围地区，有大量的乡村居民点用

地保持了现状，未发生改变，其用地面积为 2 850.25 hm^2。北部乡村是远郊村，以农业生产为主导产业，受到城镇化、工业化等因素的影响相对较少。总的来说，考虑到乡村居民点用地的转出和转入情况，乡村居民点用地面积共减少了 2 347.20 hm^2；并呈现显著的空间分异特征，因此需要在行政村尺度上深入分析乡村居民点用地面积和平均斑块面积演变的差异特征。

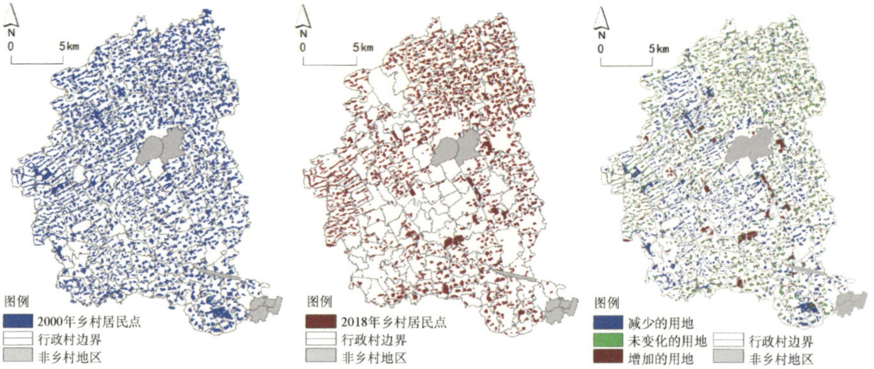

(a) 2000年乡村居民点用地　(b) 2018年乡村居民点用地　(c) 2000—2018年乡村居民点用地变化

图 5.8　2000—2018 年乡村居民点用地演变

5.4.2　乡村居民点用地面积变化

2000 年乡村居民点用地总面积为 6 095.11 hm^2，其中外冈镇泉泾村面积最大，为 91.70 hm^2，外冈镇葛隆村居民点面积最小，为 0.16 hm^2，见图 5.9(a)。各村乡村居民点用地面积的平均值为 41.8 hm^2，其用地面积总体呈现出“从南向北增大”的特征。在南部区域，各村乡村居民点用地面积多在 40 hm^2 以下；在中部区域，各村乡村居民点用地面积多在 40～60 hm^2 之间；在北部区域，各村乡村居民点用地面积多在 60 hm^2 以上。乡村居民点用地面积为 0～20 hm^2、20～40 hm^2、40～60 hm^2、60～80 hm^2 和大于 80 hm^2 的行政村分别有 27 个（占比 18.4%）、57 个（占比 39.1%）、35 个（占比 24.0%）、15 个（占比 10.3%）和 12 个（占比 8.2%）。

2018 年乡村居民点用地总面积缩减至 3 747.91 hm^2，其中最大值为徐行镇小庙村，为 87.30 hm^2；有 8 个村乡村居民点用地完全消失，其乡村居民点面积变为 0 hm^2，见图 5.9(b)。各村乡村居民点用地面积均显著下降，其平均值下降至 27.15 hm^2，其用地面积依然呈现“从南向北增大”的特征。其中，在南部区域，各村乡村居民点用地面积多在 20 hm^2 以下；在中部区域，各村乡村居民点用地面积多在 20～40 hm^2 之间；在北部区域，各村乡村居民点用地面积多在 40 hm^2 以上。乡村居民点用地面积为 0～20 hm^2 和 20～40 hm^2 的行政村分别有 72 个（占比 49.3%）和 40 个（占比 27.4%），成为各村乡村居民点用地面积的主要类型。而乡村居民点用地面积为 40～60 hm^2、60～80 hm^2 和大于 80 hm^2 的行政村分别有 25 个（占比 17.1%）、7 个（占比 4.8%）和 2 个（占比 1.4%），整体数量较少。

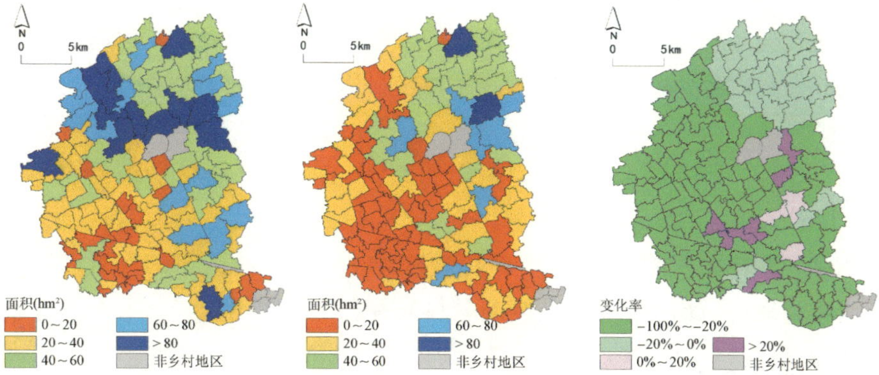

(a) 2000年乡村居民点用地面积 (b) 2018年乡村居民点用地面积 (c) 2000—2018年居民点面积变化率

图 5.9 2000—2018 年各村乡村居民点面积和变化情况

2000—2018 年各村乡村居民点用地面积变化率分为 4 个等级，在空间上呈现显著的分异特征，见图 5.9(c)。在乡村居民点用地净流出方面，呈现出“南部剧烈、北部平缓”总体特征。①乡村居民点用地剧烈减少的行政村共有 107 个（占比 73.2%），其乡村居民点用地面积变化率在－100%～－20%之间，该类乡村主要分布在中部和南部。受城镇化和工业化快速扩张以及经济发展、人口结构和政策管控等多方面因素的影响，该区域内部分乡村居民点用地被征用转化为城镇用地。②乡村居民点用地缓慢减少的行政村共有 29 个（占比 19.9%），其乡村居民点用地面积变化率在－20%～0 之间。该类乡村主要位于北部的华亭镇和徐行镇，南侧城乡结合处也有少量分布。该区域总体属于远郊乡村，以发展农业为主，随着乡村环境的日益凋零和破坏，乡村人口逐渐流出，部分乡村居民点用地转出为其他类型的用地。

乡村居民点用地净流入呈现出城区边缘显著增加的特征，依据增加程度的差异，可分为剧烈增加型和缓慢增加型。①乡村居民点用地面积缓慢增加的行政村共有 3 个（占比 2.1%），其乡村居民点用地面积变化率在 0～20%之间。该类乡村主要分布在嘉定主城区外围。由于该类乡村邻近城镇和产业园区，大量外来人口聚集于此。村民受经济利益的驱动，违章搭建房屋，带来乡村居民点用地的缓慢增长。②乡村居民点用地面积剧烈增加的行政村共7个（占比4.8%），其乡村居民点用地面积变化率均超过20%。究其原因，在乡村居民点征地拆迁中，大量的村民集中安置点选址于这些村庄，致使乡村居民点用地面积剧烈增加。

5.4.3 乡村居民点平均斑块面积变化

通过比较乡村居民点平均斑块面积可以考察不同行政村内乡村居民点斑块单体规模差异。将2000年和2018年各村乡村居民点平均斑块面积划分为0～2 hm^2、2～4 hm^2、4～6 hm^2、6～10 hm^2、大于10 hm^2五种规模类型。2000年，各村乡村居民点平均斑块面积有一定的差异，最大值为安亭镇顾浦村，为22.63 hm^2；最小值为外冈镇葛隆村，为0.16 hm^2。从图5.10(a)可以看出，乡村居民点平均斑块面积在2～4 hm^2的行政村共有98个（占比67.1%），占据绝对主导。平均斑块面积不足2 hm^2的行政村共有27个（占比18.5%），主要分布在安亭镇镇区内。乡村居民点平均斑块面积大于4 hm^2的行政村数量少，散布在全区中，其中平均斑块面积为4～6 hm^2、6～10 hm^2和大于10 hm^2的行政村分别有13个（占比8.9%）、5个（占比3.4%）和3个（占比2.1%）。

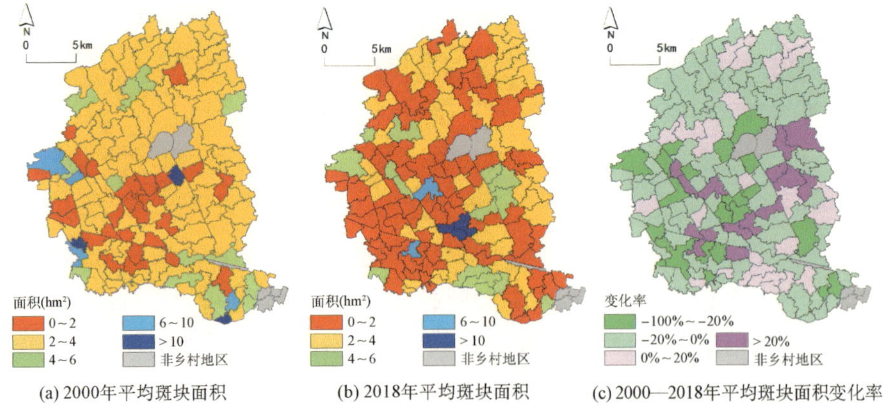

(a) 2000年平均斑块面积　(b) 2018年平均斑块面积　(c) 2000—2018年平均斑块面积变化率

图5.10　2000—2018年各村乡村居民点平均斑块面积和变化情况

2018年，各村乡村居民点平均斑块面积总体变小，最大值为星明村20.45 hm^2；有8个村乡村居民点用地完全消失。各村乡村居民点平均斑块面积仍以小规模为主，平均斑块面积不足2 hm^2的行政村有77个（占比52.8%），占据绝对主导，主要分布于嘉定区城镇开发边界内，表明在该区域内普遍存在乡村居民点空间破碎化问题，见图5.10(b)。平均斑块面积为2～4 hm^2的行政村共有 50 个(占比 34.2%),散布于全区中。平均斑块面积为 4～6 hm^2、6～10 hm^2 和大于 10 hm^2 的行政村数量较小,分别有 15 个(占比 10.2%)、2 个(占比 1.4%)和 2 个(占比 1.4%),散布于中部和南部。

总体上,从 2000—2018 年,各村居民点用地面积不断减少,但居民点斑块数量并没有成比例减少,从而导致乡村居民点平均斑块面积整体略有减少;在部分行政村,其乡村居民点平均斑块面积也有显著增加的情况。依据各村乡村居民点平均斑块面积变化率的差异,将其划分为剧烈减少型(−100%～−20%)、缓慢减少型(−20%～0)、缓慢增加型(0～20%)、剧烈增加型(大于 20%)。从图 5.10(c)可以发现:①剧烈减少型的行政村共有 23 个,占总量的 15.8%。该类乡村主要分布在原有城区范围内,受城镇空间形态拓展的影响,乡村居民点完全消失,平均斑块面积变化率最大。②缓慢减少型的行政村共有 82 个,占总量的 56.2%,是乡村居民点平均斑块面积变化的主导类型。该类乡村散布于全区中,由于缺乏有效的管控,新增了许多小型乡村居民点斑块,导致乡村居民点平均斑块面积的下降。

乡村居民点平均斑块面积增加的乡村也呈现出空间分异的特征,表明部分乡村居民点发生整合或消失,集中居住点等较大规模的居民点不断整合升级。①剧烈增加型的行政村共有 15 个,占总量的 10.2%,总体占比较低。该类乡村分布于原有城区边缘,主要为安置动迁村民的集中居住点,单体规模大;如仓新小区的规模为 5.5 hm^2,使得乡村居民点平均斑块面积显著上升。②缓慢增加型的行政村共有 26 个,占总量的 17.8%。该类乡村在全区均有分布,部分集中分布于北部远郊地区。该类乡村由于对乡村居民点实施了土地整理,规模较小的居民点被归并或复垦,因此带来平均斑块面积的缓慢增加。

5.5　分布演变特征

5.5.1　总体变化情况

1. 密度总体变化

乡村居民点用地的演变伴随着乡村居民点斑块空间分布的变化。根据研究需要,选择斑块密度、邻近道路距离和邻近河道距离的变化进行分析。从 2000—2018 年,乡村居民点斑块密度显著减少。2000 年乡村居民点斑块密度为 4.06 个/km^2,2018 年乡村居民点斑块密度为 2.83 个/km^2,斑块密度下降了 30.3%,表明乡村居民点空间分布发生较大变化(表 5.4)。

表 5.4　　2000—2018 年嘉定区乡村居民点空间分布变化情况

	2000 年	2018 年	变化率
斑块密度(个/km^2)	4.06	2.83	−30.3%
邻近道路距离(m)	262	238	−9.2%
邻近河道距离(m)	42	67	59.5%

2. 邻近道路距离总体变化

乡村居民点邻近道路距离的数值变化，反映乡村居民点与外界联系的便利程度。值越小，表明乡村居民点对外联系越便利；值越大，则表明乡村居民点交通通达性低，对外联系越不畅。2000 年乡村居民点邻近道路距离最小值为 0，最大值为 1 038 m，平均值为 262 m；2018 年乡村居民点邻近道路距离最小值为 0，最大值为 859 m，平均值为 238 m。从邻近道路距离平均值的变化来看，嘉定区乡村居民点邻近道路距离有所减少，即有更多的乡村居民点沿主要道路布局。2000 年乡村居民点邻近道路距离在 0～100 m、100～200 m、200～400 m、400～600 m、大于 600 m 的乡村居民点斑块分别有 587 个、504 个、453 个、342 个和 197 个，分别占乡村居民点斑块总数的 28.2%、24.2%、21.8%、16.4%和 9.4%，见图 5.11(a)。

2018 年乡村居民点邻近道路距离减少。其中，邻近道路距离在 0～100 m、100～200 m、200～400 m、400～600 m、大于 600 m 的乡村居民点斑块分别有 465 个、480 个、197 个、85 个、29 个，分别占乡村居民点斑块总数的 37.0%、38.2%、15.7%、6.8%、2.3%。对比发现，邻近道路距离在 200 m 内的乡村居民点斑块数量占比增加，邻近道路距离超过 600 m 的乡村居民点斑块数量占比减少，可以认为，乡村居民点交通通达性得到提高，见图 5.11(b)。

3. 邻近河道距离总体变化

乡村居民点与河道的空间联系减弱。2000 年，乡村居民点邻近河道距离最小值为 0，最大值为 614 m，平均距离为 42 m；2018 年，乡村居民点邻近河道距离最小值为 0，最大值为 645 m，平均距离为 67 m。从平均值来看，嘉定区乡村居民点邻近河道距离有所增加，即乡村居民点沿河道布局的特色逐渐消失。2000 年，邻近河道距离在 0～50 m 的乡村居民点斑块有 1 063 个，占乡村居民点斑块总数的 51.0%；处于 50～100 m 的斑块有 630 个，占乡村居民点斑块总数的 30.3%；处于 100～200 m 的斑块有 265 个，占乡村居民点斑块总数的 12.7%；处于 200～300 m 的斑块有 87 个，占乡村居民点斑块总数的 4.2%；大于 300 m 的斑块有 38 个，占乡村居民点斑块总数的 1.8%，见图 5.12(a)。

2018 年，邻近河道距离在 0～50 m、50～100 m、100～200 m、200～300 m、大

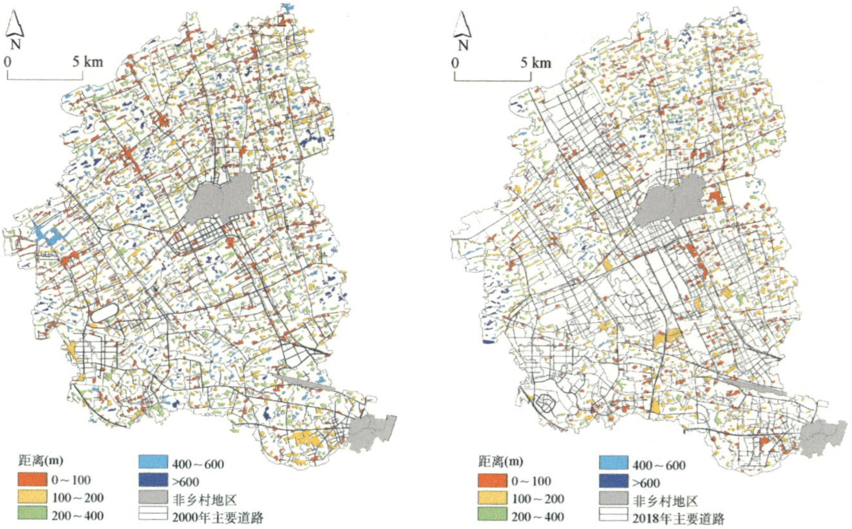

(a) 2000年乡村居民点斑块邻近道路距离　　(b) 2018年乡村居民点斑块邻近道路距离

图 5.11　2000 年和 2018 年乡村居民点斑块邻近道路距离

于 300 m 的乡村居民点斑块分别有 466 个、418 个、205 个、138 个和 29 个，分别占乡村居民点斑块总数的 37.1%、33.3%、16.3%、11.0%和 2.3%（图 5.12b）。2000—2018 年间，邻近河道距离在 0～50 m 的乡村居民点斑块数量占比显著减少，从 2000 年的 51.0%减少至 2018 年的 37.1%；在 300 m 以上的乡村居民点斑块数量占比有所增加，从 2000 年的 1.8%增加至 2018 年的 2.3%。

5.5.2　乡村居民点斑块密度变化

将 2000 年和 2018 年各村乡村居民点斑块密度划分为 0～3 个/km^2、3～6 个/km^2、6～9 个/km^2、9～12 个/km^2、>12 个/km^2 共五种类型。2000 年，各村乡村居民点斑块密度呈现出显著的空间分异，最大值为 26.5 个/km^2，最小值为 0.2 个/km^2。从图 5.13a 可以看出，乡村居民点斑块密度呈现出“北密南疏”的特征。高斑块密度值的乡村散布于全区中，其中斑块密度为 9～12 个/km^2 和大于 12 个/km^2 的行政村分别有 9 个（占比 6.2%）和 13 个（占比 8.9%）。次高斑块密度值（6～9 个/km^2）的乡村沿着高斑块密度值外围扩散，共有 32 个行政村（占比 21.9%），表明乡村居民点斑块密度分布呈现出从中心向外围扩散的特征。低斑块密度值的乡村主要位于南部的江桥镇、南翔镇和安亭镇的部分区域；斑块密度为 0～3 个/km^2 和 3～6 个/km^2 的行政村分别有 37 个（占比 25.3%）和 55 个（占比 37.7%）。

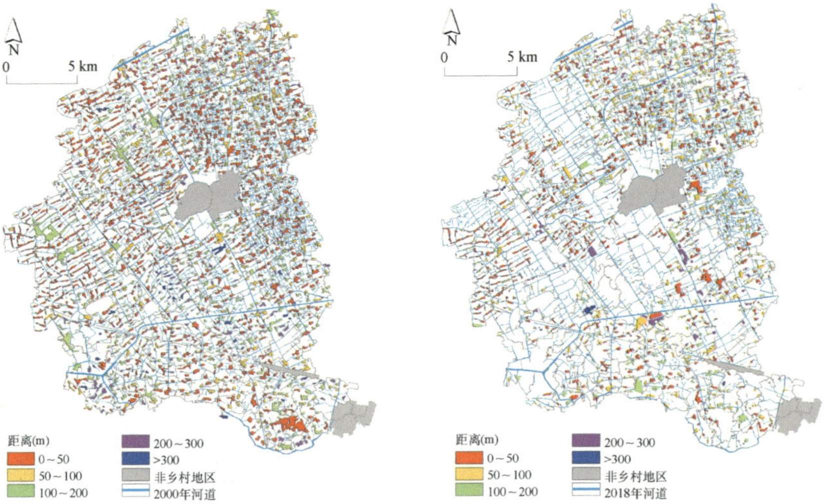

(a) 2000年乡村居民点斑块邻近河道距离 (b) 2018年乡村居民点斑块邻近河道距离

图 5.12　2000 年和 2018 年乡村居民点斑块邻近河道距离

2018 年，各村乡村居民点斑块密度变小，最大值为 17.8 个/km²，最小值为 0，部分行政村内乡村居民点斑块完全消失；各村乡村居民点斑块密度仍延续“北密南疏”的总体特征，见图 5.13(b)。其中低斑块密度值的行政村数量进一步增加，占据绝对主导。斑块密度为 0～3 个/km² 的行政村有 60 个(占比 41.2%)，主要在南部和城区附近集聚；斑块密度 3～6 个/km² 的行政村有 58 个(占比 39.7%)，分布在全区中。高斑块密度值和次高斑块密度值的乡村数量显著减少；斑块密度为 6～9 个/km²、9～12 个/km² 和大于 12 个/km² 的行政村分别有 17 个(占比 11.6%)、5 个(占比 3.4%)、6 个(占比 4.1%)。

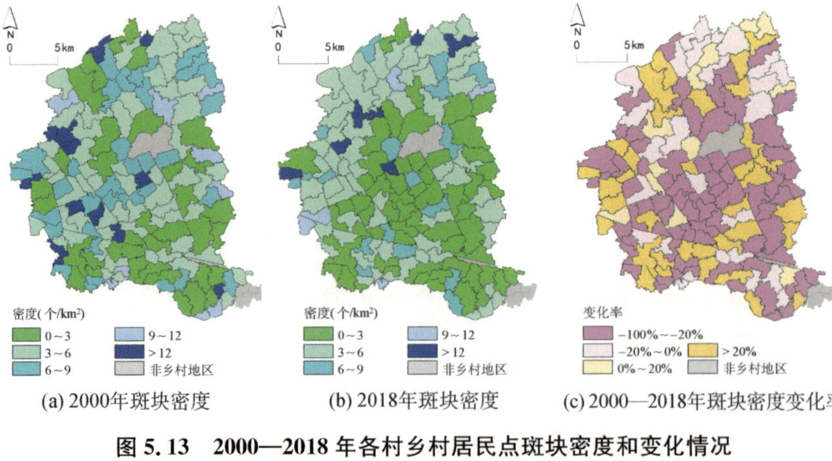

(a) 2000年斑块密度 (b) 2018年斑块密度 (c) 2000—2018年斑块密度变化率

图 5.13　2000—2018 年各村乡村居民点斑块密度和变化情况

分析各村乡村居民点斑块密度从 2000—2018 年的变化，依据斑块密度变化率的差异，将其划分为剧烈减少型（－100%～－20%）、缓慢减少型（－20%～0）、缓慢增加型（0～20%）、剧烈增加型（大于 20%）。从图 5.13c 可以发现：①斑块密度在城镇范围及其附近下降明显。斑块密度剧烈减少的行政村有 75 个（占比 51.4%）。因城镇空间的拓展，乡村居民点用地逐渐被城镇和产业用地吞并，带来乡村居民点斑块数量的显著减少，使得斑块密度在嘉定区中部的乡村显著降低。如漳浦村，其乡村居民点斑块密度从 8.23 个/km^2 下降为 0，见图 5.14(a)。②斑块密度在远郊乡村缓慢变小。缓慢变小型的行政村共有 24 个（占比 16.4%），这些乡村区位不佳、远离城镇，部分乡村居民点逐渐萎缩，导致其斑块密度缓慢下降。如火炬村，其乡村居民点斑块密度从 8.32 个/km^2，下降为 7.17 个/km^2，见图 5.14(b)。③在产业园区周边区域，乡村居民点斑块密度出现了增加的情况。斑块密度缓慢增加型和剧烈增加的行政村各有 11 个（占比 7.5%）和 36 个（占比 24.7%）。这些乡村受出租经济的影响，存在一些违章搭建行为，增加了一些细碎的乡村居民点斑块，使乡村居民点斑块数量的增加，导致乡村居民点斑块密度的增加。如劳动村的乡村居民点斑块密度从 8.65 个/km^2 缓慢增加至 9.31 个/km^2，见图 5.14(c)。新裕村的乡村居民点斑块密度则从 2.98 个/km^2 剧烈增加至 4.09 个/km^2，见图 5.14(d)。

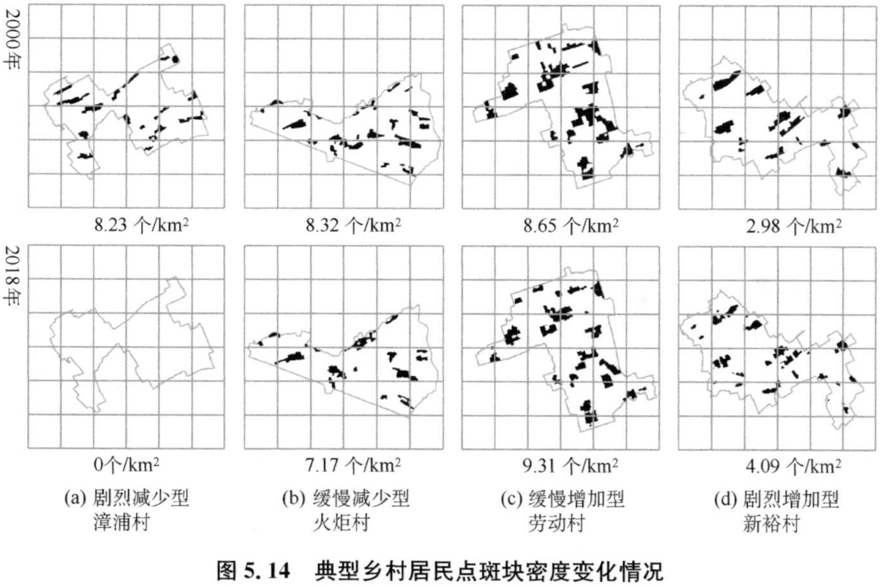

图 5.14　典型乡村居民点斑块密度变化情况

资料来源：作者依据调研自绘

5.5.3 乡村居民点邻近道路距离变化

将2000年和2018年各村乡村居民点邻近道路距离划分为0～100 m、100～200 m、200～300 m、300～400 m、大于400 m五种类型。从图5.15(a)可以看出，各村乡村居民点邻近道路距离呈现出“南近北远”的特征，表明北部乡村对外联系不便，而南部乡村对外联系相对方便。这与北部区域道路网稀疏、南部区域道路网密集有一定关系。大部分乡村邻近道路距离不超过200 m，其中乡村居民点邻近道路距离为100～200 m的行政村共有64个(占比43.8%)，占据绝对主导；邻近道路距离为0～100 m的行政村也有一定数量，共有18个(占比12.4%)，主要分布在中部和南部。北部乡村居民点邻近道路距离较大，邻近道路距离在200～300 m、300～400 m和大于400 m的行政村分别有45个(占比30.8%)，11个(占比7.5%)和8个(占比5.5%)。

2018年，乡村居民点与道路距离变小，各村乡村居民点邻近道路距离仍呈现“南近北远”的特征，见图5.15(b)。乡村居民点邻近道路距离在200 m范围内的行政村数量增加，主导地位加强。其中，邻近道路距离为0～100 m的行政村数量显著提升，共有49个(占比33.6%)；邻近道路距离在100～200 m范围内的行政村共有55个(占比37.7%)。乡村居民点邻近道路距离超过200 m的乡村数量进一步减少，邻近道路距离在200～300 m、300～400 m和大于400 m的行政村分别有25个(占比17.1%)，13个(占比8.9%)和4个(占比2.7%)。

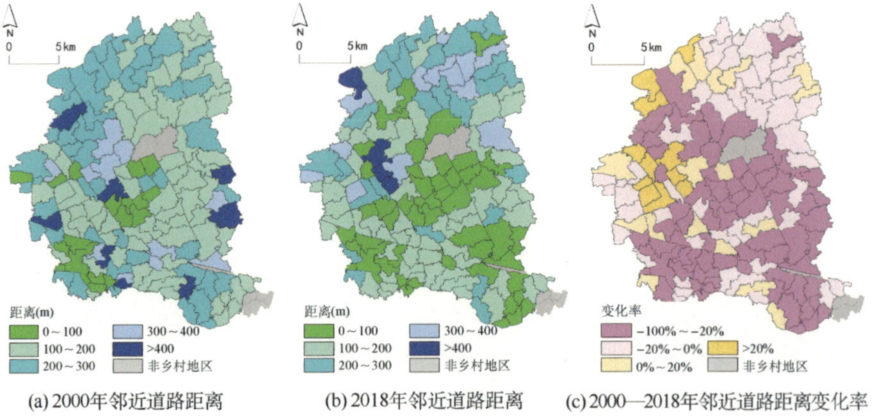

图5.15 2000—2018年各村乡村居民点邻近道路距离和变化情况

分析乡村居民点邻近道路距离从2000—2018年的变化，整体上数值显著下降，表明各项乡村建设改变了乡村居民点的空间分布条件，乡村居民点的交通通达性提高。依据各村乡村居民点邻近道路距离变化率的差异，划分为剧烈减少型（－100%～－20%）、缓慢减少型（－20%～0）、缓慢增加型（0～20%）、剧烈增加型（大于 20%）。从图 5.15(c)可以发现，城镇区域下降明显，北部乡村缓慢下降，局部乡村有所增加。①乡村居民点邻近道路距离在城镇范围及其附近减少明显。因城镇道路的建设和空间延展，显著缩小了乡村居民点与道路的距离。剧烈减少型的行政村有 72 个（占比 49.4%）。②乡村居民点邻近道路距离在北部乡村呈现缓慢减少，共有 46 个行政村（占比 31.5%）。因村庄环境整治和美丽乡村建设等政策，乡村道路网密度提高，使乡村居民点的通达性得到改善。③乡村居民点邻近道路距离在部分乡村出现了增加情况，集中分布在外冈镇西部，这主要是由于部分乡村居民点实施了宅基地置换等政策，与道路近的乡村居民点斑块被置换，而部分距离较远的乡村居民点尚未置换。缓慢增加型和剧烈增加型的行政村分别有 17 个（占比 11.6%）和 11 个（占比 7.5%）。

5.5.4　乡村居民点邻近河道距离变化

临水而建和依水发展是嘉定乡村居民点空间布局的基础。以便利的河道水系条件为依托，乡村居民点沿河展开，有的为带状延展（沿主要河流延展分布，河道两边夹岸成村），有的为团状集聚（两条河流交叉成村）。

将 2000 年和 2018 年各村乡村居民点邻近河道距离划分为 0～50 m、50～100 m、100～150 m、150～200 m、大于 200 m 五种类型。从图 5.16a 可以看出，各村乡村居民点邻近河道距离呈现“南远北近”的特征。邻近河道距离为 0～50 m 的行政村共有 83 个（占比 56.8%），占据绝对主导，主要集中分布在北部；邻近河道距离为 50～100 m 的行政村在全区都有分布，共有 49 个（占比 33.5%）。与河道距离较大的乡村数量少，邻近河道距离在 100～150 m、150～200 m 和大于 200 m 的行政村分别有 9 个（占比 6.2%）、2 个（占比 1.4%）和 3 个（占比 2.1%）。

2018 年，乡村居民点邻近河道距离变大，各村乡村居民点邻近河道距离仍呈现“南远北近”的特征（图 5.16b）。邻近河道距离为 50～100 m 的行政村数量增加，共有 73 个（占比 50.0%）；邻近河道距离为 0～50 m 的行政村数量有所减少，共有 52 个（占比 35.7%）。邻近河道距离大于 100 m 的行政村数量进一步增加，邻近河道距离在 100～150 m、150～200 m 和大于 200 m 的行政村分别有 13 个（占比 8.9%）、4 个（占比 2.7%）和 4 个（占比 2.7%）。

分析各村乡村居民点邻近河道距离从 2000 年到 2018 年的变化，发现城镇区域显著增加，外围乡村显著减少。依据邻近河道距离变化率的差异，将其划分为剧烈减少型（－100%～－20%）、缓慢减少型（－20%～0）、缓慢增加型（0～

20%）、剧烈增加型（大于 20%）。从图 5.16c 可以发现：①乡村居民点邻近河道距离在城镇范围及其附近增加明显。剧烈增加型和缓慢增加型的行政村分别有 60 个（占比 41.1%）和 17 个（占比 11.6%）。因城镇空间的拓展，一方面河道数量大量减少，另一方面乡村居民点数量有所减少，导致乡村居民点邻近河道距离的显著增加，乡村居民点与河道的空间联系减弱。②乡村居民点邻近河道距离在外围边缘地区显著减少。剧烈减少型和缓慢减少型的行政村各有 53 个（占比 36.3%）和 16 个（占比 11.0%）。在村庄环境整治政策、土地整理政策的作用下，这些外围乡村的河道水系得以疏浚、贯通，水面积大幅提高，使乡村居民点邻近河道距离减少，乡村居民点与河道水系的空间联系得以加强。

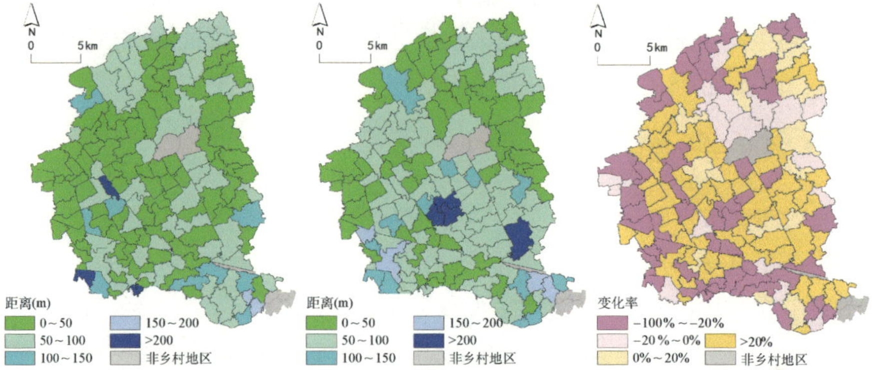

(a) 2000年邻近河道距离　(b) 2018年邻近河道距离　(c) 2000—2018年邻近河道距离变化率

图 5.16　2000—2018 年各村乡村居民点邻近河道距离和变化情况

5.6　形态演变特征

5.6.1　总体变化情况

乡村居民点的形态演变是乡村居民点空间演化的重要组成部分。乡村居民点的形态演变主要表现为乡村居民点斑块形状边界的改变，因此用景观形状指数和邻近河道距离这两方面的变化进行分析（表 5.5）。

表 5.5　2000—2018 年乡村居民点斑块形态演变情况

	2000 年	2018 年	变化率
景观形状指数（Ls_i）	7.26	5.84	−19.5%

总体来看，乡村居民点形状指数不断降低，表明在一系列规划政策和人为干预下，乡村居民点斑块的形状越来越规整。2000 年，全区乡村居民点的景观形状指数为 7.26，说明乡村居民点斑块空间形态差异特征大，乡村居民点斑块边界不规则，复杂程度高。2018 年全区乡村居民点的景观形状指数为 5.84，景观形状指数下降了 19.5%，表明乡村居民点斑块边界变得更规整。

进一步分析乡村居民点斑块形状的改变方式，依据乡村居民点斑块形状的增加和减少状况，可以划分为整体消亡、飞地扩展、收缩消亡、膨胀扩展四种方式。整体消亡型是指原有乡村居民点斑块完全消失，该类乡村主要位于城镇范围内，如江桥镇虬桥村，见图 5.17(a)。由于乡村居民点斑块完全消失，带来景观形状指数的显著下降。飞地扩展型是指在新增的乡村居民点斑块与已有乡村居民点斑块存在较远距离间隔，在空间上不相连，该类乡村多位于南部，如安亭镇联西村，见图 5.17(b)。由于新增乡村居民点斑块用地面积都较大，同时其形状边界更规整，带来乡村居民点景观形状指数的显著下降。收缩消亡型是指乡村居民点用地在原有斑块基础上收缩，但斑块仍有部分保留；该类乡村主要位于北部乡村，如华亭镇联一村，见图 5.17(c)。由于收缩后乡村居民点斑块边界变复杂，因此其景观形状指数有所提升。膨胀扩展型是指在新增的乡村居民点斑块与原有居民点斑块空间毗邻；该类乡村多位于主城区边缘，如马陆镇李家村，见图 5.17(d)。由于膨胀后乡村居民点斑块边界变得更规整，所以其景观形状指数有所下降。但更多的乡村，其乡村居民点形状的改变是几种方式的结合，如马陆镇彭赵村是整体消亡型和膨胀扩展型的结合，见图 5.17(e)，外冈镇大陆村是膨胀扩展型和收缩消亡型的结合，见图 5.17(f)。

5.6.2　乡村居民点景观形状指数变化

景观形状指数可以用来研究村域内乡村居民点斑块形状的规整程度。将 2000 年和 2018 年各村乡村居民点景观形状指数划分为 1～3、3～5、5～7、7～9、大于 9 共五种类型。2000 年，乡村居民点景观形状指数最大值为 11.46，最小值为 1.54，表明各村乡村居民点形状存在巨大差异。从图 5.18a 可以看出，各村居民点景观形状指数呈现出由南向北逐渐增大的趋势，表明南部经济发达区域的乡村居民点形态发育相对比较成熟，多为团状，边界规整程度高，分布较为集中。相比南部经济发达区，北部经济欠发达地区乡村居民点形状边界欠规整，乡村居民点斑块嵌套于农用地中，空间布局分散，用地功能混杂，乡村居民点斑块形态相对复杂。整体上景观形状指数为 1～3 和 3～5 的行政村主要分布在南部，分别有 7 个(占比 4.8%)和 42 个(占比 28.8%)；景观形状指数为 5～7 的行政村散布全区，共有 55 个(占比 37.6%)。景观形状指数为 7～9 和大于 9 的行政村主要分布

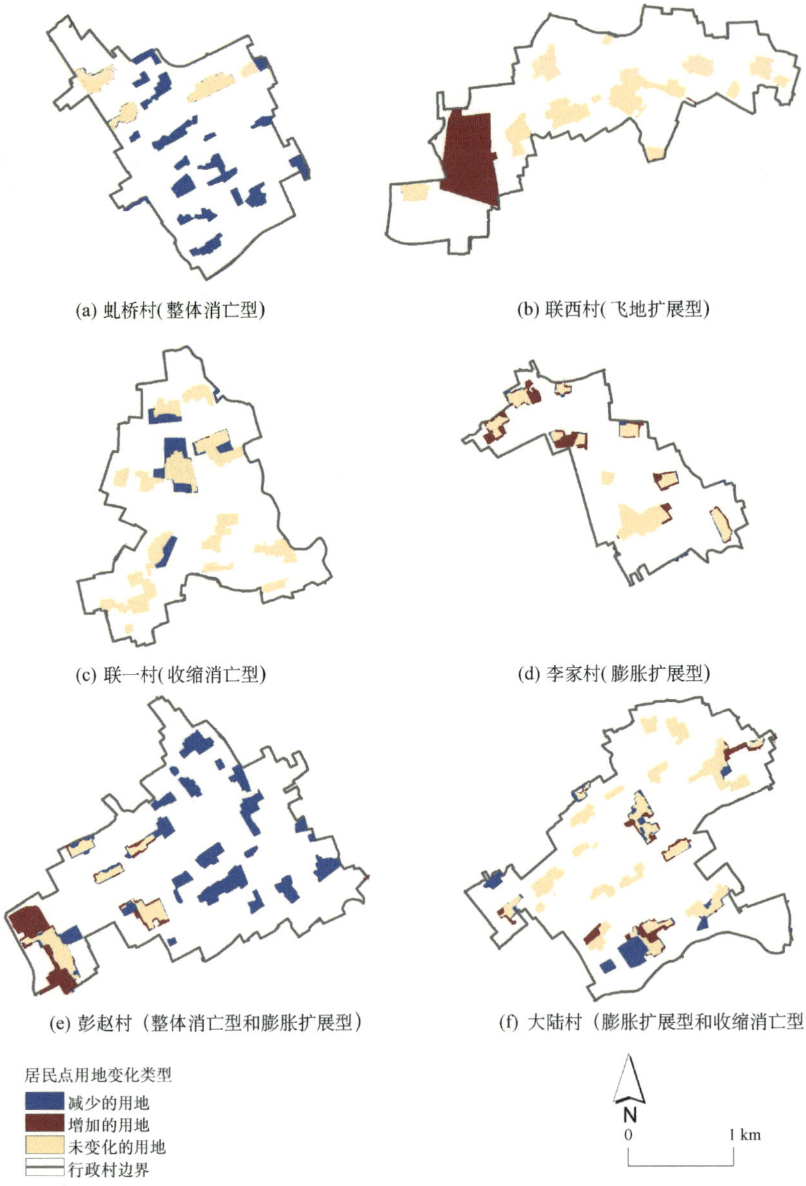

图 5.17　典型乡村居民点形态演变方式

在北部，分别有 35 个(占比 24.0%)和 7 个(占比 4.8%)。

2018 年，各村乡村居民点景观形状指数变小，表明乡村居民点斑块整体形状变得更规整。各村乡村居民点景观形状指数总体呈现“城区周边小于偏远乡村，北部高于南部”的空间分异特征，见图 5.18(b)。南部地区乡村居民点景观形状指数总体上不到 5，其乡村居民点斑块形状比较规整，多为团状。其中，景观形状指数为 1～3 和 3～5 的行政村分别有 32 个(占比 21.9%)和 69 个(占比 47.3%)。与 2000 年相比,该部分乡村占比大幅提升。该类乡村多位于城区周边,其乡村居民点斑块形状在一系列政策和人为干预下变得更规整。景观形状指数为 5～7 的行政村则减少至 19 个(占比 13.0%),主要分布在嘉定区的中部和北区。景观形状指数为 7～9 和大于 9 的行政村仍然主要分布于北部,但数量显著减少,分别有 23 个(占比 15.7%)和 3 个(占比 2.1%)。

依据各村乡村居民点景观形状指数变化率的差异,将其划分为剧烈减少型(－100%～－5%)、缓慢减少型(－5%～0)、缓慢增加型(0～5%)、剧烈增加型(大于 5%)。从图 5.18c 可以发现,城镇区域剧烈变小,外围乡村缓慢变小,局部区域有所上升。①剧烈减少型的行政村共有 46 个(占比 31.5%)。该类乡村主要分布在原有城区范围内,受城镇空间拓展影响,一部分乡村居民点完全消失;另一部分乡村居民点受到城镇区域内规整道路和水系引导的影响,其形状变得更规整,导致其景观形状指数显著下降。②缓慢减少型的行政村共有 57 个(占比 39.1%),是乡村居民点景观形状指数变化的主导类型。这些乡村在经历村庄环境整治、渐进归并等政策后,乡村居民点形状由不规则向规则逐步转变。在一系列政策调控和人工干预下,乡村居民点用地格局不断整合升级,乡村居民点斑块形态趋于规则,乡村居民点发展的随意性进一步减少。

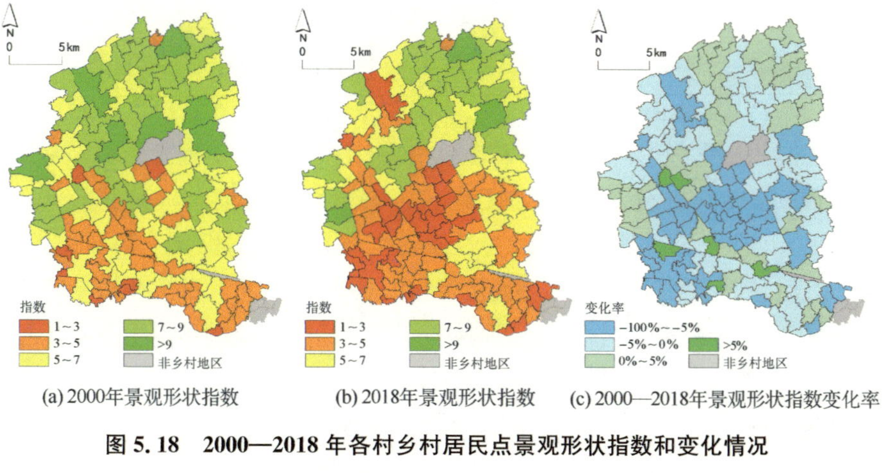

(a) 2000年景观形状指数　(b) 2018年景观形状指数　(c) 2000—2018年景观形状指数变化率

图 5.18　2000—2018 年各村乡村居民点景观形状指数和变化情况

部分乡村居民点景观形状指数变大,表明在这些区域乡村居民点斑块形态变得更加复杂。①景观形状指数缓慢增加型的行政村共有 37 个(占比 25.3%),主要集中分布于北部和西部偏远的乡村,同时在南部铁路沿线也少量分布。在区域经济快速发展的背景下,受到经济利益的驱使,部分乡村违章搭建扩建频繁,其乡村居民点斑块形状变得更复杂。②景观形状指数剧烈增加型的行政村共有 6 个(占比 4.1%),主要位于铁路沿线。该类乡村邻近城镇周边区域,经济发展水平高,各项建设活动十分频繁,加之缺乏有效的规划管控,使乡村居民点斑块边界变得更复杂。

5.7 空间演化类型解析

5.7.1 解析划分方法

城乡社会经济发展引发乡村产业和人口构成变化,进而带来乡村居民点用地规模、空间分布和形态的变化。也是就说,乡村居民点空间演化与乡村产业和人口构成的变化具有高度关联性。产业和人口构成变化剧烈的区域其乡村居民点空间变化也相对剧烈,而产业和人口构成变化缓慢的区域其乡村居民点空间变化也相对缓慢。事实上,超大城市乡村居民点空间演化并不是均质状态,而是呈现出从典型的城市向典型的乡村逐渐过渡变化的差异状态。处于不同位置的乡村受到城镇化辐射强度不同,乡村的产业和人口构成变化也存在差异,导致乡村居民点空间演化存在从城到乡的显著差异。

考虑到以上因素,本书对乡村居民点空间演化类型的解析步骤如下:首先,将乡村居民点规模、分布、形态的变化率导入 SPSS 软件中,对变化率绝对值进行标准化处理并进行聚类,结合各村产业构成和人口构成的变化初步划分为三个大类,即多位于城区边缘处的剧烈重构型,其乡村居民点规模、分布和形态变化剧烈,产业和人口构成也变动较大;位于近郊的快速变动型,其乡村居民点规模、分布和形态变化变化适中,乡村产业和人口实现有序转型;位于远郊的缓慢衰退型,其乡村居民点规模、分布和形态变化相对较小,产业和人口构成变动缓慢(表 5.6)。三种大类的划分可以综合反映超大城市乡村居民点空间演化强度的差异。之后,结合乡村居民点用地规模变化的具体方向,将三种大类进一步细化,将嘉定区 146 个行政村乡村居民点的空间演化解析为六种类型:剧烈减少型、剧烈增加型、快速减少型、快速增加型、缓慢减少型和缓慢增加型,综合反映超大城市乡村居民点空间演化的地域分化和村际差异特征(图 5.19)。

表 5.6　　嘉定区乡村居民点空间演化特征分类型解析

	剧烈重构型	快速变动型	缓慢衰退型
分布区域	城区边缘	近郊	远郊
产业构成变化	农业消失殆尽,全部转为工业和服务业	农业逐步减少,工业和服务业成为主导	农业略有减少,增加少量的工业和服务业

（续表）

	剧烈重构型	快速变动型	缓慢衰退型
人口构成变化	村民主导转换为市民主导，人口构成复杂	村民快速外迁，外来人口超过本地村民	本地村民逐渐减少，增加少量外来人口
规模变化	乡村居民点总规模和平均斑块面积变化率显著（大于 50%）	乡村居民点总规模和平均斑块面积变化率适中（20%～50%）	乡村居民点总规模和平均斑块面积变化率缓慢（小于 20%）
分布变化	斑块密度和邻近道路距离显著变小，邻近河道距离显著增加	斑块密度和邻近道路距离适度变小，邻近河道距离适度增加	斑块密度和邻近道路距离缓慢变小，邻近河道距离缓慢变小
形态变化	景观形状指数显著变小	景观形状指数适度变小	景观形状指数缓慢变大

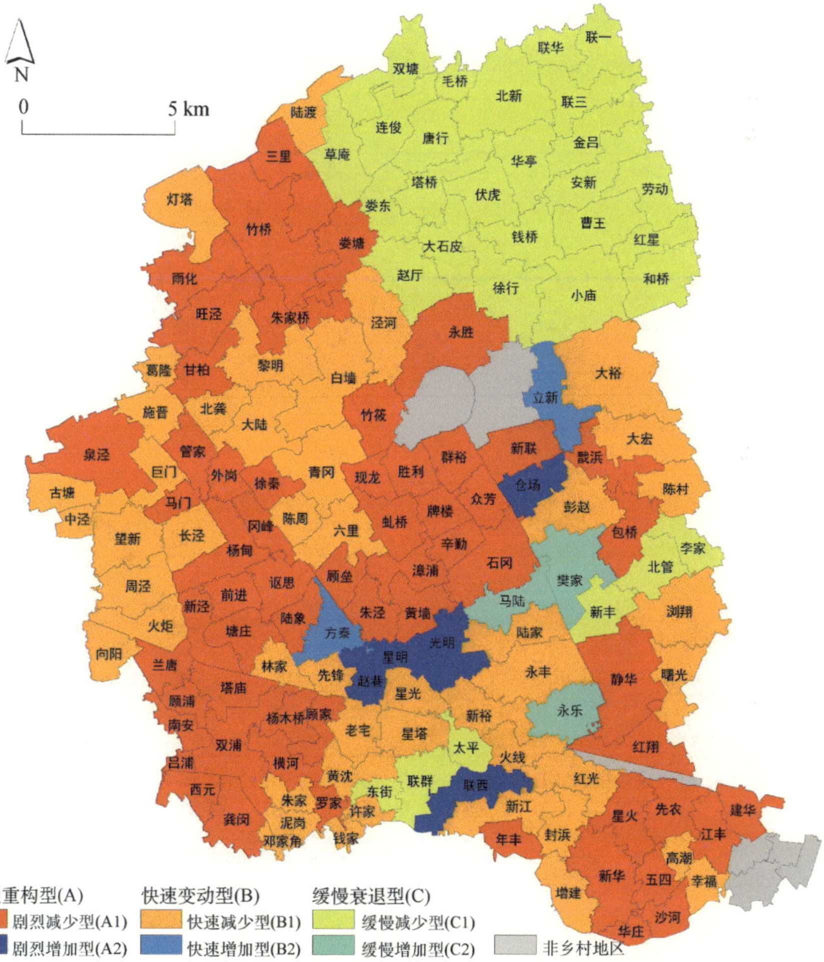

图 5.19　2000—2018 年乡村居民点空间演化类型

5.7.2 剧烈重构型

该类乡村主要位于城区边缘附近，快速城镇化带来城镇空间的快速扩张，大量侵占乡村空间，推动该类乡村整体融入城镇。在产业构成方面，由于临近城区，该类乡村已实现从农业向非农产业的转型，村民以非农就业为主，农业生产活动消失殆尽。在人口构成方面，村民转换为市民，与外来人口交织，造成人口构成的复杂性。在规模方面，其乡村居民点总规模变化超过 50%；由于大量乡村居民点被城镇建设侵占，其平均斑块规模急剧减少甚至完全消失。在分布方面，随着乡村居民点数量的减少，其斑块密度显著减少；乡村居民点邻近道路距离也显著减少；乡村居民点邻近河道距离显著增加，乡村居民点的临河特色逐渐消失。在形态方面，由于乡村居民点斑块已经部分或全部融入城区范围，其景观形状指数显著减少，呈现出较为规整的形态。依据乡村居民点用地规模变化的方向，可细分为剧烈减少型和剧烈增加型两种(图 5.20)。

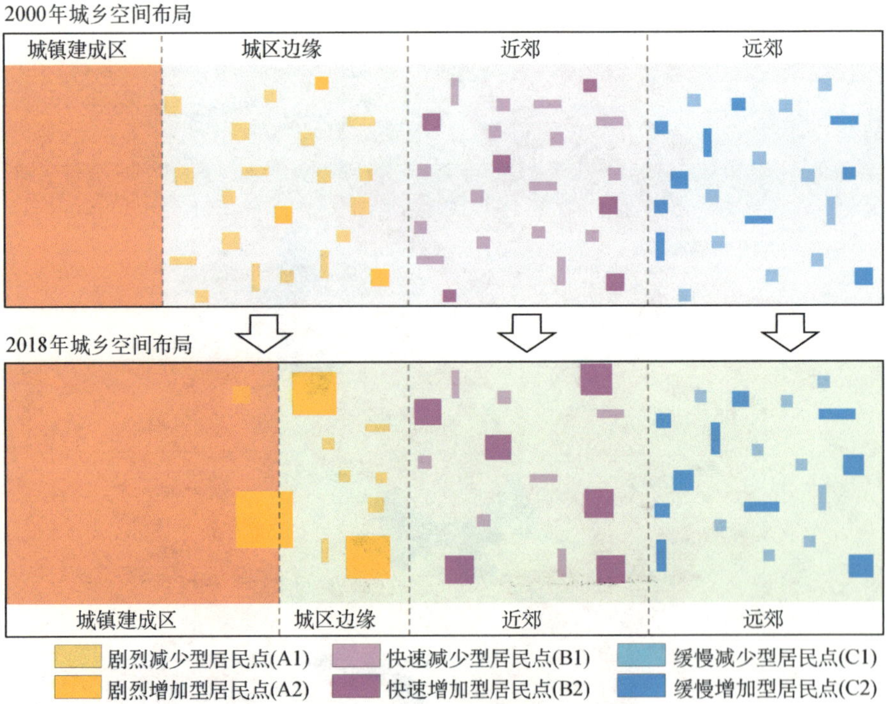

图 5.20 2000—2018 年嘉定区乡村居民点空间演化类型图谱

1. 剧烈减少型

该类型是指行政村内乡村居民点用地面积变化率为−100%～−50%的乡村，

共有 59 个行政村(占比 40.4%),是嘉定区乡村居民点空间演化的主导类型。该类乡村居民点用地面积从 2000 年的 2 363.26 hm^2 减少至 2018 年的 628.79 hm^2,共减少 1 734.47 hm^2,其用地整体变化率为−73.4%。该类乡村主要分布在两处:①是位于城镇开发边界范围内,受到城镇化推动,城镇空间不断拓展,征用了大量乡村居民点用地,使乡村居民点用地大幅减少;②是位于城镇开发边界外、实施了宅基地置换的乡村,如外冈镇泉泾村、嘉定工业区的雨化村和旺泾村等。为促进土地集约使用,发展现代农业,改善乡村居住环境,大部分乡村居民点复垦为耕地。由于乡村居民点用地面积大规模减少甚至完全消失,带来乡村居民点空间分布和斑块形状的剧烈改变。

2. *剧烈增加型*

该类型是指行政村内乡村居民点用地面积增加率为大于 50%的乡村,共有 5 个行政村(占比 3.4%)。该类乡村居民点用地面积从 2000 年的 124.86 hm^2 增加至 2018 年的 231.43 hm^2,共增加 106.57 hm^2,其用地整体变化率为 85.4%。该类乡村包含城区边缘的仓场村、光明村、星明村、赵巷村和联西村。由于各村内新建了一批用地面积较大的村民集中安置点,导致乡村居民点用地面积的激增,乡村居民点斑块的空间分布和形态同时发生剧烈改变。总体上,该类乡村在城镇化政策推动下,乡村居民点的生产生活方式和空间组织结构发生重构,乡村居民点用地显著增加,乡村居民点空间分布和斑块形状发生剧烈变化,是一种突发性路径。在城镇化和工业化推动中,大量乡村居民点用地被征用,需要建设村民集中居住点以解决村民的安置问题。在这样的背景下,在城区边缘有较好交通和配套设施基础的区域建设了一批村民集中居住点,如立新村的嘉新小区等。

5.7.3 快速变动型

该类乡村主要位于近郊,受到快速城镇化和乡村各项政策的调控,其空间呈现出显著分化特征,小型的乡村居民点斑块大量消失,集中居住点逐渐出现,但其整体变化强度较城区边缘处的乡村弱。在产业构成方面,该类乡村形成了以工业为主导,工农业结合的产业,同时还保留一定数量的耕地,形成了丰富多样的兼业形式。在人口构成方面,本地村民快速外迁,外来人口大量涌入,导致外来人口超过本地村民,成为乡村居住人口主导。在规模方面,其乡村居民点规模变化在 20%~50%之间;大量小型的乡村居民点斑块被迁并到大型乡村居民点斑块中,带来乡村居民点平均斑块规模的增大。在分布方面,随着乡村居民点数量的减少,其斑块密度减少;乡村居民点邻近道路距离也减少。在形态方面,由于经历了迁村并点的过程,该类乡村居民点景观形状指数都有所下降,形态更规整。依据乡村居民点用地规模变化的方向，可细分为快速减少型和快速增加型两种。

1. 快速减少型

该类型是指行政村内乡村居民点用地面积变化率为－50％～－20％的乡村，共有 47 个行政村（占比 32.2％）。该类乡村居民点用地面积从 2000 年的 1 812.83 hm^2 减少至 2018 年的 1 257.31 hm^2，共减少 555.52 hm^2，其用地整体变化率为－30.6％。该类乡村集中分布于两处：①是处于区位便利、交通和配套设施比较完善的城镇建成区周边，受到交通和区位条件改善的影响，城镇附近的乡村人口为追求高品质生活，往城镇集中，乡村空间形态结构发生转型，部分乡村居民点用地转换为城镇用地；②是位于外围边缘位置的乡村，乡村居民点斑块布局散、规模小、基础设施难以配置，在渐进归并政策的引导下，统一将分散的乡村居民点归并到规模较大、设施配套齐全的集中居住点，如马陆镇大裕村。由于该类乡村居民点用地面积明显减少，导致乡村居民点空间分布和斑块形状也发生了较大变化。

2. 快速增加型

该类型是指行政村内乡村居民点用地面积变化率为 20％～50％的乡村，共有 2 个行政村（占比 1.4％）。该类乡村居民点用地面积从 2000 年的 67.47 hm^2 增加至 2018 年的 97.27 hm^2，共增加 29.8 hm^2，用地整体变化率为 44.2％。该类乡村包含城区边缘的立新村和方泰村，与剧烈增加演变型一样，因区位和交通条件的优势，在村内建设了村民集中居住点，使乡村居民点用地面积增加，形态更加规整，但其新增乡村居民点用地面积相对较小。总体上，该类乡村居民点用地转入和转出速度较快、规模较大，乡村居民点空间分布和斑块形状发生明显变化。

5.7.4 缓慢衰退型

该类乡村主要位于远郊，远离城镇中心，受到城镇化的影响较小，乡村社会经济发展缓慢，与城市有较大差距。该类乡村区位不突出，耕地资源丰富，其产业主要以农业为主，有少量的工业和服务业，乡村非农化水平较低。由于缺乏充足的非农就业岗位，本地村民逐渐减少，少量外来人口进入乡村从事农业代耕和低端制造业。该类乡村居民点空间变化幅度最小。在规模方面，其乡村居民点总规模和平均斑块规模的变动在 20％以内。在分布方面，由于乡村居民点并没有经历大规模的拆迁过程，其斑块密度略有减少，同时邻近道路距离略有减少。在形态方面，乡村居民点空间破碎化现象有所加剧，乡村居民点在现有基础上收缩或扩张，导致其边界更不规整，带来乡村居民点景观指数的增长。依据乡村居民点用地规模变化的方向，可细分为缓慢减少型和缓慢增加型两种。

1. 缓慢减少型

该类型是指行政村内乡村居民点用地面积变化率为－20%～0 的乡村，共有 30 个行政村(占比 20.5%)。该类乡村居民点用地面积从 2000 年的 1 605.28 hm^2 减少至 2018 年的 1 397.56 hm^2，共减少 207.72 hm^2，其用地整体变化率为－12.9%。该类乡村集中分布于嘉定区北部的华亭镇和徐行镇，同时在马陆镇和南翔镇接壤处、安亭镇和江桥镇接壤处也有零星分布。总体来看，该类乡村处于区位、交通均不佳的农业地区或边缘地带，受城镇辐射影响小，基础设施比较落后。在人口流出、自然资源限制、村庄环境整治等多方面因素的影响下，一部分零散的乡村居民点拆除复垦，带来乡村居民点用地的缓慢减少。如华亭镇北新村，研究期间其乡村居民点用地发生局部减少，空间分布总体变动较少，部分乡村居民点斑块形状变得更规整。

2. 缓慢增加型

该类型是指行政村内乡村居民点用地规模变化率为 0～20%的乡村，共有 3 个行政村(占比 2.1%)，包括樊家村、马陆村和永乐村。该类乡村居民点用地面积从 2000 年的 121.41 hm^2 增加至 2018 年的 135.55 hm^2，共增加 14.14 hm^2，其用地整体变化率为 11.6%。该类乡村位于城镇周边，道路和基础设施条件较为齐全，受到城镇发展、社会经济和政策调控等多方面因素的影响。一方面，部分乡村出现乡村居民点用地转入和转出面积都非常大，如樊家村和马陆村将分散的乡村居民点斑块拆除，统一把村民安置到集中居住点，乡村居民点面积有所增加，乡村居民点数量急剧减少，斑块形状更为规整。另一方面，部分乡村转入和转出的面积相对比较小，如永乐村在研究期间受社会经济要素影响，增加了少量面积的乡村居民点用地，乡村居民点的分布和斑块形状发生的变化较小。

总体上，超大城市乡村居民点空间演化呈现两个主要特点。①嘉定区乡村居民点呈现出空间整体减少的总体特征，该类乡村量大面广，既存在于城区边缘处，也存在于近郊和远郊。②乡村居民点空间演化强度呈现出从城区边缘处向远郊递减的村际差异特征，城区边缘处的剧烈重构型乡村随着城镇化的推进，逐渐融入城镇，其空间演化幅度最大；近郊的快速变动型乡村处在快速变化中，其空间演化幅度适中；远郊的缓慢衰退型乡村整体变化较小。

5.8　本章小结

本章首先分析嘉定区城乡空间格局演变历程，之后剖析各村产业构成和人口构成的变化特征，研究各村居民点规模、分布和形态的变化特征，在此基础上解析空间演化类型,总结空间演化规律。

(1) 城乡空间格局的演变。①嘉定区城镇化在2000年以后先后经历了快速扩张阶段和结构优化阶段。②城镇用地、工业用地和其他建设用地占比快速增加,其增加幅度在2000—2009年间更为显著;农用地占比快速减少,其减少幅度在2000—2009年间更为显著;而乡村居民点用地占比快速减少,其减少幅度在2000—2009年和2009—2018年2个时段内没有明显的阶段差异。

(2) 产业构成和人口构成的变化。①农业经济总量持续增长,但农业占比却不断下降,乡村产业从农业逐步向非农产业转移;各村非农产业占比呈现从城区边缘处到远郊乡村递减的地域分化特征;村民人均可支配收入逐步提高,增长速度呈现南快北慢的特征。②嘉定区人口主导从乡村人口转变为城镇人口;乡村人口主导从本地村民转变为外来人口,各村外来人口占比在城区和工业园区边缘显著增加,在远郊则缓慢增加。

(3) 乡村居民点的规模变化。①居民点总用地面积下降显著,从2000年的6 095.11 hm^2下降到2018年的3 747.91 hm^2,下降了38.5%;乡村居民点用地面积在南部乡村剧烈减少,在北部乡村缓慢减少,而在城区边缘则表现为剧烈增加。②乡村居民点平均斑块面积略有下降,从2000年的3.14 hm^2下降到2018年的2.83 hm^2,下降了9.9%。平均斑块面积在城镇区域剧烈下降,在外围地区缓慢下降,而在城区边缘则表现为剧烈增加。

(4) 乡村居民点的分布变化。①乡村居民点斑块密度下降显著,从2000年的4.06个/km^2下降到2018年的2.83个/km^2,下降了30.3%;斑块密度在城区及其周边下降尤为明显,但在工业园区附近则表现为显著增加。②乡村居民点邻近道路距离从2000年的262 m下降到2018年的238 m,下降了9.2%;邻近道路距离在城区附近显著下降,在北部乡村缓慢下降,但在西部外冈镇有一定幅度的增加。③乡村居民点与河道的空间联系整体减弱,邻近河道距离从42 m增加到67 m,增加了59.5%,主要表现为在城区及其附近周边显著增加;而在外围则显著减少。

(5) 乡村居民点的形态变化。乡村居民点斑块边界变得更规整,景观形状指数下降显著,从2000年的7.26下降到2018年的5.84,下降了19.5%。总体呈现为飞地扩展、膨胀扩展、收缩消亡、整体消亡四种演变方式。景观形状指数在城区附近下降显著,在外围地区下降缓慢;而在南侧铁路沿线则表现为显著增加。

(6) 总体上,嘉定区乡村居民点减少,空间演化强度呈现出从城区边缘处向远郊递减的规律。各村空间演化分化为三种类型:剧烈重构型、快速变动型和缓慢衰退型。剧烈重构型多位于城区边缘处,空间变化幅度大,产业和人口已融入城镇;快速变动型多位于近郊,空间变化幅度较大,产业和人口非农化转型快;缓慢衰退型多位于远郊,空间变化幅度小,产业和人口非农化转型缓慢。

参考文献

林坚,柳巧云,李婧怡,2016.探索建立面向新型城镇化的国土空间分类体系[J].城市发展研究,23(4):51-60+2.

上海市统计局,2000—2018.上海统计年鉴[M].北京:中国统计出版社.

上海市统计局,2001.上海市国民经济和社会发展历史统计资料.郊区分册:1949—2000[M].中国统计出版社.

上海市统计局,上海市农业委员会,2000—2018.上海郊区统计年鉴[M].北京:中国统计出版社.

上海市城市规划设计研究院,2000.上海市城市总体规划(2000—2020 年)[R].上海:上海市城市规划设计研究院.

上海市城市规划设计研究院,2017.上海市城市总体规划(2017—2035 年)[R].上海:上海市城市规划设计研究院.

上海市城市规划设计研究院,上海嘉定规划设计院有限公司,2006.嘉定区区域总体规划实施方案(2006—2020 年)[R].上海:上海市城市规划设计研究院.

第 6 章　空间演化的影响因素和作用机理

乡村居民点空间演化与自然环境因素、社会经济因素和政策因素等多方面因素密切相关。其中，政策因素直接干预乡村居民点空间演化的方向和速度，具有调控类型多样、调控指向清晰、调控范围明确的特点，其与乡村居民点空间演化呈现显著的因果联系。而对自然环境因素和社会经济因素而言，其对乡村居民点空间演化的影响是潜在而深远的，其影响路径不如政策因素清晰直接，但可通过相关性分析予以揭示。因此，本章分别对自然环境因素、社会经济因素进行了相关性强弱的分析；梳理了政策发展历程，研究了政策影响强弱和路径，解析政策因素耦合自然环境和社会经济因素的类型模式和作用机理。

6.1　总体思路和分析方法

6.1.1　总体思路

本章从自然环境因素、社会经济因素和政策因素入手，以行政村为基本空间分析单元，对三类因素与乡村居民点空间演化的相关性强弱及其作用机理进行分析(图 6.1)。首先，逐一分析三类影响因素在各行政村的作用范围和影响强弱。将自然环境因素细化分解为不同的自然环境因子，分析各因子与乡村居民点空间演化的相关性强弱关系，剖析其作用规律；将社会经济因素细化分解为不同的社会经济因子，分析各因子与乡村居民点空间演化的相关性强弱关系，分析其作用规律；梳理政策发展历程，定量分析政策因素对乡村居民点空间演化的差异化影响，总结政策因素的影响路径。其次，解析不同干预强度的政策因素耦合差异化的自然环境因素和社会经济因素形成的政策作用模式，并将不同强度的政策模式和空间演化特征相关联，进一步分类诠释不同政策模式的作用机理。

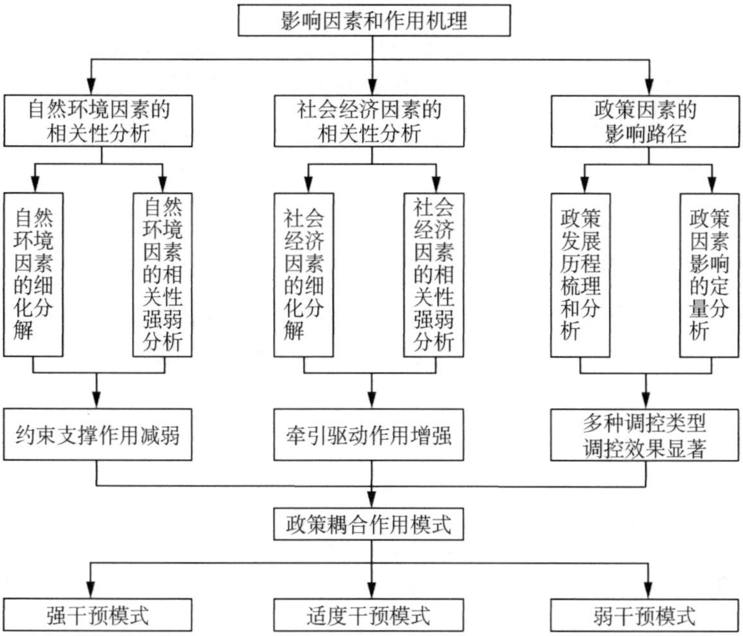

图 6.1　空间演化影响因素和作用机理的研究思路

6.1.2　分析方法

1. 空间演化影响因素的细分方法

为深入揭示乡村居民点空间演化和不同因素的关系，每一类因素都需要进一步细分为不同的影响因子。本书基于嘉定区社会经济的现状条件，考虑数据获取和分析的可行性，选择河道、耕地表征自然环境因素，城镇化、工业化、交通条件、城镇中心分布、人口结构、经济状况表征社会经济因素，选择村民建房管控、宅基地置换、村庄渐进归并、村庄环境整治等表征政策因素(表 6.1)。

表 6.1　乡村居民点空间演化的影响因素细分

影响因素分类	主要影响因子
自然环境因素	河道、耕地
社会经济因素	城镇化、工业化、交通条件、城镇中心分布、人口结构、经济状况
政策因素	村民建房管控、宅基地置换、村庄渐进归并、村庄环境整治

2. 相关性影响强弱的分析方法

在细分自然环境因素和社会经济因素的基础上，通过地理加权回归模型，分析在同一村域单元、不同自然环境和社会经济因素的相关性影响强弱，进而判断不同村域单元内乡村居民点空间演化的主导要素。由于乡村居民点空间演化具有显著的空间相关性和空间异质性，本章采用地理加权回归模型(GWR)对不同因素的影响程度进行分析。GWR 是一种典型的空间回归分析方法(杨忍，2017)。传统的多元线性模型可以讨论多个自变量与因变量是否存在线性或非线性回归的分析方法，可以用来研究多个影响因素对乡村居民点空间演化的全局影响，但忽略了地理空间位置对统计结果的影响，无法有效揭示不同村域单元与影响因素的相关性强弱关系。使用 GWR 模型可以有效解决由空间位置引起的因变量和自变量的局部空间分异问题，能够反映不同影响因素对同一村域单元的影响强弱和同一影响因素对不同村域单元的影响强弱(郑文升 等，2015)。本书运用 GWR 模型，对其进行空间回归计算，对各因素与乡村居民点空间演化的相关性强弱进行分析。

对政策因素而言，为客观反映不同政策因素对各村居民点空间演化的差异化影响，通过构建土地利用转换模型，计算各村居民点用地与其他各类用地的土地转换结构，揭示各村居民点空间演化受政策影响的强弱程度和差异特征。

6.2 自然环境因素的相关性分析

6.2.1 自然环境因素的细化分解

自然环境因素对乡村居民点的形成和演变具有基础性的约束和支撑作用(欧阳国辉 等，2020)。特别是在农业生产水平相对较低的阶段，人们改造自然的能力有限，乡村的各项生产生活依赖于自然环境因素同时又受制于自然环境因素。为满足村民生产和生活的需要，乡村居民点的选址和空间布局充分利用和适应自然环境，导致不同自然环境因素下乡村居民点的用地规模和空间形态迥异(姜广辉，2013)。自然环境因素包括地形、河道、气候、土壤和耕地等。由于研究区范围较小，气候、土壤等因素在研究区内差异并不明显。同时，嘉定区是典型的堆积平原地貌，平均高程在 3.8～4.3 m，地形变化也不显著。基于以上原因，同时考虑到数据获取和分析的可行性，本书选择河道和耕地两个因素分析空间演化与自然环境的相关关系。乡村居民点与河道距离的数值变化，在一定程度上反映乡村居民点分布与河道的依赖关系。数值越小，表明乡村居民点分布对河道的依赖越强；数值越大，则代表乡村居民点分布对河道的依赖越弱。同理，乡村居民点分布与耕地距离的数值变化，反映了乡村居民点分布与耕地的关系。数值越小，表明乡村居民点分布受耕地的空间限制越大；数值越大，则代表乡村居民点分布受耕地的空间限制越小。

1. 河道

村民生产生活离不开用水，水资源是乡村居民点形成和发展的基础（宋伟 等，2019）。上海地处长江三角洲，地表河网水系密集，用水方便，河道与乡村居民点分布与形态密切相关，形成了散村、小村的格局（王竹 等，2011）。

在上海成陆过程中，形成“西北—东南”走向的古冈身。整个嘉定区河道被上海古冈身划分为古冈身以西和以东两个部分。其中，古冈身以西的部分主要位于嘉定区西部外冈镇等地，河道水系纵横，为排涝和引水生产而呈现出线型布局特征。乡村居民点依河而建，主要街道与水系并行，呈现出典型的带状形态。古冈身以东的部分，主要位于嘉定区东部，其河道呈现自然曲折的状态，乡村居民点往往夹水生团，村宅因河就势，灵活布局，在桥头及河道分叉处形成公共空间，乡村居民点整体呈现出团状形态（图 6.2）。

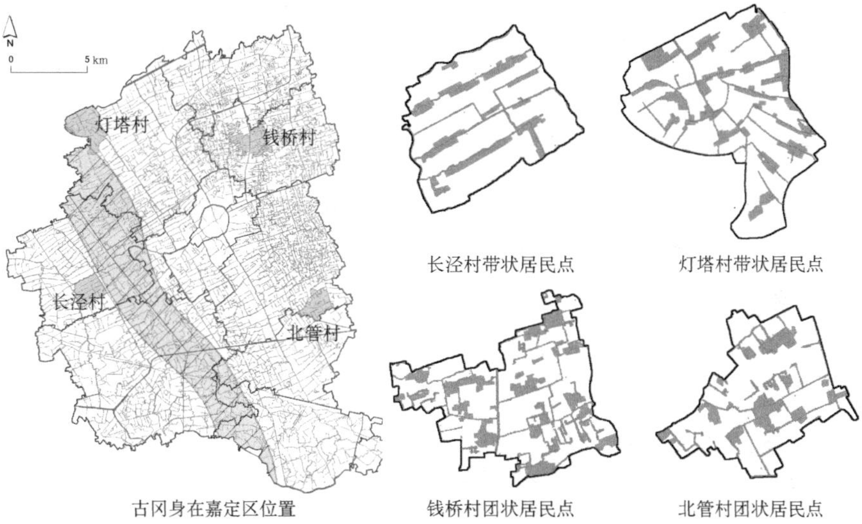

图 6.2　带状和团状乡村居民点空间形态示意图

资料来源：作者依据调研自绘

为揭示乡村居民点用地布局与河道的相关关系，以嘉定区主要河道中心线为基线，以 50 m 为间隔单位划分统计分区，计算各统计分区内乡村居民点面积的变化（表 6.2）。

表 6.2　2000—2018 年邻近河道不同距离范围内乡村居民点面积和占比

距离(m)	2000 年		2018 年	
	面积(hm^2)	占比	面积(hm^2)	占比
0～50	3 345.52	55.0%	1 296.52	34.6%
50～100	1 227.17	20.1%	1 404.62	37.5%
100～150	824.06	13.5%	390.83	10.4%
150～200	308.48	5.1%	199.36	5.3%
200～250	196.30	3.2%	183.57	4.9%
250～300	75.57	1.2%	90.88	2.4%
300～350	50.38	0.8%	59.78	1.6%
350～400	20.70	0.3%	44.07	1.2%
400～450	13.38	0.2%	31.93	0.9%
450～500	12.3	0.2%	18.45	0.5%
500～550	9.27	0.2%	15.93	0.4%
550～600	6.72	0.1%	7.65	0.2%
600～650	5.26	0.1%	4.32	0.1%
总计	6 095.11	100%	3 747.91	100%

从表 6.2 可以看出，与河道不同距离范围内乡村居民点面积分布呈现显著差异，随着与河道距离的不断增加，乡村居民点面积不断减少。特别是在距离河道 50 m 范围内，乡村居民点面积比重从 2000 年的 55.0%下降至 2018 年的 34.6%。与河道不同距离范围内乡村居民点面积比重的变化表明：乡村居民点分布对河道的依赖减弱。

2. 耕地

乡村居民点是村民生活的场所，耕地是村民的农业生产对象。为就近生产生活，乡村居民点和耕地在空间上存在相互依存和限制关系。受耕作条件、农业生产水平等因素的限制，乡村居民点所服务的耕地面积是有限的，即乡村居民点的耕作半径是相对固定的。由于无法获取 2000 年各村准确的耕地数据，因此用 2000 年和 2018 年的农用地数据近似替代耕地，研究其和乡村居民点分布的空间关系。在计算耕作半径时，本书借鉴相关学者的分析方法（张荣天 等，2019），即在某一特定区域内，当乡村居民点缓冲区的面积与农用地面积相等时，该缓冲半径就相当于乡村居民点的耕作半径。应用此方法，分别计算嘉定区耕作半径；在

2000 年，当缓冲半径为 337 m 时，乡村居民点的缓冲区总面积与该范围内农用地面积比较接近；而在 2018 年，当缓冲区半径为 768 m 时，乡村居民点的缓冲区面积与该范围内农用地面积比较接近。以上结果表明乡村居民点耕作半径从 2000 年的 337 m 增加到 2018 年的 768 m，乡村居民点分布受耕地的空间限制变小。

乡村居民点分布与耕地的空间关系可进一步用下图来解释。传统的乡村居民点分布以靠近并快速达到耕地为主要原则，在原有破碎的耕地基础上，不同乡村居民点分别形成以 R1、R2 和 R3 为半径的耕作范围，形成空间分散的居民点布局，见图 6.3(a)。一方面随着农用地的流转，破碎的农用地完成了空间整合，农用地面积变大。另一方面，技术的进步提高了农业生产效率，使村民可以在更大空间范围内从事农业生产。以上两方面因素推动耕作半径从原来的 R1、R2 和 R3 演变成 R0，带来乡村居民点耕作半径的提高，见图 6.3(b)。访谈中发现，之前乡村的耕作半径是 300 m 左右，现在的耕作半径是原来的 2～3 倍，之前村民的出行方式以步行为主，现在村民的出行方式以电动车为主，在花费时间相同的情况下，耕作半径增加到 800 m 左右，耕地对乡村居民点的空间限制变小，推动乡村居民点布局和形态的变化。

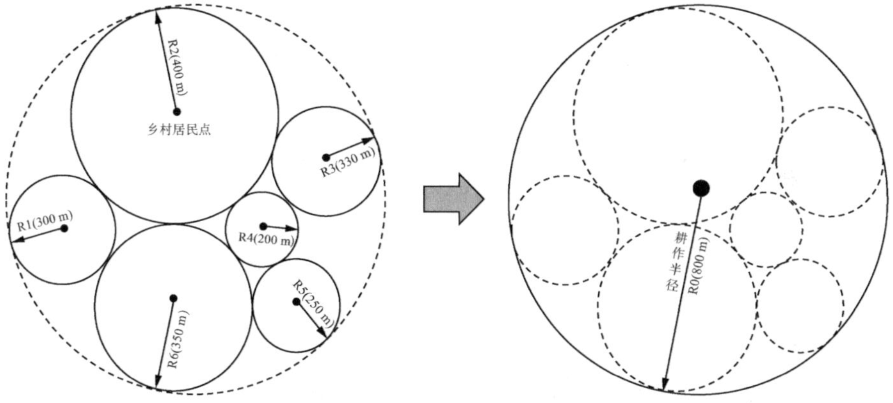

(a) 传统农业方式形成的耕作半径小　　(b) 现代农业方式形成的耕作半径大

图 6.3　乡村居民点空间分布与耕作半径的变化

6.2.2　自然环境因素的相关性强弱分析

乡村居民点在不同的空间位置，与自然环境因素的相关性强弱程度存在差异。为全面反映各自然环境因素变化与乡村居民点空间演化的相关性强弱和差异特征，以行政村为空间分析基本单元，以各行政村内乡村居民点用地变化率为因变量，以邻近河道距离变化率和农用地变化率为自变量，对不同自然环境因素的相关性强弱进行研究。为消除不同指标量纲的影响，首先将各类数据统一运用SPSS软件进行标准化处理。其次，运用方差膨胀因子(VIF)来检验各项数据是否存在多重共线问题。一般来说，$VIF>10$代表存在共线性，需要将自变量删除。研究发现，2个自变量不存在多重共线性问题。最后，运用GIS10.5软件中的GWR模块，运用调整型的CV带宽方法计算2个自然环境因素对146个村的回归系数。发现邻近河道距离变化与乡村居民点用地变化呈较弱的负相关，农用地变化与乡村居民点用地变化呈强负相关。图6.4为地理加权回归模型下各自然环境因素的回归系数分布图，可以发现每一个自然环境因素和乡村居民点空间演化的相关性都随着空间位置的变化而呈现出显著的分化特征。

1. 邻近河道距离变化和乡村居民点用地变化呈现较弱的负相关

图6.4(a)为邻近河道距离变化与乡村居民点用地变化的回归系数空间分异图。总体上，两者呈现出自嘉定主城区由内而外负相关影响逐渐减弱的趋势。这主要是因为在北部主城区建设中，很多河道被填埋，客观上导致了乡村居民点邻近河道距离的增加。而在嘉定区南部，毗邻吴淞江，为保证防汛需要，河道较多的予以保留，乡村居民点邻近河道距离变化相对较小。因此导致在各村乡村居民点面积整体变小的趋势下，在北部主城区，邻近河道距离变化和乡村居民点空间演化的负相关影响比南部更加显著。但无论是北部还是南部，其回归系数数值均很低，不超过−0.2，说明邻近河道距离变化与乡村居民点用地变化的相关性程度较弱。

2. 农用地变化和乡村居民点用地变化呈现强负相关

图6.4(b)为农用地变化与乡村居民点用地变化的回归系数分异图，系数均大于1，表明两者负相关性影响程度显著。总体来看，呈现出从嘉定主城区到外围负相关影响程度逐渐减弱的趋势，但其影响方式却有差异。嘉定主城区以南的区域体现为乡村居民点侵占农用地，该区域内有较多占地面积大的新增集中居住点，多以占用农用地的方式以减少征地成本，以利于迅速推进建设。而嘉定主城区以北的区域则体现为乡村居民点复垦为农用地，该区域是重点推行土地综合整治和高标准基本农田建设的区域，农用地规模有所增加，零散的乡村居民点用地规模有所减少。南北两种不同的农用地变化方式，表明农用地变化和乡村居民点用地变化呈现强负相关，在有限的空间中，二者存在着资源互抢的特征。

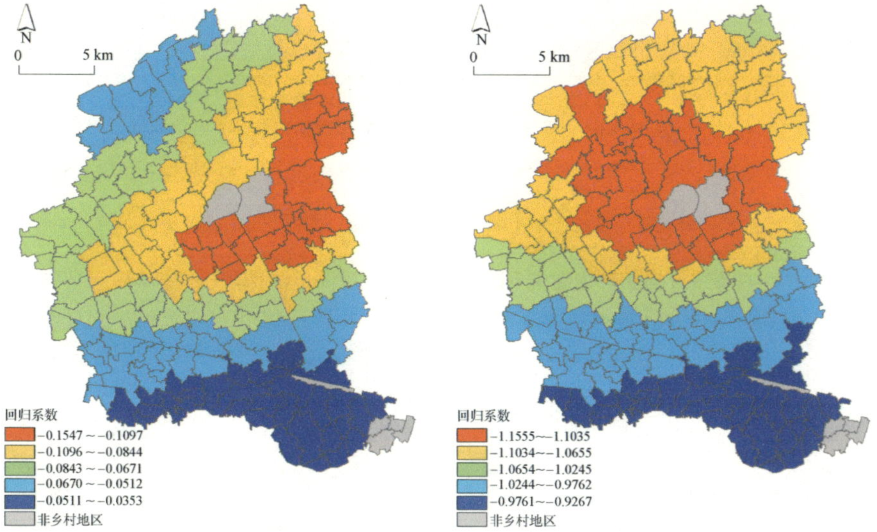

(a) 邻近河道距离变化　　(b) 农用地变化

图 6.4　邻近河道距离变化、农用地变化和乡村居民点用地变化相关性强弱的空间分异图

6.2.3　自然环境因素约束支撑作用减弱的解释

上文研究发现，乡村居民点空间分布与河道的依赖减弱，受耕地的空间限制变小，表明乡村居民点空间受到自然环境的约束支撑作用减弱。这可以从两方面来解释。其一，河道是村民生活和农业生产灌溉的基础，为就近生产和生活，乡村居民点往往形成临水布局的形态。随着供水技术和农业灌溉技术的发展，乡村居民点的分布对河道水系的依赖减弱，传统依水而建的乡村居民点布局方式发生变化。其二，耕地是乡村重要的生产资料。在农业生产水平较低时，耕作半径较小。为就近耕作，乡村居民点多邻近农用地布局，造成乡村居民点斑块规模小、空间结构松散的布局特点。随着农业机械化水平的提高，耕作半径变大，以往分散的乡村居民点布局失去了客观存在的基础，使乡村居民点分布逐渐摆脱农用地的空间束缚，为乡村居民点从小规模、分散的均质空间结构向大规模、集聚的空间结构演变提供基础。总体上，随着生产力和技术的不断进步，人类改造利用自然环境的能力不断提高，乡村居民点分布逐渐摆脱了自然环境的束缚，自然环境因素对乡村居民点空间演化的约束支撑作用减弱（图 6.5）。

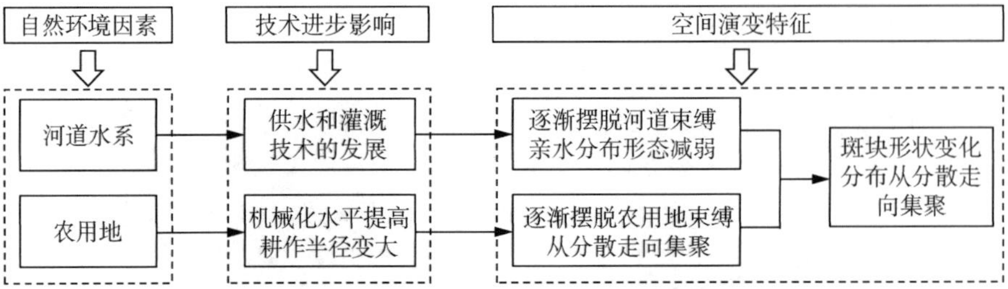

图 6.5 自然环境因素和乡村居民点空间演化的作用机理分析

6.3 社会经济因素的相关性分析

6.3.1 社会经济因素的细化分解

社会经济的发展推动了土地、劳动力和资金等各项城乡要素的流动,从而诱发乡村居民点空间演化。基于嘉定区在研究时段内社会经济的发展态势,综合考虑数据获取和分析的可行性,选取城镇化、工业化、交通条件、城镇中心、人口结构和经济状况表征社会经济因素,考察社会经济因素变化和乡村居民点用地变化的相关性。

1. 城镇化

城镇化是资源要素从分散的乡村地区向城镇集聚的过程,既体现为地域空间结构的变化,也体现为生活方式的转型和社会结构的变化(方创琳 等,2019)。2000 年后,上海市整体进入城镇化快速发展阶段。《上海市城市总体规划(1999—2020 年)》于 2000 年审批通过,第一次把郊区纳入总体规划的范围,把加快郊区乡村发展放在更加突出的位置。为进一步推动郊区的发展,上海市于 2003 年颁布推进实施三个集中的细化措施,引导村民逐步向城镇集中,集中力量建设新城。在此背景下,2006 年编制完成《嘉定区区域总体规划实施方案(2006—2020 年)》,确定了由嘉定新城主城区、安亭组团和南翔江桥组团形成"一核两翼"的空间结构,同步明确嘉定区产业园区的布局。为推动嘉定新城和各产业园区的建设,城镇和产业园区边界不断扩大,导致大量位于新城和产业园区范围内的乡村居民点被动迁征用,转化为城镇建设用地或产业用地。对乡村居民点的大规模侵占一直持续到《嘉定区城乡总体规划》(2010 年梳理版)的出台,该规划首次明确了城镇和产业用地管控边界。

城镇化推动乡村生活方式和社会结构的变化,进而推动乡村居民点空间演化。其一，城镇化催生了对土地的需求，通过侵占乡村居民点用地直接改变乡村空间。随着城镇化的持续推进，大量乡村居民点被征用转化为城镇建设用地，直接改变了乡村空间形态。根据统计年鉴，从 2000 年到 2010 年，嘉定区 10 年内因城镇建设共动迁 37 372 户村民宅基地，占 2000 年嘉定区农户总量的 38.3%。本书通过叠加 2000—2018 年减少的乡村居民点用地与城镇和产业用地管控边界的关系，可以发现在该管控边界内，几乎所有的乡村居民点均转化为城镇或产业用地。根据用地统计数据，2000—2018 年嘉定区乡村居民点共减少 3 244.86 hm^2，其中位于城镇用地管控边界内的面积为 1 458.10 hm^2，占减少乡村居民点用地总面积的 44.9%，见图 6.6(a)。其二，城镇化助推乡村人口向城镇迁移，从而诱发乡村人口结构的变化。随着大量青壮年劳动力从乡村流入城镇，从农业转向非农产业，乡村人口结构日趋老龄化，家庭结构日趋小型化，人口结构和家庭结构的变化也势必会影响村民居住模式，从而带来乡村居民点空间布局的变化。其三，随着城镇功能向乡村的扩散，乡村功能从以农业为主导功能发展成为农业、工业以及旅游业等多元复合的功能，推动村民生活方式转型，引发了村民生活居住习惯和行为交流模式的变化。村民社会交往范围变大，对居住生活和公共配套设施的需求进一步提高，原有分散的乡村居民点布局模式难以满足村民生活品质提高的需求，进而推动乡村居民点空间布局从分散走向集中。

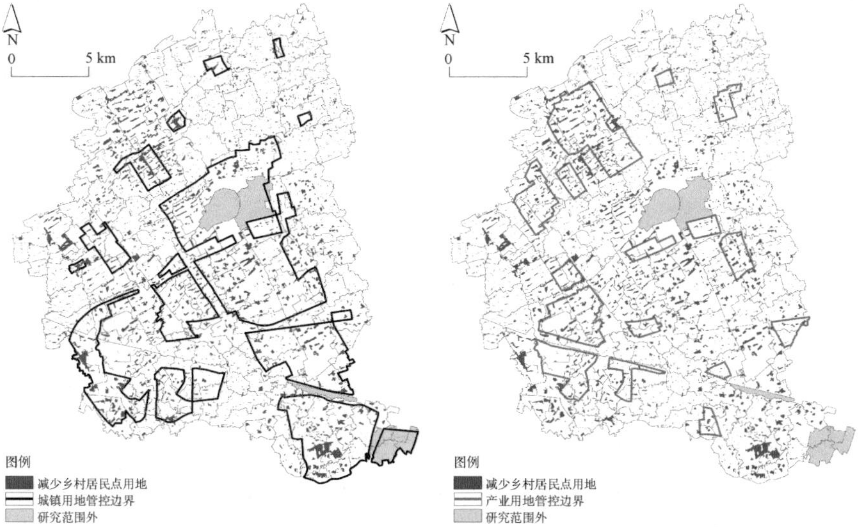

(a) 减少的乡村居民点用地和城镇用地边界分布　(b) 减少的乡村居民点用地和产业用地边界分布

图 6.6　减少的乡村居民点与城镇用地边界和产业用地边界的关系

2. 工业化

工业化侧重生产方式的转型和经济结构的变化，是资源要素从农业向非农产业和服务业部门的转移过程，为城镇化提供产业、就业等方面的支撑（胡鞍钢 等，2012）。工业化催生了对土地的需求，通过侵占乡村居民点用地改变乡村空间。一方面，囿于超大城市中心城区有限的面积和日趋高涨的地价，制造业不断从中心城区向郊区和乡村外迁；另一方面，工业用地本身的需求也持续增加。工业用地的增加会侵占部分乡村居民点用地，造成乡村用地的非农化"非农化"，直接改变了乡村空间形态。根据用地统计数据，2000—2018 年嘉定区乡村居民点共减少 3 244.86 hm^2，其中位于产业用地管控边界内的面积为 590.71 hm^2，占减少乡村居民点用地总面积的 18.2%，见图 6.6(b)。

工业化推动乡村产业结构的非农化，通过生产空间的集中促进居住空间的集聚。其一，伴随着工业化的推进，非农经济要素在乡村不断集聚，推动乡村产业从农业转向非农产业，乡村生产方式也随之从分散的乡村自然经济向社会化大生产转变，从劳动密集型向资金和技术密集型转变。为适应工业追求规模经济和提高资源使用效率的需求，乡村生产空间会逐步从分散走向集中。乡村生产空间的集中又必然需要乡村居住空间和消费空间的集中，从而推动乡村居民点空间形态的变化。其二，工业化的发展吸收了大量的农业剩余劳动力，缓解了农业劳动力和耕地资源紧张的人地矛盾，转而为农业的机械化和现代化生产提供了条件，带动农业生产要素集聚，促进农业耕作半径的扩大，为村民在更大范围内居住选址提供了条件，进而促进了生产空间的集聚化。其三，工业化产生了大量的用工需求，为村民提供大量的非农就业岗位，给村民在农业以外开辟了大量的就业空间，改变了村民就业结构相对单一的局面，为村民提供了远高于农业收益的收入，从而为村民追求更舒适的居住生活方式提供了经济基础。

工业化推动乡村人口结构和社会关系的变化，进而影响乡村居民点空间形态。工业化的发展推动了乡村剩余劳动力转向工业和其他非农产业，促进村民社会分工的深化；同时也吸引了大量外来从业人口。一方面，乡村原有均质化的人群结构已高度分化，居住在乡村的人口不再以农业为主导，疏离了村民与农业和土地的关系。乡村分化的人群结构所产生的差异化需求必然会影响乡村居民点的空间形态。另一方面，工业用地增加后，会吸引大量就业人口的涌入。由于乡村工业类型大多为规模以下的低端制造业，其经济效益差，难以解决员工的住宿问题。乡村居民点就近成为产业工人的居住场所，村民为追求更多的房间出租数量以获取经济利益，在既有房屋的基础上，进行了大量的违章搭建，改变了乡村居民点的空间形态。

3. 交通条件

乡村居民点分布和交通条件密切相关。城乡之间的各种联系都需要依靠便利的交通条件，因此乡村居民点空间分布多邻近主要道路。交通条件的改善，可以扩大村民出行半径和对外联系范围，缩短村民出行时间，从而推动乡村居民点空间的变化。乡村居民点与道路距离的数值变化，在一定程度上反映乡村居民点分布与道路的依赖关系。数值小表明乡村居民点分布对道路的依赖强；数值大则代表乡村居民点分布对道路的依赖弱。本书选择主要道路作为研究对象，不考虑高速公路、铁路和乡村低等级道路的影响，主要基于以下两方面考虑。其一，既有研究表明高速公路和铁路对乡村居民点具有空间隔离作用，作为大型市政基础设施甚至侵占乡村居民点，导致乡村居民点用地的减少甚至消失，而主要道路对乡村居民点分布具有明显的吸引作用（李红波 等，2020）。其二，乡村道路等级低、路网密，以服务乡村居民点为主，所有乡村居民点均已与乡村道路相连，低等级的乡村道路难以反映乡村居民点空间分布的变化。因此，本书主要选择区域性主干路、次干路等主要道路来分析道路与乡村居民点空间分布的关系。

以主要道路中心线为基线，以 100 m 为间隔单位划分统计分区，计算各统计分区内 2000—2018 年乡村居民点面积的变化（表 6.3）。结果表明：①乡村居民点集中分布在邻近主要道路距离 400 m 范围内。2000 年，邻近主要道路距离 400 m 范围内分布的乡村居民点占总面积的 84.9%；2018 年，该范围内乡村居民点的面积占比增加至 89.1%。也就是说，两个年份分别仅有 15.1%和 10.9%的乡村居民点邻近主要道路的距离大于 400 m。②乡村居民点分布具有显著的道路指向，呈现出邻近道路距离越大，其分布的乡村居民点面积占比越小的特征。③乡村居民点分布的道路指向进一步加剧。2000 年，邻近主要道路距离 100 m 范围内的乡村居民点面积占比为 31.5%，而 2018 年该范围内乡村居民点面积占比增加至 39.9%；2000 年还有部分乡村居民点分布在邻近主要道路距离 900～1 100 m 范围内，而 2018 年已没有乡村居民点分布在此范围内。邻近主要道路不同距离范围内乡村居民点面积占比的变化表明：乡村居民点空间分布对道路的依赖性增强。

表 6.3　2000—2018 年邻近主要道路不同距离范围内乡村居民点面积及占比

距离(m)	2000 年		2018 年	
	面积(hm^2)	占比	面积(hm^2)	占比
0～100	1 922.66	31.5%	1 494.21	39.9%
100～200	1 699.05	27.9%	720.30	19.2%

（续表）

距离（m）	2000年		2018年	
	面积（hm^2）	占比	面积（hm^2）	占比
200～300	972.5	15.9%	616.06	16.4%
300～400	585.05	9.6%	508.15	13.6%
400～500	387.26	6.4%	117.33	3.1%
500～600	214.35	3.5%	98.77	2.6%
600～700	150.52	2.5%	74.12	2.0%
700～800	76.77	1.3%	82.67	2.2%
800～900	48.78	0.8%	36.3	1.0%
900～1 000	27.03	0.4%	0	0%
1 000～1 100	11.14	0.2%	0	0%
总计	6 095.11	100%	3 747.91	100%

4. 城镇中心

乡村居民点分布与城镇中心分布密切相关，城镇中心可以为乡村居民点提供高等级的公共设施服务和广阔的市场腹地，乡村居民点分布多选址在邻近城镇中心的位置。既有研究表明，乡村居民点数量和用地面积随着与城镇中心距离的增加而发生明显的变化（崔志华 等，2020）。为充分研究城镇中心和乡村居民点分布的关系，以各镇政府驻地为中心，形成以500 m为单位的16个统计分区，计算各统计分区内2000年和2018年乡村居民点面积变化。通过图6.7可以看出：城镇中心在3 km范围内对乡村居民点的空间分布具有强烈的空间吸引。无论2000年还是2018年，随着邻近城镇中心距离的增加，乡村居民点的用地面积呈现出先增加后减少的趋势。在0～3 km范围内，乡村居民点用地面积逐渐增加；3～6 km范围内，乡村居民点用地面积逐渐减少；在6 km之外，仅有零星的乡村居民点分布。

5. 人口结构

乡村居民点是人们生产和生活的场所，乡村人口数量和结构的变化与乡村居民点用地变化密切关联。从2000—2018年，嘉定区乡村户籍人口从27.79万人减少到10.70万人，乡村外来人口从23.81万人增加到47.4万人。一方面，随着城乡联系的日益密集，许多具有乡村户籍的村民实际在城镇中居住，继续留在乡村的人群多为老年人，造成了乡村人口结构的老龄化特征。另一方面，村民住宅

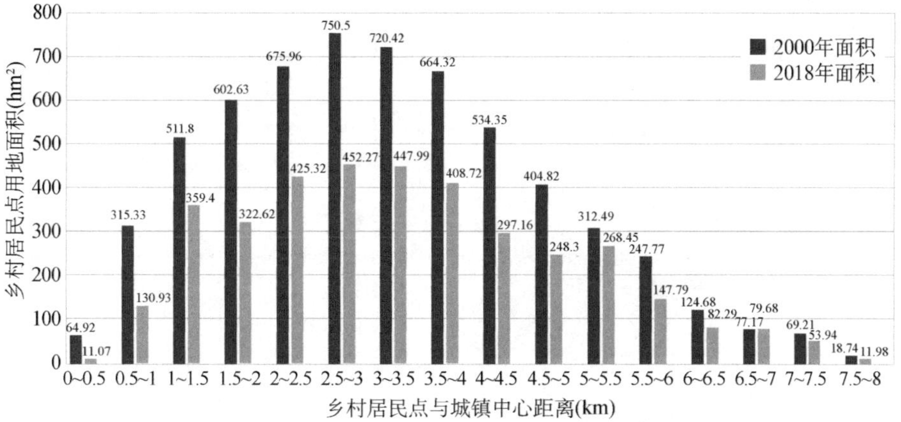

图 6.7　2000—2018 年乡村居民点与城镇中心不同距离范围内面积分布

以其低廉的租金吸引了大量外来人员居住，部分乡村已经成为外来人口的聚集地，整体呈现出显著的“人去宅不空”的特征。根据调研资料，2018 年底乡村外来人口占比已经超过 50%，部分乡村外来人口占比接近 90%，表明乡村人口结构的外来化特征，原有以血缘和地缘关系形成的乡村熟人社会被打破，逐渐转向陌生人社会，见图 6.8(a)。

人口结构的变化推动乡村居住需求和生活方式的变化，诱发村民各项建设行为，从而对乡村居民点用地规模和形态产生影响，见图 6.8(b)。一方面，随着外来人口涌入乡村，需要大量的居住空间，导致对乡村住宅的租房需求剧增。另一方面，在严格的村民建房管控政策下，乡村居民点用地面积和建筑面积难以增加，仅能提供有限的居住空间。在以上两方面因素作用下，村民为获取更多的租金收入，开始在自家房屋的基础上违章搭建，以增加更多的可出租建筑面积，获取更高额的租金回报，形成独立于政府管控的灰色市场。在此过程中，村民采用压缩院落空间、占用附属用地的方法扩大乡村住宅用地面积，采用增加建筑层数、增加内部空间分割的方法扩大乡村住宅建筑面积，导致乡村居民点空间的过密化。

6. 经济状况

乡村居民点空间分布和形态与经济状况密切相关。乡村经济的发展可以有效增加村民的收入，为村民住房建设提供经济基础，满足村民改善居住条件的需求，诱发村民的各项建房行为，进而带来乡村居民点规模、分布和形态的变化，成为乡村居民点空间演化的重要动力(冯长春 等，2012)。随着嘉定区经济的发展，村民收入逐渐提高。从 2000 年到 2018 年，嘉定区村民人均可支配收入从 0.67 万元增长到 3.28 万元。根据 2018 年嘉定区 146 个乡村的村民人均可支配收入

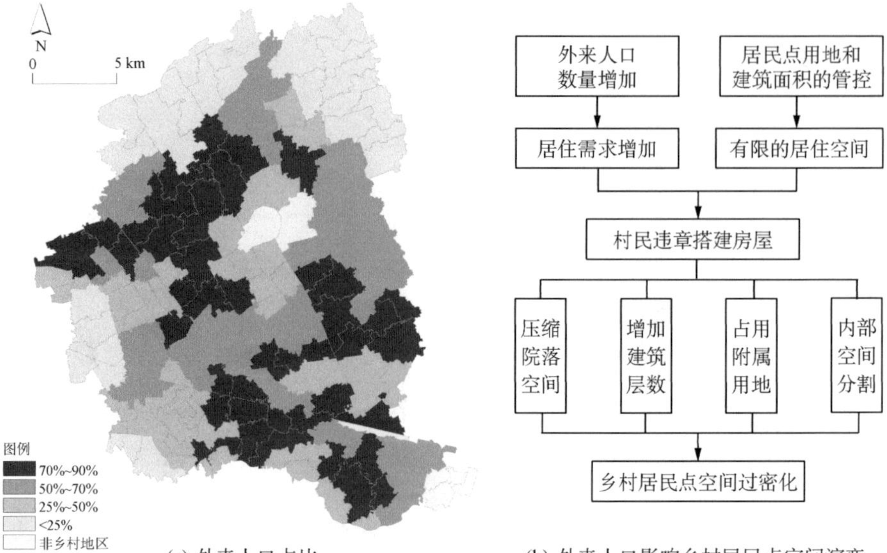

(a) 外来人口占比　　(b) 外来人口影响乡村居民点空间演变

图 6.8　2018 年外来人口占比和乡村居民点空间演化的关系

的调研数据，划分嘉定区的高收入（>3.4 万元）、中高收入（2.8 万～3.4 万元）、中等收入（2.2 万～2.8 万元）三个区域，见图 6.9(a)，运用 GIS 的空间叠合技术，计算出嘉定区三个区域乡村居民点面积、分布和形态的景观格局指数。从图 6.9(b)可以看出：①随着人均收入水平的提高，乡村居民点平均斑块面积从 2.15 hm^2 增加到 3.42 hm^2；说明高收入地区乡村居民点的平均斑块面积更大。②不同经济梯度下，乡村居民点面积占比呈现差异；乡村居民点面积占比中等收入地区为 14.34%，高收入地区为 6.95%；表明高收入地区乡村居民点用地占比更少，其用地规模变化与中等收入地区相比，更为显著。③随着经济水平的提升，斑块密度从 5.67 个/km^2 减少至 2.23 个/km^2，景观形状指数从 7.68 下降至 3.63。表明在高收入地区乡村居民点空间分布更集聚，乡村居民点斑块形状更为规整。基于上述的分析，可以发现嘉定区乡村居民点分布和形态与经济发展水平密切相关。经济收入的增加诱发了基于政策管控的村民建房活动，推动乡村居民点从分散、破碎的空间布局走向集中，乡村居民点斑块形状也得到优化。

6.3.2　社会经济因素的相关性强弱分析

乡村居民点空间演化在不同的地域空间单元，与社会经济因素的相关性强弱程度存在差异。为较为全面地反映各社会经济因素变化与乡村居民点空间演化的相关性强弱和差异特征，以行政村为空间分析基本单元，以各行政村内乡村居

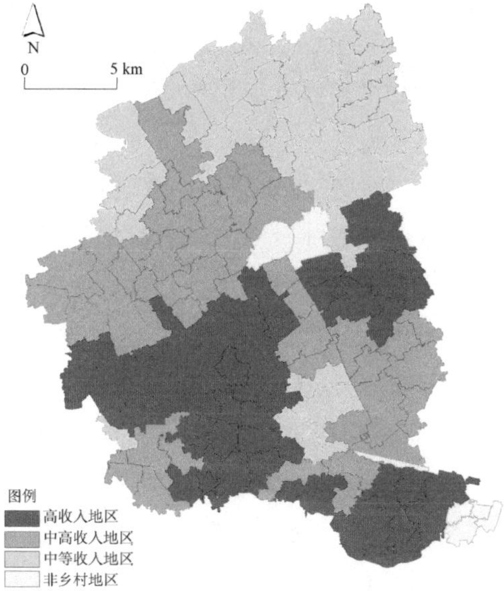

(a) 不同收入地区空间划分

测度指标	高收入地区	中高收入地区	中等收入地区
平均斑块面积（hm^2）	3.42	2.98	2.15
乡村居民点面积占比	6.95 %	11.71 %	14.34 %
斑块密度（个/ km^2）	2.23	3.95	5.67
景观形状指数	3.63	5.77	7.68

(b) 不同收入地区乡村居民点景观格局指数

图 6.9　2018 年嘉定区不同收入地区乡村居民点的景观格局指数

民点用地变化率为因变量，以城镇用地变化率、工业用地变化率、邻近主要道路距离变化率、邻近城镇中心距离变化率、人口密度变化率、村民人均收入变化率为自变量，对不同社会经济因素的相关性强弱进行分析（表 6.4）。

表 6.4　社会经济因素的指标构成表

指标类型	具体变量	指标类型	具体变量
城镇用地	村域城镇用地变化率	邻近城镇中心距离	村域居民点邻近城镇中心距离的变化率
工业用地	村域工业用地变化率	人口密度	人口密度变化率
邻近主要道路距离	村域居民点邻近主要道路距离的变化率	村民人均收入	村民人均收入变化率

为消除不同指标量纲的影响，首先对各项指标统一运用 SPSS 软件进行标准化处理。之后，运用方差膨胀因子（*VIF*）来检验各项指标的多重共线问题。检查发现，6 个自变量不存在多重共线性问题。最后，应用 GIS10.5 软件中的 GWR 模块，运用调整型的 CV 带宽方法计算 6 个社会经济因子对 146 个村的回归系数。可以发现每一个社会经济因素和乡村居民点空间演化的关系都随着空间位置的变化而呈现出显著的分化特征，总体上城镇用地变化、工业用地变化均与乡

村居民点用地变化呈现显著的负相关,人均收入变化与乡村居民点用地变化呈现弱正相关。邻近主要道路距离变化、邻近城镇中心距离变化、人口密度变化与乡村居民点用地变化主要呈现弱负相关,仅在少量乡村呈现弱正相关。

1. 城镇用地变化和乡村居民点用地变化呈现强负相关

图 6.10(a)为城镇用地变化与乡村居民点用地变化的回归系数空间分异图,从整体来看,146 个村均呈现出负相关。回归系数超过−1.2,说明负相关影响显著。总体上,二者的负相关影响程度呈现出从南向北逐渐增加的趋势。主要原因在于南侧江桥镇、南翔镇和马陆镇为城市近郊区,其城镇用地已有一定的规模,城镇用地扩张占用乡村居民点的面积有限;同时南侧分布有重要市政基础设施,如铁路及其站场等其他建设用地的扩张也造成了乡村居民点的减少,弱化了城镇用地变化与乡村居民点用地变化的负相关影响程度。而嘉定区北侧属于远郊区,其城镇空间形态扩张规模相对较大,占用的乡村居民点面积较多,使两者呈现出更为显著的负相关影响。

2. 工业用地变化和乡村居民点用地变化呈现较强负相关

图 6.10(b)为工业用地变化与乡村居民点用地变化的回归系数空间分异图。从整体来看,146 个村均呈现出负相关,其回归系数处于−0.7～−1.0 之间,表明二者具有较强的负相关影响,但其负相关影响程度比城镇用地低。总体上,回归系数呈现出从嘉定区东南侧的南翔、江桥两镇向西北侧的外冈镇、工业区两镇逐渐增加的趋势。其主要原因是因为工业区和外冈镇在研究期间内有大量新增的产业园区,导致大量的乡村居民点被征用。而在嘉定区东南侧,产业园区的范围较小,新增工业用地面积小,工业用地变化率低,因此其负相关程度没有西北侧区域显著。

3. 邻近主要道路距离变化和乡村居民点用地变化主要呈现弱负相关

图 6.11(a)为邻近主要道路距离变化与乡村居民点用地变化的回归系数空间分异图。从整体来看,小于 0 的回归系数占据了大部分范围,大于 0 的系数仅分布在北部,回归系数的绝对值整体较小,表明两者主要呈现弱负相关。其中负相关范围较大,主要集中在南部;而正相关范围较小,主要集中在北部。这主要是因为嘉定区北部道路网比较稀疏,一系列乡村建设增加了道路网密度,导致乡村居民点邻近主要道路距离变小,在乡村居民点面积减少的背景下,两者总体呈现出正相关影响。而南部区域道路网密度较大,近年来新增道路较少,乡村居民点邻近主要道路距离的变化相对不显著,导致在乡村居民点面积显著减少的南部,两者之间呈现负相关影响。但其回归系数均较小,说明无论是正相关还是负相关,邻近主要道路距离变化和乡村居民点用地变化的相关性程度较弱。

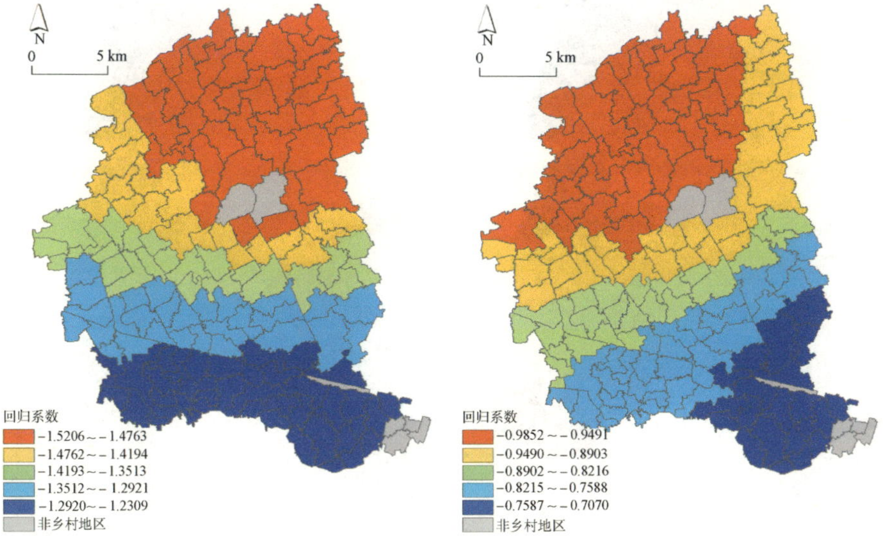

(a) 城镇用地变化　　(b) 工业用地变化

图 6.10　城镇用地变化、工业用地变化和乡村居民点用地变化相关性强弱的空间分异图

4. 邻近城镇中心距离变化和乡村居民点用地变化主要呈现弱负相关

图 6.11(b)为邻近城镇中心距离变化与乡村居民点用地变化的回归系数空间分异图。从整体来看,小于 0 的系数占据了大部分范围,大于 0 的系数仅分布在东北部,表明两者主要呈现弱负相关。其中正相关范围较小,主要集中在东北侧华亭、徐行、工业区等镇域建成区面积较小的区域;负相关范围较大,主要集中在西南部安亭镇、江桥镇等镇域建成区面积较大的区域;同时其负相关程度呈现出从东北到西南逐渐增强的趋势。在本节前面分析得出城镇中心在 3 km 范围内对乡村居民点吸引作用逐渐变强,在 3 km 以外的范围内吸引作用逐渐衰弱。由于西南部地区镇域建成区面积大,大部分乡村居民点与城镇中心超过 3 km,呈现出随着邻近城镇中心距离的增大,乡村居民点面积减少的负相关影响趋势。而东北部区域镇域建成区面积小,乡村居民点距离城镇中心普遍小于 3 km,随着城镇的扩张,邻近城镇距离较近的乡村居民点首先被侵占,因此在北部呈现出随着邻近城镇中心距离的增大,乡村居民点面积随之增大的正相关影响趋势。总体来看,只有西南部区域的负相关影响系数超过−0.2,而其他区域的正相关和负相关系数均较小,表明在西南部区域两者的负相关程度相对较强,而在其他区域两者的相关性程度较弱。

5. 人口密度变化和乡村居民点用地变化主要呈现弱负相关

图 6.12(a)为人口密度变化与乡村居民点用地变化的回归系数空间分异图。

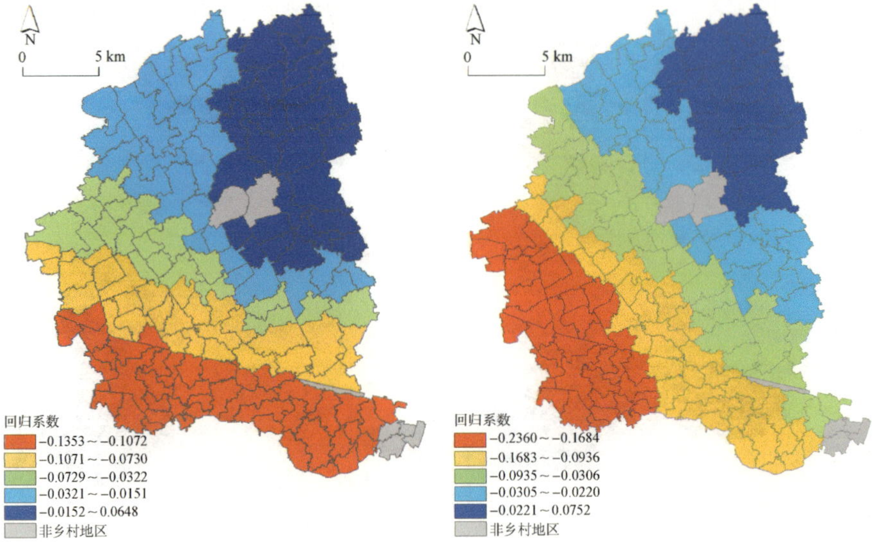

(a) 邻近主要道路距离变化　　(b) 邻近城镇中心距离变化

图 6.11　邻近主要道路距离变化、邻近城镇中心距离变化和乡村居民点用地变化相关性强弱的空间分异图

从整体来看，小于 0 的回归系数占据了绝大部分范围，大于 0 的系数仅在嘉定区东部，表明两者主要呈负相关影响。无论正相关还是负相关影响，其回归系数数值均较小，表明两者相关性影响程度较弱。主要原因有两点，其一，乡村居民点用地是依据乡村户籍人口而不是常住人口进行配置，随着乡村户籍人口的减少，乡村居民点用地规模也随之减少。嘉定区 2000—2018 年乡村户籍人口从 27.79 万人减少到 10.7 万人，但乡村外来人口从 23.8 万人增加到 47.4 万人，直接导致乡村总人口数量和人口密度的增加。特别是在嘉定区西北侧外冈镇、工业区两处的乡村居民点，由于邻近工厂等非农就业机会，导致外来人口集聚，从而造成乡村居民点用地面积减少的同时，乡村人口密度反而增加的现状。其二，嘉定区东南侧区域两者呈现较弱的正相关，这是因为这些区域采取了良好的外来人员居住管控政策，在城镇中建设了一批人才公寓和员工宿舍，从而有效降低了乡村外来人员的居住数量，使人口密度变化和乡村居民点用地变化相一致，呈现为较弱的正相关。

6. 村民人均收入变化和乡村居民点用地变化呈现弱正相关

图 6.12(b)为村民人均收入变化与乡村居民点用地变化的回归系数空间分异图。从整体来看，146 个村均呈现出正相关，但其回归系数较低，不超过 0.08，表明两者的相关性程度弱。这是因为村民人均收入变化仅为乡村居民点用地变

化提供了经济基础，但受到一系列村民建房政策和乡村规划土地政策的严格管控，人均收入的提高并不对乡村居民点面积的增加起决定作用。同时，回归系数呈现出从南向北逐级增加的趋势，说明嘉定区北侧村民人均收入变化与乡村居民点用地变化的相关性程度比南侧更为显著。这是因为北侧乡村是传统的农业乡村，当村民收入提高后，在村内分户建房、翻修房屋的意愿更强烈；而南侧村民的收入普遍较高，其收入提高后，更愿意选择到城镇中居住。

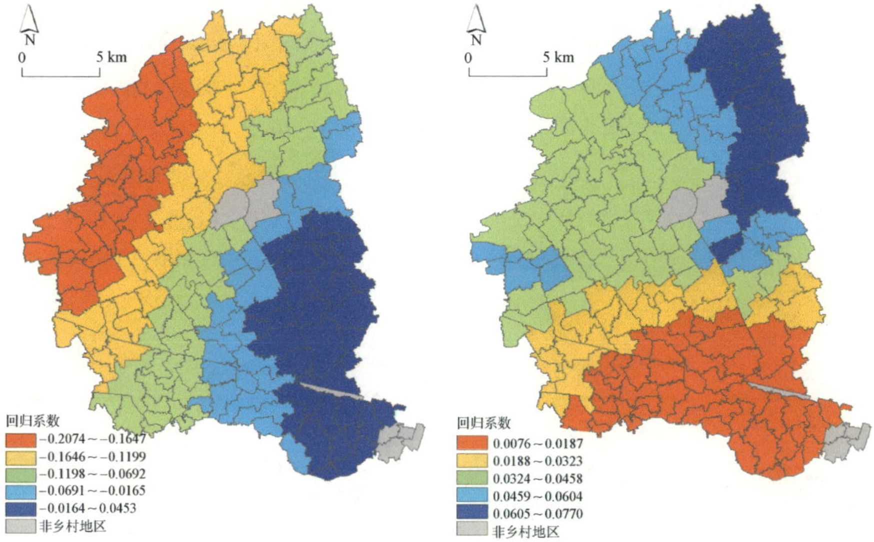

(a) 人口密度变化　　(b) 人均收入变化

图 6.12　人口密度变化、人均收入变化和乡村居民点用地变化相关性强弱的空间分异图

通过对以上 6 个社会经济因素相关性的分析，可以发现城镇用地变化、工业用地变化均与乡村居民点用地变化呈现显著的负相关，人均收入变化与乡村居民点用地变化呈现弱正相关。邻近主要道路距离变化、邻近城镇中心距离变化、人口密度变化与乡村居民点用地变化主要呈现弱负相关。

6.3.3　社会经济因素牵引驱动作用增强的解释

总体上，在以上一系列社会经济因素的作用下，城乡要素流动加剧，城乡关系和结构发生转型，乡村的生产生活功能也随之发生变化，进而推动乡村居民点在分布、规模、形态和空间结构方面进行响应，不断适应社会经济发展的需求(图 6.13)。其一，在城镇化、工业化的推动下，城镇用地不断扩张，离城区范围较近的乡村居民点直接被侵占，导致了乡村居民点用地规模的减少。同时，在扩张过程中，促进了城乡生产要素的流动，使乡村从原来单纯的农业生产功能向农业生产、休闲旅游和观光教育等复杂性功能的转变，乡村居民点也从原来单纯的供村民生活居住的功能发展为居住、民宿、度假等多样化的功能的转变。功能的转变，推动乡村居民点空间从同质同构向异质异构发展，从而使乡村居民点空间发生剧烈演变。其二，经济状况和经济区位的发展使村民逐渐脱离传统农业生产，转移到二产和三产等非农工作中，使村民人均收入提高，为村民新建和翻建房屋提供了经济基础。村民新建房屋后，使得乡村居民点平均斑块规模变大，同时新旧两种乡村居民点斑块在空间上形成显著差异，加大了乡村居民点规模、分布和形态的空间分异。其三，道路交通条件可以有效改善乡村居民点的区位，提高乡村居民点的通达性，扩大了村民对外活动的范围，有利于推动乡村居民点空间布局从分散走向适度集聚，使乡村居民点总体数量降低，单体规模变大，形态变得更为规整，从而优化乡村居民点空间结构。其四，户籍人口减少、外来人口流入使乡村居民点的人口结构发生变化，为追求经济利益的最大化，村民会违章搭建房屋以提供更多的建筑出租面积，导致乡村居民点内部空间的过密化，进而影响乡村居民点的空间形态。

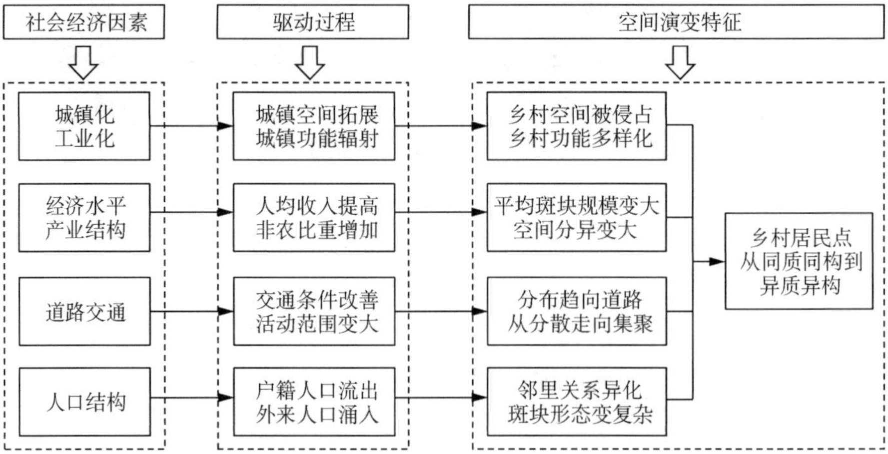

图 6.13　社会经济因素牵引驱动作用增强的分析

6.4　政策因素的影响路径分析

6.4.1　政策发展历程梳理和分析

政策因素具有分配社会资源、规范人群行为的基本功能（李婷婷 等，2019）。在乡村居民点空间演化中，各项政策因素既规范村民的居住选址和建设行为，又直接调控乡村居民点的分布和规模，进而推动乡村居民点空间发生一系列变化。这些政策既包括国家层面的宅基地管控政策和耕地占补平衡政策，在宏观上影响乡村居民点演变的总体方向；也包括地方层面的村民建房管控政策和各类乡村规划政策，在微观上影响乡村居民点空间演化的具体表现。本书在梳理嘉定区各类乡村政策的基础上，分析各类政策对乡村居民点空间演化的影响(图 6.14)。

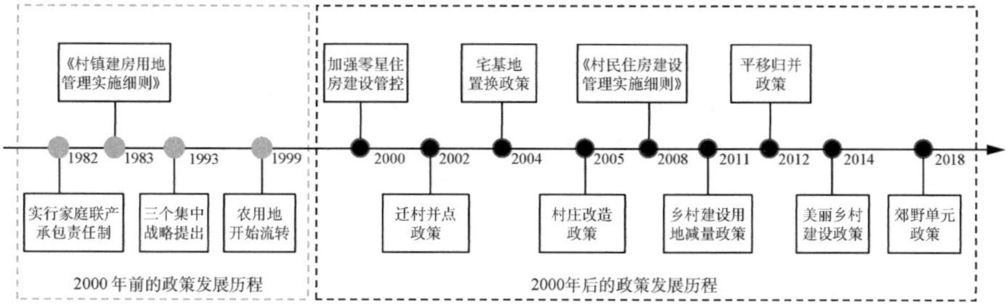

图 6.14　嘉定区各类乡村政策发展历程梳理

1. 村民建房管控政策

新中国成立后到改革开放前，嘉定区乡村建设整体进展缓慢，多为单层农居自然发展的村落(周晓娟，2016)。改革开放后，农业生产迅速发展，村民收入不断增加，压抑的住房需求爆发，村民自发建房活动进入了高潮。为有效管控村民建房，1983 年，上海市颁布了《村镇建房用地管理实施细则》，规定村民建房不能占用耕地，只能在现有的宅基地和空地内协调解决用地问题。据此，村民在现状宅基地的基础上建造方形或带形的乡村居住点，形成了斑块相对整齐、总体结构分散的空间形态。同时，细则规定村民建房用地控制在人均 12～20 m^2，据测算其人均住房面积应不超过 30 m^2。由于缺乏有效管控措施，村民建房面积远超细则规定。根据统计资料，嘉定区乡村人均住房面积从 1978 年的 16.75 m^2 提升到 2000 年的 42.01 m^2，带来乡村居民点空间不集约的问题。之后，嘉定区村民建房管控政策经历两个主要阶段的演变。

严控住房新建和翻建的阶段。从 2000 年开始，嘉定区加强了乡村零星住房建设的管控，规定新增住房必须由村民申请，经所在镇审批，满足耕地占补平衡指标后方能建设。一方面，由于村庄规划未落地，新增村民建房用地难以满足耕地占补平衡指标要求，在实际操作中，各镇政府往往采取压缩新增宅基地审批的行为，大多数村民建房需求被积压(樊保军，2015)。另一方面，对村宅原址翻建进行严格管控。村民住房大多是 20 世纪八九十年代建设的联体共墙房屋，翻建需要多户共同进行。该阶段对翻建房屋认证程序复杂，大多数房屋翻建需求未得到满足。从效果上看,该阶段一刀切的严控政策未能有效满足居民新增住房和改善居住条件的需求,但一定程度上控制了村民零星建房的蔓延,防止乡村居民点空间的进一步分散化。

引导村民集中建房的阶段。2008 年,嘉定区颁布《村民住房建设管理实施细则》,规定各镇政府应组织编制完成辖区内村民建房布局规划,报区政府批准后作为村民住房建设规划管理的技术依据。此后各镇相继编制了村民建房规划,核实了新增村民住房的总需求,落实了新增住房的用地选址和耕地占补平衡指标要求,并对新增乡村居民点的用地面积、建筑面积和建筑建造等各方面要求进行了明确规定。整体上,推动了村民建房从村民零星无序建房向集中有序建房的转变。

2. *乡村集中居住政策*

为妥善解决乡村土地利用不集约和居住分散问题,上海市政府提出"三个集中"战略,并于 1993 年确立为乡村建设的基本政策,希望通过化零为整的建设模式,把现有的规模小、布局散、基础设施落后的自然村居民迁入择点而居的中心村或集镇,引导村民集中居住,并将原有宅基地还耕。但由于当时上海发展重点在浦东和中心城区,直到 2002 年全市第一次郊区工作会议后,才陆续制订细化了一系列促进乡村集中居住的政策。

宅基地置换。在耕地保护、建设用地总量锁定和城乡空间结构优化的多重背景下,中央政府于 2004 年颁布《国务院关于深化改革严格土地管理的决定》,初步提出城乡建设用地增减挂钩的设想。在此背景下,为促进乡村居民点的集中居住,上海市在全市范围内选择了 11 个镇作为试点,以宅基地置换为手段,推动居住环境恶劣、布局分散的村民到镇区集中,嘉定区外冈镇属于首批置换试点。宅基地置换将村民集中安置至镇区居住,并将原有乡村居民点用地复垦为耕地;推动了村民集中居住,获取了新增建设用地指标,增加了耕地,也促进了农业现代化发展。

外冈宅基地置换试点成功后,在嘉定区南部近郊乡村逐步推广并不断完善。在宅基地置换的推进过程中,发现仅对乡村居民点用地进行置换和减量,难以有效改善乡村居住环境和空间形态布局。2011 年,将原有的宅基地置换政策升级为乡村建设用地减量政策,该政策不仅对闲置的乡村居民点用地进行减量,同时对低效闲置的工业用地进行减量,成为推动乡村空间演化的重要动力。在宅基地置换政策和乡村建设用地减量政策推动下,外冈镇完成了两批乡村居民点置换,其镇域内乡村居民点空间布局发生显著变化(图 6.15)。

村庄环境整治。2005 年,中央政府提出建设社会主义新农村。以此为背景,

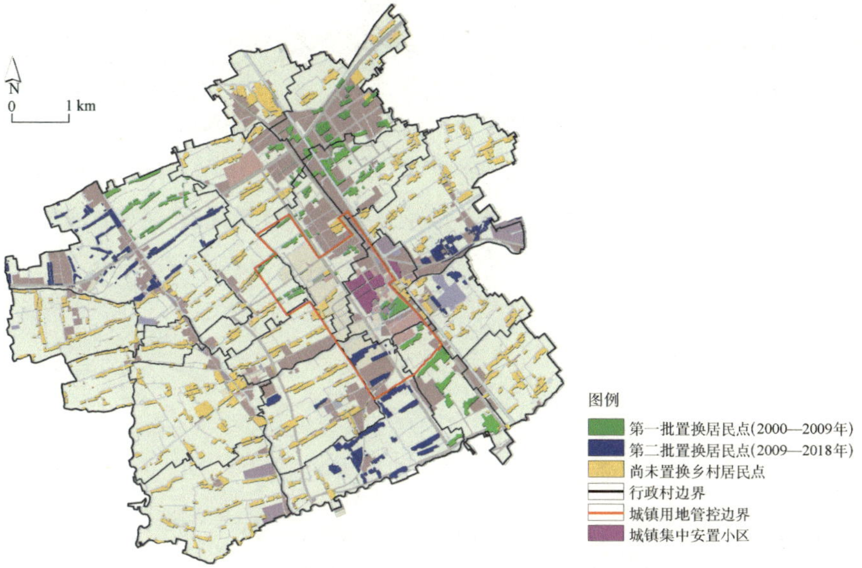

图 6.15　2000—2018 年外冈镇宅基地置换情况汇总

资料来源:作者依据调研和相关资料自绘

上海市对全市范围内村容村貌较差的乡村进行了村庄改造。村庄改造政策主要内容包括三部分:以道路和危桥整修、供水和污水管网改造、环卫设施等为主的基础设施改造;以村卫生站、老年活动室、健身点等为主的公共服务设施建设;以村宅墙体白化、宅前屋后环境整治、环境绿化、河水净化等为主的村庄环境整治。村庄改造首先在嘉定区北部远郊乡村开展,经验成熟后,逐步在全区 9 个镇推广,约有 60 个行政村先后进行了村庄改造。村庄改造并不直接改变乡村居民点规模和空间形态,但改造后乡村人居环境得到明显改善,提升了村民的生活水平,一定程度上减少了村民乱搭乱建房屋的行为,使乡村居民点形态肌理得以延续和留存。

2013 年,农业部提出《关于开展"美丽乡村"创建活动的意见》。上海在总结村庄改造的基础上,认为乡村居住环境的改善不应简单停留于房屋墙面的涂白,应考虑村民住房翻新要求和乡村整体环境的改善。在此背景下,上海市于 2014 年出台了美丽乡村建设政策,该政策以村民住房的有机更新和乡村环境的整体改善为重点,同时关注乡村内生动力的培育。

渐进归并。2002 年,上海市出台了迁村并点政策,鼓励规模小、布局分散、住房条件恶劣、基础设施配置不齐全的乡村居民点向大型集中居住点归并。通过推动乡村居民点的适度集中,使现有零散的乡村居民点形成适度规模的集中居住点,以利于乡村各项设施的配置,从而达到改变现状乡村居民点混乱的空间布局、提升村民居住水平的目标。由于涉及村集体组织土地和利益的再分配，在推进过程中发现，在原有行政村内实行居民点的适度集中更容易完成。因此，在2012年上海市政府出台了平移归并政策，引导乡村居民点在行政村内集中，归并后村民仍能继续生活在乡村中，拥有宅基地和自留地，传统乡村的邻里关系可以延续，该政策在有发展需求的乡村中得到全面推广。以马陆镇大裕村为例，该村居民点经过两轮渐进归并后，乡村居民点布局逐渐从2000年的分散布局演变成2018年的分散与集中相结合的布局(图6.16)。

(a) 2000年大裕村乡村居民点 (b) 2009年大裕村乡村居民点 (c) 2018年大裕村乡村居民点

图6.16 2000—2018年大裕村居民点空间布局变化

资料来源：作者依据调研和相关资料自绘

总体上，村民建房管控政策和乡村集中居住政策共同推进乡村居民点空间演化。同时，乡村居民点空间演化不仅受政策因素的影响，其空间演化的过程和结果会对政策因素产生反馈。在宅基地置换和渐进归并过程中，各乡村居民点结合自身条件，选择差异化的政策，一定程度上加大了乡村居民点的空间差异性。

需要进一步说明的是，嘉定区在村民建房管控政策和乡村集中居住政策推进的同时，对乡村土地管理政策也进行了相关改革。在产权方面，宅基地和农用地的所有权属于集体，使用权属于个人。1984年，嘉定区实行家庭联产承包责任制，农用地分解到户，空间变得细碎。1999年，对农用地实行延包，并按照自愿、依法、有偿的原则，实行承包土地流转经营。到2009年底，嘉定区乡村承包土地流转率已达到80%，出现了专业大户、家庭农场、农民合作社流转等多种形式的适度规模经营。土地承包和流转政策的不断发展，现代化农业技术的运用提高了农业生产效率，加速村民和农业生产的分离，从而推动乡村居民点从分散转向集中布局。

6.4.2 政策因素影响的定量解析

由于影响乡村居民点空间演化的政策因素很难直接量化，但乡村居民点用地在不同政策因素作用下，其用地结构会发生不同的变化。例如受城镇和工业园区建设影响，乡村居民点用地直接被征用，转化为城镇用地或工业用地；在重大市政基础设施建设项目影响下，乡村居民点转化为道路、广场等其他建设用地；在宅基地置换政策影响下，乡村居民点用地大量减少，复垦转化为耕地，或基于生态环境保护的要求，转化为水域；在渐进归并政策影响下，既有部分农用地转化为乡村居民点用地以用于村民的集中安置；也有分散的乡村居民点用地复垦转化为农用地；在村庄环境整治政策影响下，乡村居民点与各类用地的转化则比较均衡，没有哪一种用地与乡村居民点的转化占据主导地位。分析乡村居民点用地与其他各类用地的相互转化关系，可以揭示不同政策影响下，乡村居民点空间演化的差异特征。

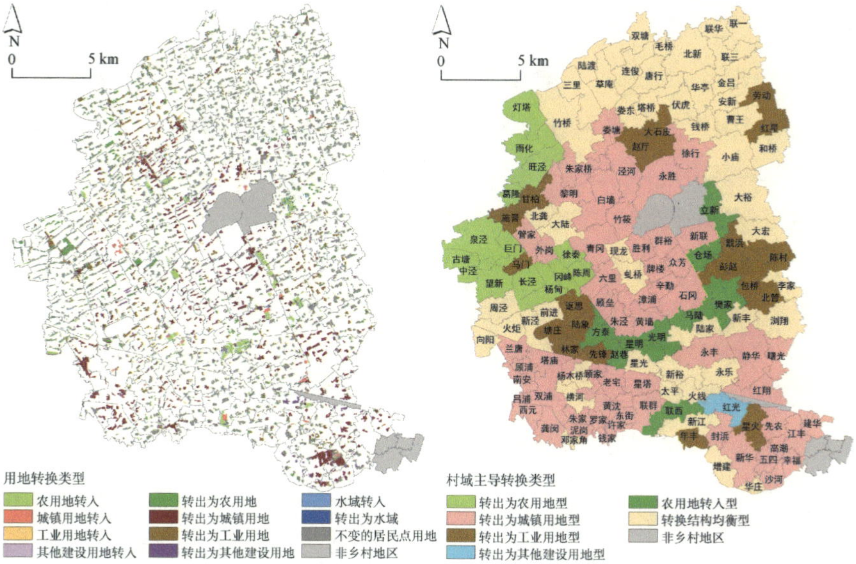

(a) 乡村居民点用地和其他用地的转化　　(b) 村域居民点用地主导转换类型

图 6.17　2000—2018 年乡村居民点用地转化结构示意图

因此，本书通过计算不同行政村内乡村居民点用地转化的主导类型，从侧面考察政策对乡村居民点空间演化的差异化影响。在具体操作中，参考既往研究，将土地使用类型划分为乡村居民点用地、城镇用地、工业用地、其他建设用地、农用地和水域（褚天骄 等，2016）。既可以反映不同用地类型的变化特征，又避免了分类过细而影响土地变化特征的呈现，进而影响不同类型政策效果的识别。在此基础上，以各行政村为空间统计单元，对 2000—2018 年乡村居民点用地与其他各类用地的转化结构进行计算，得到图 6.17(a)，即乡村居民点用地转入转出图。

对村域主导用地转化类型进一步进行分析，如果乡村居民点用地与某类用地转化面积占比超过该村乡村居民点总转化面积的50%以上，该类用地即为主导用地转化类型；如果各类用地与乡村居民点用地转化面积占比均未超过该村乡村居民点总转化面积的50%，那么该村转化结构就是均衡转化型。由此形成了乡村居民点用地转化结构的六种类型，见图6.17(b)。

1. 转出为城镇用地型

受城镇建设影响，该类乡村居民点主要转出为城镇用地。从图6.17b可以看出，在嘉定区中部、南翔镇、江桥镇、安亭镇组成的嘉定主城区，各行政村的乡村居民点用地主要转出为城镇用地。该类乡村共有55个，是占比最多的转化类型。2000—2018年，该类乡村居民点用地总转出面积为1 173.09 hm^2，其中转化为城镇用地的面积为841.33 hm^2，占该类用地总转出面积的71.7%，远高于农用地(2.0%)、产业用地(9.0%)、其他建设用地(13.7%)和水域(3.6%)。快速城镇化推进下，使得距离城镇建成区近的乡村居民点首先受到侵占，转出为城镇用地。位于嘉定新城附近的牌楼村就是典型的城镇用地转出型，其乡村居民点用地的80%转出为城镇用地，见图6.18(a)。

2. 转出为工业用地型

受产业园区建设影响，在各镇规划的产业园区内，大量的乡村居民点转化为工业用地。该类乡村共19个，主要分布在马陆镇东部、安亭镇北部、外冈镇北部的工业区。2000—2018年，该类乡村居民点用地总转出面积为278.55 hm^2，其中转化为工业用地的面积为189.02 hm^2，占该类用地总转出面积的67.8%，远高于农用地(3.7%)、城镇用地(15.1%)、其他建设用地(7.4%)和水域(6.0%)。受产业园区政策影响，位于产业园区内的乡村居民点用地就地转化为工业用地。位于安亭工业区内的陆象村就是典型的工业用地转出型，由于陆象村全部位于安亭工业区内，其乡村居民点用地的90%都转换为工业用地，见图6.18(b)。

3. 农用地转入型

在嘉定主城区边缘，受渐进归并政策影响，部分乡村居民点用地由农用地转化而来。该类乡村共有9个，主城区周边的立新村、仓场村、樊家村、光明村、星明村、方泰村、联西村、赵巷村、马陆村属于这种类型。2000—2018年，该类乡村居民点新增面积为135.46 hm^2，其中农用地转入面积为121.83 hm^2，占所有乡村居民点用地转入总量的89.9%，远高于城镇用地(0.6%)、工业用地(2.5%)、其他建设用地(2.1%)和水域(4.9%)。该部分乡村居民点空间的变化主要受渐进归并政策影响，在邻近城区等交通条件和配套服务设施相对便利的区域占用农用地，建设大型的乡村集中居住点，将居住于偏远、分散区域的村民统一安置到集中

图 6.18　典型乡村居民点用地转化结构

居住点。马陆镇仓场村就是典型的农用地转入型,由于仓场村毗邻嘉定新城,邻近高速公路,区位优势好,在此处占用农用地建设村民集中居住点,用于安置需要迁居的村民,不仅征地和建设成本低,而且便于就近分享主城区的配套公共服务,见图 6.18(c)。

4. 转出为农用地型

在嘉定区西部,受宅基地置换政策影响,乡村居民点用地主要转化为农用地。该类乡村主要位于嘉定区西部的外冈镇和工业区,共有 14 个,泉泾村、雨化村、葛隆村、双塘村属于此种转化类型。2000—2018 年,该类乡村居民点共转出 333.27 hm^2,其中转出为农用地的面积为 197.27 hm^2,占转出面积总量的 59.2%,远高于城镇用地(12.9%)、产业用地(10.9%)、其他建设用地(5.1%)和水域(11.9%)的占比。该部分乡村在乡村集中居住的背景下,依靠宅基地置换政策,推动现有乡村居民点用地复垦为耕地,原有村民置换到城镇社区居住,从而实现乡村居民点空间形态的剧烈变化。雨化村就是典型的农用地转出型,该村东部在大型市政设施(焚烧厂)的影响范围内,在宅基地置换政策下,其村域东侧的居民点用地全部转出为农用地,见图 6.18(d)。

5. 转出为其他建设用地型

在南部区域,一部分乡村居民点主要转化为其他建设用地。该类乡村仅有 1 个,位于南翔编组站南侧的红光村。2000—2018 年,该类乡村居民点转出为其他用地的总面积是 19.87 hm^2,其中转为其他建设用地的面积为 16.79 hm^2,占该类用地总转出面积的 84.50%,远高于农用地、产业用地、城镇用地和水域的比重。该村乡村居民点用地发展受到北侧高速铁路建设及其站场发展的影响,大部分乡村居民点主要转化为铁路编组站场提供配套服务的其他建设用地,见图 6.18(e)。

6. 转换结构均衡型

北部区域受到村庄环境整治和村民建房管控政策的综合影响,乡村居民点用地转换结构比较均衡,没有哪一种用地转换占据主导优势。该类行政村共有 48 个,占比数量大。嘉定区北部的徐行镇、华亭镇的大部分乡村,属于这种类型。2000—2018 年,该类乡村居民点用地总转出面积为 677.88 hm^2。其中转化为农用地、城镇用地、产业用地、其他建设用地和水域的面积分别 207.31 hm^2、137.43 hm^2、184.95 hm^2、66.71 hm^2 和 81.48 hm^2,分别占总转出面积的 30.6%、20.3%、27.3%、9.8%和 12.0%。可以看出,没有哪一种用地占据用地转化的主导类型,形成均衡的用地转化结构。这些乡村由于所处位置较为偏远,随着村庄环境整治政策的推进,乡村的各项环境有显著提升;同时受到村民建房管控政策、乡村人口和经济发展等多种因素的影响，使该类乡村的用地转化结构比较均衡。位于嘉定区东北侧的徐行镇曹王村就是典型的转换结构均衡型，其乡村居民点用地整体空间演化程度小，在村庄环境政策作用下，乡村居民点与各类用地均发生了一定数量的用地转化，见图 6.18(f)。

6.4.3　政策因素影响路径的解释

政策因素可以有效干预乡村居民点的空间分布，调控乡村居民点的用地规模。一系列政策因素即可以通过自上而下的力量直接调控乡村居民点的空间分布，优化“存量”乡村居民点用地结构体系；又可以作用于村民群体，有效管控村民建房行为，引导村民在用地规模较大、配套设施齐全的集中居住点建房，规范“增量”乡村居民点用地规模和布局。两方面措施可有效推动乡村居民点分布、规模和形态的优化，直接干预乡村居民点的结构重组和空间快速演变(图 6.19)。

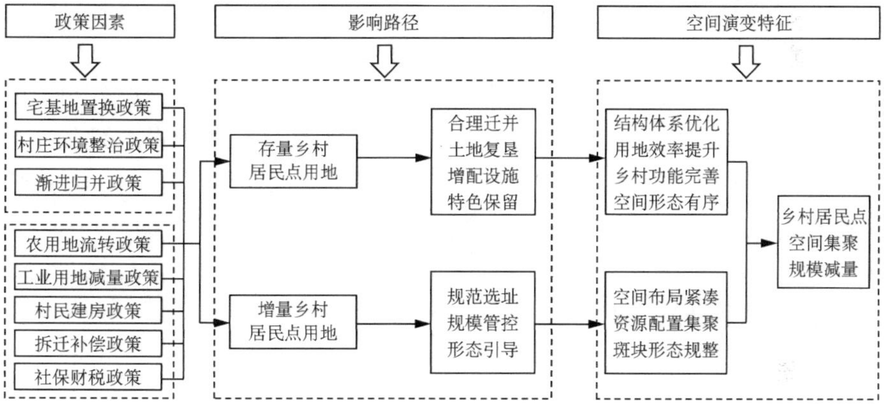

图 6.19　政策因素调控下的影响分析

一方面，从 2000 年到 2018 年，以宅基地置换、渐进归并、村庄环境整治为主的政策目标为：优化乡村居民点存量、管控乡村居民点增量。这些政策综合作用于乡村居民点空间，通过合理迁并、土地复垦、增配设施、特色保留等不同方式，推动乡村居民点从“空间分散、单体规模小、形态杂乱”向“空间集聚、单体规模大、形态规整”的布局转变，促进乡村居民点空间向更加规整和有序的方向发展。宅基地置换政策推动分散居住的村民直接向城镇社区集聚，原有乡村居民点用地复垦为耕地，乡村居民点的分布、规模和形态均发生快速变化。渐进归并政策推动乡村居民点从“大分散、小集中”向“大集中、小分散”的布局体系转变，空间结构更为清晰，节约了乡村居民点用地；同时乡村居民点斑块规模更大，形状变规整，便于公共设施的配套完善。村庄环境整治政策则优化了乡村居民点内部住宅、院落、道路、设施等资源要素的空间关系,提高了资源配置效率,改善了乡村环境。整体上,2000 年以来嘉定区乡村居民点的空间演化是在一系列乡村政策主导下的干预调控行为,优化了乡村居民点空间分布和形态,促进了乡村居民点空间结构体系的优化和用地效率的提升。

另一方面,自 2000 年以来,通过不断细化村民建房管控政策、农用地流转政策、工业用地减量政策、拆迁补偿政策、社保财税政策等相关配套政策,有效约束管控村民居住行为,从而推动乡村居民点空间演化。在乡村户籍人口减少的趋势下,通过对村民建房管控政策的优化,在宅基地申请和村民建房需求认定环节作出有助于实现土地集约利用的规定,减少了新增乡村居民点的用地面积,使乡村居民点空间形态边界得到严格管控,推动新增居民点用地在现有居民点用地周边集聚。同时对乡村居民点用地形状、用地面积和建筑面积等相关控制要求都有明确细化的规定,避免了乡村居民点空间不紧凑、形状杂乱的问题。整体上,通过一系列村民建房管控政策,推动村民建房行为更加规范集聚,完善了对乡村居民点空间形态的管控;通过影响土地资源要素配置,优化了乡村居民点内部空间布局。

政策因素通过正反两方面措施,直接作用于乡村居民点空间或间接作用于村民,干预调控乡村居民点空间演化的方向和速度,促使乡村居民点空间布局不断整合升级,乡村居民点总规模减少,集约利用程度提高,使乡村居民点空间逐步规范化和集约化。

6.5 政策耦合多因素的作用模式

前文的分析表明,自然环境因素是乡村居民点空间布局的基础,随着技术进步,其对乡村居民点演变的约束支撑作用逐渐减弱;社会经济因素是乡村居民点空间演化的动力,随着快速城镇化进程,其牵引驱动作用逐渐增强;政策因素调控引导乡村居民点空间演化的方向和速度,随着政策制订的精细化,其干预强度和效果显著增强。但需要看到,乡村居民点空间演化是自然环境、社会经济和政策三方面因素耦合作用形成的,因此需要进一步解析政策耦合社会经济和自然环境因素的作用模式,诠释不同政策模式的作用机理。

6.5.1 不同强度的政策耦合差异化的自然环境和社会经济因素

1. 自然环境和社会经济因素引发城乡关系紧密程度分化

乡村居民点空间演化是城乡空间演化的重要组成部分,其空间演化反映一段时间内城乡社会经济发展和自然环境的变化,是城乡关系变化在乡村地域空间的投影。因此，乡村居民点空间演化和城乡关系的变化密切相关。城乡关系是社会经济条件和区域自然环境相互作用的结果(叶超，2014)。超大城市由于地域空间范围较大，其内部不同地域单元的社会经济因素和自然环境因素迥异，两者相互叠加最终投影到异质化的地域空间系统中，造成了不同地域单元城乡关系紧密程度的变化，产生了差异性的空间转型格局，从而造成乡村居民点空间演化的地域分化和差异特征。

其一，自然环境因素是乡村居民点形成发展的基础，其在超大城市内部不同地域空间的分布具有显著的不均衡性，形成了乡村居民点空间分布和形态的地域差异格局。受河道分布形态的影响，嘉定区西部的河道为排涝和引水生产而呈现出线型布局，乡村居民点依河而建，形成带状形态；而东部的河道呈现自然曲折布局，乡村居民点往往夹水生团形成团状形态。在耕地资源集中的区域，乡村居民点斑块规模较大；而在耕地资源破碎的区域，其斑块规模则相对较小。可见，河道、耕地等自然环境因素奠定乡村居民点分布的地域差异格局，形成乡村居民点空间演化的初始状态。

其二，社会经济因素牵引驱动乡村居民点功能的多元分化。各类社会经济因素在城乡地域系统的流动方向和强度具有显著差异，带来超大城市内部不同地域空间单元人口构成和产业构成的差异分化，导致乡村功能变化方向和程度的差异，形成乡村功能分化格局。社会经济因素在城乡地域系统的集聚和扩散，推动乡村产业从农业向非农产业转移，带来乡村产业构成的变化；推动村民从乡村向城镇迁移，带来乡村人口构成的变化。而这种产业构成和人口构成的非农转移变化在空间上是存在显著差异的，存在从城区边缘向远郊递减的规律。与城镇建成区交通通达性好，各类社会经济因素联系紧密的乡村受到城镇的辐射带动作用强，成为城镇非农产业转移扩散的首选目标，城镇向乡村转移失去比较优势的工业，加速乡村非农产业转移。随着乡村与城镇距离的增加，城乡之间的相互作用变弱，各类社会经济因素的流动减慢，带来乡村产业和人口构成的非农转移速度变慢。总体上，社会经济因素的变化推动乡村形成多元功能分化格局，越靠近城镇的乡村其非农功能相对较强，越远离城镇的乡村其非农功能相对较弱。

其三，社会经济因素诱发的功能分化格局和自然环境因素约束的地域差异格局相互叠加影响，导致超大城市内部城乡关系的紧密程度发生变化(图6.20)。社会经济因素在地域空间的集聚和扩散加速了城乡空间各要素的相互作用和联系，其方向和强度的差异引发了城乡关系紧密程度的差异，从而推动乡村居民点在规模、分布和形态方面发生不同程度的变化。总体上，在社会经济因素和自然环境因素的综合作用下，超大城市内部城乡关系紧密程度整体呈现从城区边缘向远郊乡村递减的特征。依据城乡关系紧密程度的差异,可以划分为城区边缘处的依附型乡村、近郊的紧密型乡村和远郊的松散型乡村,推动乡村不同程度的空间集聚。其中依附型乡村非农化程度高,对空间集聚性的要求也高,乡村空间转型动力强;松散型乡村非农化程度弱,对空间集聚性的要求小,乡村空间转型的动力弱;紧密型乡村则介于两者之间。总体上,随着城乡关系紧密程度的降低,乡村空间转型的动力也降低,形成乡村空间转型差异格局。

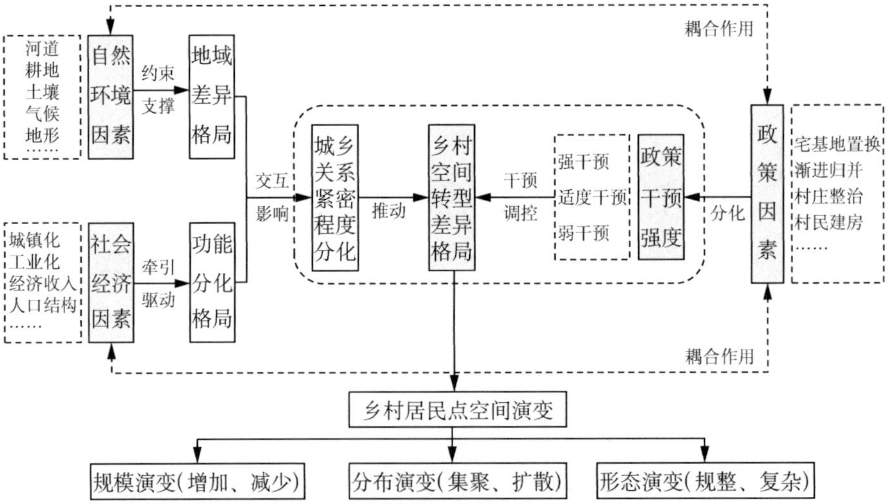

图 6.20 政策因素耦合自然环境和社会经济因素的作用机理

2. 政策干预强度调控空间演化的方向和速度

城乡关系紧密程度的分化使乡村居民点形成差异化空间转型格局,要求不同强度的政策来干预调控。也就是说,政策干预需要正视超大城市内部城乡关系的差异变化,通过不同强度的政策干预耦合差异化的自然环境因素和社会经济因素,从而可以有效干预调控乡村居民点空间演化的方向和速度,分类有序推进乡村居民点空间演化。

不同强度的政策干预耦合自然环境和社会经济因素的差异性可以用来揭示超大城市乡村居民点空间演化的地域分化特征。依据政策对乡村居民点用地改变程度的差异,将政策干预强度划分为强干预模式、适度干预模式和弱干预模式。其中强干预模式对乡村居民点用地改变程度较大,如征地政策或宅基地政策带来乡村居民点的彻底消失;弱干预模式对乡村居民点用地改变程度较小,如村庄环境整治政策主要对乡村空间环境进行修缮但并不对用地进行调整;而适度干预模式对乡村居民点用地改变程度介于两者之间,如渐进归并政策改变了乡村居民点用地布局，但改变的程度没有强干预模式大。基于以上分类，将政策干预模式和空间演化特征相互关联，对嘉定区乡村居民点空间演化和政策耦合多因素的作用机理进一步分类解析（图 6.21）。

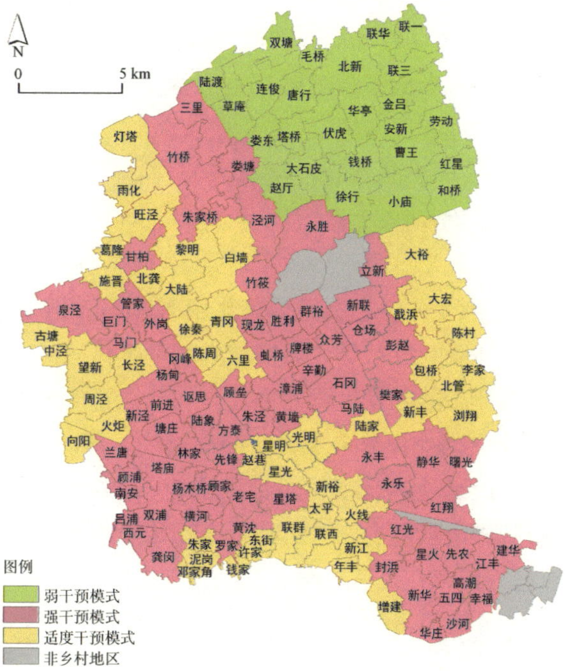

(a) 政策干预模式划分

政策模式	作用机理	空间演变特征
弱干预模式	主要位于社会经济发展缓慢的远郊，乡村与城镇呈现松散型的城乡关系。在村庄环境整治政策等弱干预模式作用下，乡村居民点空间变化缓慢	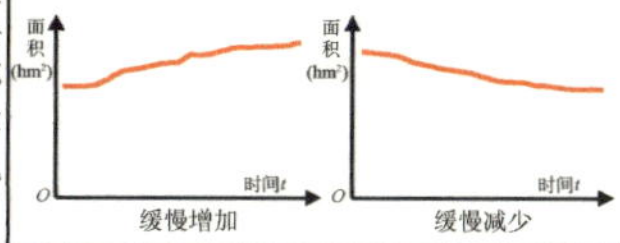 缓慢增加　缓慢减少
强干预模式	主要位于社会经济剧烈变化的城区边缘处，乡村与城镇呈现依附型的城乡关系。在宅基地置换和征地政策等强干预模式作用下，乡村居民点空间剧烈变化	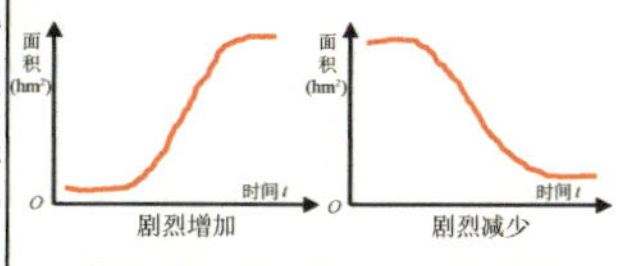 剧烈增加　剧烈减少
适度干预模式	主要位于社会经济适度变化的近郊，乡村与城镇呈现紧密型的城乡关系。在渐进归并政策等适度干预模式作用下，乡村居民点空间快速变化	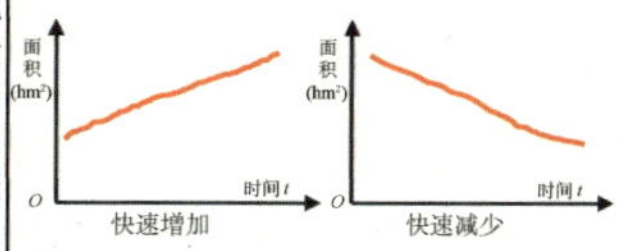 快速增加　快速减少

(b) 三种政策干预模式的作用机理和空间演变特征

图 6.21　政策干预模式及其作用机理

6.5.2 政策强干预模式

受该类模式影响的乡村多位于城区边缘，这些乡村邻近城镇中心，受到快速城镇化和工业化的影响显著，整体上该类乡村与城镇形成了依附型的城乡关系，乡村发展依附于城镇。随着城镇功能不断向乡村扩散，乡村产业构成已基本完成从农业向非农产业的转移，形成了发达的工业和服务业；乡村人口已完成从村民向市民的转移，外来人口进入该区域，形成了复杂的人口构成；生活方式已实现从乡村向城镇化转型。随着非农转移速度的提高，自然环境的约束支撑作用减弱，该类乡村向城镇空间的转型动力大。

在征地政策、宅基地政策等强干预政策模式下，该类乡村居民点的用地规模、空间分布和形态发生剧烈变化。在征地政策作用下，位于城镇管控边界内的乡村居民点受到城镇建设空间的侵占，导致该区域内大量乡村居民点减少甚至完全消失，其空间分布和用地形态随之发生剧烈变化。宅基地置换政策则将现状零散的居民点全部复垦为耕地或水域，带来乡村空间的巨变。同时，为满足失地村民的拆迁安置问题，在城区边缘处建设了村民集中安置点，导致该区域部分乡村居民点面积的剧烈增加，其斑块数量少、单体规模大，与传统自然分布的乡村居民点在空间分布和用地形态方面存在显著差异，发生剧烈变化。

6.5.3 政策适度干预模式

受该类模式影响的乡村多位于近郊，这些乡村距离城镇中心较近，受到快速城镇化和工业化的影响较大，整体上该类乡村与城镇形成了紧密型的城乡关系，乡村与城镇相互作用强。随着城镇功能和工业向乡村的转移扩散，乡村产业非农转移速度较快，形成了以工业和服务业为主导，以农业为基础的复合产业构成；村民进入城镇就业，外来人口进入乡村居住和就业，整体形成了以外来人口为主导的人口构成；非农化生产方式推动生活方式向城镇化转型；总体上该类乡村形成了城乡空间相互交织、人口相互混合和功能相互交融的特征。产业的非农化必然要求生产空间的集聚，而生产空间的集聚又催生了生活空间的集聚动力，乡村居民点需要依据乡村工业化和城镇化的发展要求进行适度集中，形成与乡村社会经济发展水平相适应的居住生活空间。

在村庄渐进归并政策和土地整治政策等适度干预模式下，该类乡村居民点用地规模快速减少，空间分布适度集聚，同时乡村居民点形态也进一步得到优化。该类乡村多位于近郊，分散的乡村居民点增加了公共设施配套的难度，不利于村民居住生活品质的提高；破碎的空间布局也不利于农业规模化和机械化的推进，部分乡村已经不适宜村民居住。渐进归并政策的施行，推动分散、斑块规模小的乡村居民点布局向集聚、斑块规模大的乡村居民点转换；在乡村居民点用地规模减量的同时，优化了乡村居民点的空间布局和形态。土地整治政策的施行，将破碎的乡村空间形态进行合并，促进了农业生产空间的集中和耕地半径的扩大，反过来推进乡村居民点的空间集聚。整体上，在适度干预模式下，乡村居民点用地规模、分布和空间形态发生快速变动。

6.5.4　政策弱干预模式

受该类模式影响的乡村多位于远郊，这些乡村远离城镇中心，受到城镇化和工业化的影响较小，整体上该类乡村与城镇形成了松散型的城乡关系，乡村和城镇的联系较弱，城镇对乡村的带动作用小。城镇功能向乡村缓慢扩展，在乡村的部分区域有少量的工业和服务业，但非农化水平整体较低，乡村耕地资源丰富，农业依然是乡村的主导产业；乡村人口以本地村民为主导，有少量外来人口进入乡村从事代耕和低端制造业；村民改善居住生活品质的愿望强烈。总体上，该类乡村社会经济发展缓慢，自然环境因素仍对乡村居民点布局发挥约束支撑作用；整体形成与农业生产相适应，高度均质和分散的空间形态。乡村非农化转移速度较慢，乡村居民点空间转型的动力较弱。

在村庄环境整治政策等弱干预政策模式下，该类乡村居民点总体呈现出用地规模缓慢减少，空间分布和形态呈现缓慢变化的特征。该类乡村多位于嘉定区北部，耕地资源丰富，农业生产仍是该类乡村的主导功能，破败衰退的乡村环境制约了村民居住生活质量的提升。在村庄环境整治政策下，乡村的各项环境和设施得以完善提升，但该类型政策并不对乡村居民点的用地形态作出较大调整，总体上乡村居民点用地规模、分布和空间形态发生缓慢变化。

6.6　本章小结

本章以行政村为单元，定量解析自然环境、社会经济、政策三方面因素和乡村居民点空间演化的相关性强弱和影响路径。剖析了政策耦合自然环境和社会经济因素的作用模式，诠释了不同政策模式的作用机理。

(1) 自然环境因素的约束支撑作用减弱。河道、耕地等约束条件下形成乡村居民点地域空间差异格局，生产力和技术进步减弱了自然环境的束缚。行政村尺度的分析发现，乡村居民点邻近河道距离变化和乡村居民点用地变化呈较弱负相关，农用地变化和乡村居民点用地变化呈强负相关。

(2) 社会经济因素的牵引驱动作用增强。城镇化、工业化、交通条件、城镇中心分布、人口结构和经济状况等改变了乡村的生产生活功能，推动乡村空间差异分化。行政村尺度的分析发现，城镇用地变化、工业用地变化与乡村居民点用地变化呈现强负相关，人均收入变化与乡村居民点用地变化呈较弱的正相关。邻近主要道路距离变化、邻近城镇中心距离变化、人口密度变化与乡村居民点用地变化呈弱负相关。

(3) 政策因素直接调控乡村居民点空间演化的方向和速度，具有调控类型多样、调控指向明显和效果显著的特点。研究发现，宅基地管控政策和耕地占补政策从宏观上影响乡村居民点空间演化的总体态势，宅基地置换、渐进归并等政策从微观上调控乡村居民点的空间形态变化。行政村尺度的分析发现，受差异化政策影响，各乡村居民点用地变化呈现为六种典型类型：转出城镇用地型、转出工业用地型、转出农用地型、转出其他建设用地型、农用地转入型、转出转入均衡型。

(4) 自然环境因素约束的地域差异格局和社会经济因素诱发的功能分化格局相互叠加，导致超大城市内部城乡关系的紧密程度发生变化，耦合二者的政策干预调控乡村居民点空间演化的方向和速度，不同干预强度的政策模式促成超大城市乡村居民点空间演化的地域分化。受强干预政策模式影响的乡村多位于城区边缘，乡村居民点空间发生剧烈重构；受适度干预政策模式影响的乡村多位于近郊，乡村居民点空间发生快速变动；受弱干预政策模式影响的乡村多位于远郊，乡村居民点空间变化相对缓慢。

参考文献

褚天骄，李亚楠，2017. 我国乡村规划用地分类标准研究与展望——来自《村庄规划用地分类指南》的实践反馈与思考[J]. 规划师，33(6)：61-66.

崔志华，严煜，2020. 基于GIS的城市洲岛乡村聚落空间演化特征及影响机制分析——以南京市八卦洲为例[J]现代城市研究，(2)：90-97.

樊保军，2015. 政策导向影响下我国建设用地集约利用内涵与实践特征分析[J]. 上海城市规划，(4)：81-86.

方创琳，崔学刚，梁龙武，2019. 城镇化与生态环境耦合圈理论及耦合器调控[J]. 地理学报，74(12)：2529-2546.

冯长春，赵若曦，古维迎，2012. 中国农村居民点用地变化的社会经济因素分析[J]. 中国人口·资源与环境，22(3)：6-12.

胡鞍钢，马伟，2012. 现代中国经济社会转型：从二元结构到四元结构(1949—2009)[J]. 清华大学学报(哲学社会科学版)，27(1)：56-57.

李红波，刘美豆，胡晓亮，等，2020. 精明收缩视角下乡村人居空间变化特征及类型划分——以江苏省常熟市为例[J]. 地理研究，39(4)：939-955.

李婷婷，龙花楼，王艳飞，2019. 中国农村宅基地闲置程度及其成因分析[J]. 中国土地科学，33(12)：64-71.

欧阳国辉,王轶,黄小兵,2020.大城市周边农村居民点空间格局演变及其机理——以武汉市江夏区为例[J].城市问题,(2):13-22.

宋伟,程叶青,林丹,等,2020.快速城镇化背景下乡村居民点时空演变及其驱动因素——以海口市为例[J].经济地理,40(10):183-190.

王竹,范理杨,陈宗炎,2011.新乡村"生态人居"模式研究——以中国江南地区乡村为例[J].建筑学报,(4):22-26.

杨忍,2017.基于自然主控因子和道路可达性的广东省乡村聚落空间分布特征及影响因素[J].地理学报,72(10):1859-1871.

叶超,2014.体国经野:中国城乡关系发展的理论与历史[M].南京:东南大学出版社.

张荣天,李传武,李红波,2019.考虑环境效应的长三角城镇化效率格局及驱动因素异质性[J].经济地理,39(9):104-111.

郑文升,姜玉培,李孝环,等,2015.公安县农村居民点用地分布影响因子评价——基于GWR的空间异质性分析[J].人文地理,30(5):71-76.

周晓娟,2016.城乡统筹背景下上海市村庄体系规划研究的思考[J].上海城市规划,(1):118-123.

第 7 章　典型村庄空间演化和政策作用机理

政策因素具有调控类型多样和指向清晰的特点，可以在短时间内调控乡村居民点空间演化的方向和速度。特别是在上海市，城镇用地边界已经明确限定的背景下，围绕乡村居民点这一核心要素，先后实施了宅基地置换、渐进归并和村庄环境整治等不同干预强度的政策模式，推动乡村居民点的用地布局、空间形态和功能结构发生快速变化，对乡村居民点的经济发展、功能构成、人群分布和邻里关系产生重大影响。

本书第 6 章分析了不同强度的政策干预模式对乡村居民点空间演化产生差异化影响，但对不同政策模式的干预过程和调控效果还缺乏深入分析。因此，本章进一步分析不同政策模式主导下乡村微观空间演化的详细过程和细节特征的差异，比较不同政策模式的调控内容和路径，深入揭示不同政策模式的作用机理。

7.1　典型村庄选取和数据处理

村域是认识和改造乡村的基本窗口(李裕瑞 等，2013)，在不同空间尺度下，乡村居民点空间演化特征存在显著差异。随着空间尺度的缩小，许多空间演化的过程和细节差异才能被深入考察并发现。一方面，为研究不同政策模式对乡村居民点空间演化的作用机理，需要选取典型乡村，在村域层面对乡村居民点空间演化的微观演变过程和细节进行深入研究。另一方面，村民是乡村居民点空间演化的主体，乡村居民点空间演化是村民对不同政策模式的行为响应结果。因此需要通过深入访谈调研了解村民意愿，以揭示不同政策模式对乡村居民点空间演化的差异性作用机理。

7.1.1　典型村庄空间演化的分析思路

首先，选取三个典型乡村，分别作为在三种不同政策模式主导下乡村居民点空间演化的研究对象。其次，系统分析三个乡村空间演化历程，为了深化对乡村居民点空间演化规律的认知，通过参与式乡村评估方法和卫星遥感历史影像得到三个乡村 2000 年、2009 年和 2018 年的村域用地数据，深入分析不同类型乡村居民点空间演化规律和趋势。再次，乡村居民点空间演化不仅仅是物质空间形态和格局的变化，还表现为居民点内部结构和社会关系的变化，可以从空间形态、社会形态和经济形态等三个维度进行考察(文军 等,2017)。因此，结合问卷访谈和实地调研，分析比较在不同政策模式影响下，三个乡村的空间形态、社会形态和经济形态的演变特征。最后，比较不同政策模式的干预调控机理，剖析政策调控路径和政策实施机制(图 7.1)。

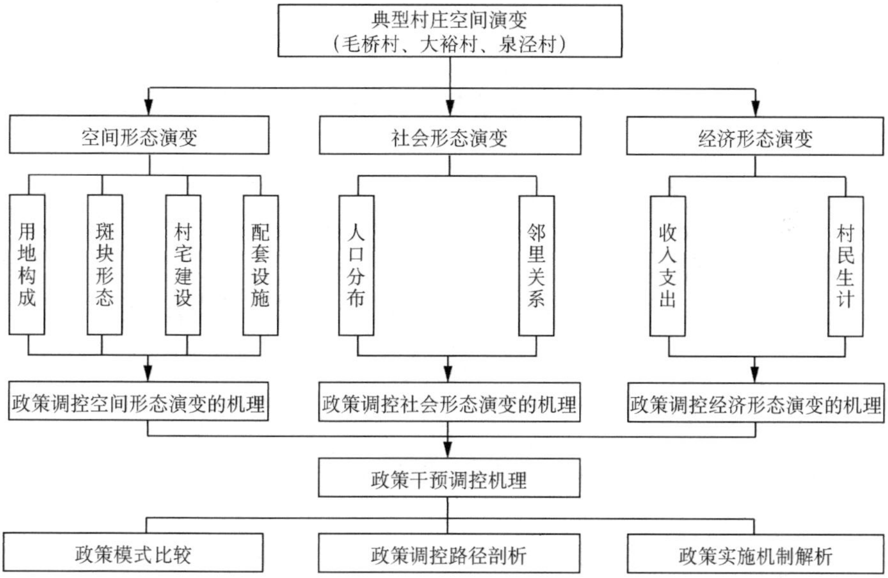

图 7.1　典型村庄空间演化的分析思路

7.1.2　村庄选择和数据处理方法

基于研究目的，在选定样本乡村后，通过参与式乡村评估法(周婧 等,2010)，基于卫星遥感影像，获得三个年份的土地利用数据和关于乡村发展的重大事件信息；然后通过问卷调研获取社会经济属性数据。

1. 村庄选取依据

为深入研究乡村居民点在不同政策影响下的空间演化机理，需要选取典型村庄。在对嘉定区各镇共 9 个行政村进行预调研和分类比较的基础上，从中选取 3 个典型行政村，分别是外冈镇泉泾村、马陆镇大裕村、华亭镇毛桥村，作为研究样本乡村，具有一定的代表性(图 7.2)。

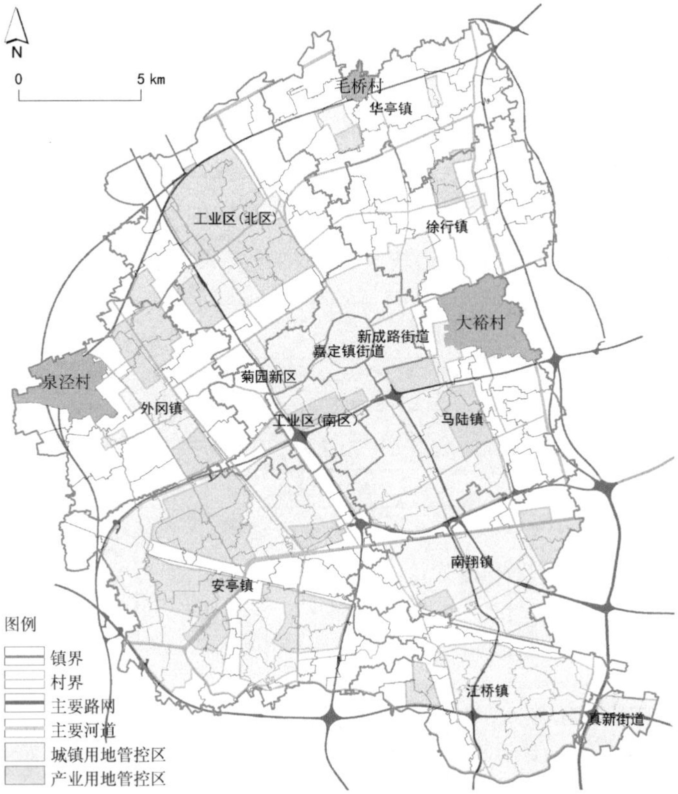

图 7.2　三个村庄的空间分布

村庄选取的原则主要基于以下三个方面：①代表不同的政策干预模式，其中毛桥村受到村庄环境整治的影响，呈现为弱干预政策模式主导下的空间演化；大裕村受到渐进归并政策的显著影响，呈现为适度干预政策模式主导下的空间演化；泉泾村受到宅基地置换政策的显著影响，呈现为强干预政策模式主导下的空间演化。在不同的政策模式主导下，三个乡村空间演化的路径呈现显著差异。②代表不同的空间区位。在不同区位下，空间演化的特征有差异，大裕村是典型的近郊乡村，毛桥村是典型的远郊乡村，泉泾村的区位介于两者之间，不同的空间区位下需要差异化的政策管控，进而引发乡村居民点空间演化特征的差异。③代表不同的乡村发展类型和经济发展水平，大裕村以农业特色经济作物（葡萄种植）和第三产业为主，村民水平收入高；泉泾村以现代规模化农业种植为主，村民收入中等；毛桥村则以休闲农业为主导，村民收入相对较低。在不同的经济发展水平和就业方式作用下，乡村居民点的空间演化动力和演变特征也会呈现出差异性的特征。

2. 用地数据获取方法

以2000年、2009年和2018年的土地利用数据为基础，结合卫星遥感历史影像和三个村2018年的地形图，得到2000年、2009年和2018年三个年份土地利用的初步数据。之后运用参与式乡村评估方法，于2019年8月，将三个年份的土地利用数据与村内熟悉乡村发展的村干部和老人反复沟通核对；同时辅以实地踏勘的校核，整理出村内开发建设的具体时间和情况，复原各乡村土地利用变化的详细过程。在此过程中，了解掌握乡村土地利用变迁、村民住房变化、产业发展变化、公共空间利用和农用地保护的发展历程，对三个年份的居民点用地、道路用地和工业用地等数据进行修正，得到三个年份土地利用变化的准确数据，并将其录入GIS中。运用软件的矢量化计算和综合分析功能，分析乡村居民点空间变化的特征和演变规律。

在此过程中，需要对村域用地进一步细分。在微观村域层面，为更加直观显示用地变化的主要特征，参考既往研究（褚天骄 等，2017），将村域用地细分为农用地、水域、乡村居民点用地、工业用地、道路用地、商业用地、公共服务设施用地、绿地。既能在微观层面系统展示乡村居民点用地和其他用地的空间转化关系，又避免了用地分类过于细碎和影响主要用地转化关系的表达。

3. 问卷调研方法

基于本章研究目的，运用问卷调查法获取三个乡村的社会经济属性数据和村庄发展的相关信息。问卷设计的主要思路是通过村庄、村民和外来人口了解乡村居民点用地的空间使用情况和意愿，问卷包括村庄调查、村民调查和外来人口调查三部分。①村庄问卷结合深度访谈围绕乡村人口、土地、经济和重大事件展开，主要包括五方面：乡村人口信息、村庄土地利用变化信息、村庄宅基地翻建信息、村庄经济发展情况、村庄规划编制和实施的相关信息。②村民问卷主要围绕村民住宅变化、影响因素和居住意愿而设计，包含三部分内容。一是被调查者及其家庭基本情况，包含年龄、性别、家庭人口、工作、家庭年收入和支出情况；二是房屋和土地流转情况，包括住宅翻建时间、类型、原因、建筑面积以及耕地流转情况；三是迁居意愿与村庄建设，包括邻里关系、集中居住类型、希望的住宅建造方式和养老意愿等。③外来人员问卷主要围绕其在乡村居民点的生活和工作情况展开调查，也包含三部分内容。一是外来人员的基本情况，包括年龄、职业、学历和收入支出情况等；二是居住情况调查，包括住房情况、居住面积和租金等；三是外来人员的工作情况，包括工作时长、对工作的评价以及和当地人的关系等。

调研分三个阶段展开。第一阶段，为检验问卷调研的可行性和问卷设计的合理性，首先于 2019 年 6 月，对村干部和村民进行预调查。在过程中，发现很多村民在愿意和不愿意之间表态模糊，选择犹豫。经过深入沟通得知，村民是否参与乡村建设需要根据细化的约束条件才能确定。因此，在后期调研过程中，将村民意愿围绕“愿意”“不愿意”“有条件的愿意”等方面展开修改预调查问卷。同时由作者对调研人员进行简要培训，包含调研技巧和注意事项等。第二阶段，于 2019 年 7 月 2 日至 7 月 23 日进行村民问卷和外来人口问卷的调查，包含作者在内共 4 人参与了问卷的发放和记录，分 3 周依次对三个样本村进行调研。由于每个行政村包含若干村民小组，调研依据每个村民小组户数所占比例确定每个村民小组的问卷数量，依据随机抽样的原则发放问卷，每个行政村共发放村民问卷 60 份，外来人员问卷 30 份。三个乡村共调查村民问卷 180 户，其中有效问卷 175 份，占比为 97.2%；共调查外来人口 90 份，其中有效问卷 88 份，占比为 97.8%。

7.2 演变阶段划分和历程梳理

依据参与式乡村评估方法，获得三个乡村演变的详细数据。整体上，三个乡村均经历了农业主导阶段、工业主导阶段和多元化主导阶段。2000 年前，传统农业带动乡村缓慢发展。2000 后，工业快速发展，成为推动乡村发展的主要动力。2009 年后，现代工业、特色农业的发展与第三产业融合，各村都探索了农业产业转型升级发展的道路。在此过程中，三个乡村均经历了一系列差异化的政策组合(图 7.3)。

7.2.1 毛桥村演变历程

毛桥村位于嘉定区华亭镇最北端，北与江苏省太仓市交界，村域面积 1.27 km^2。村内共 9 个村民小组，形成 5 个较大的居民点，总体上形成田、水、林、宅的空间结构，是一个传统的农业村庄。2000 年后，毛桥村的发展大致可分为村庄改造和美丽乡村建设两个阶段(图 7.4)。

1. 村庄改造阶段

2005 年，中央政府提出社会主义新农村建设要求。以此为背景，上海市在全市大部分乡村开展村庄改造，并选定毛桥村作为全市首个试点。村庄改造遵循“保农亲农不去农”的原则，以保护修缮房屋、改善环境和完善乡村居住功能为重

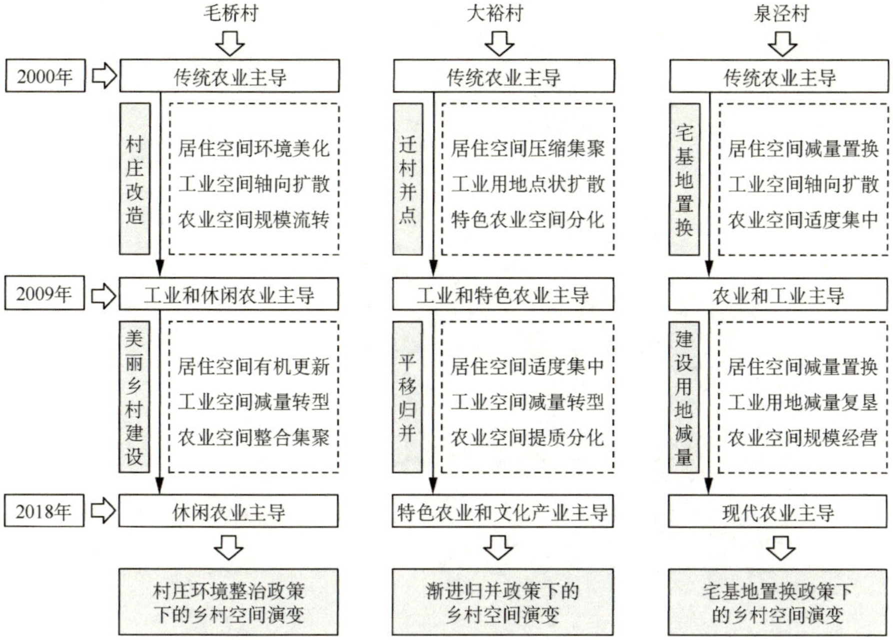

图 7.3　三个村庄空间演化阶段划分和历程梳理

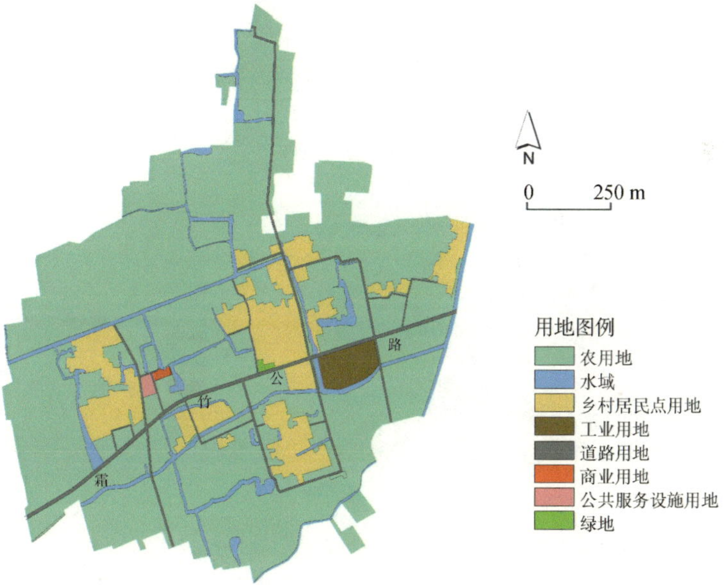

(a) 2000年毛桥村土地利用现状

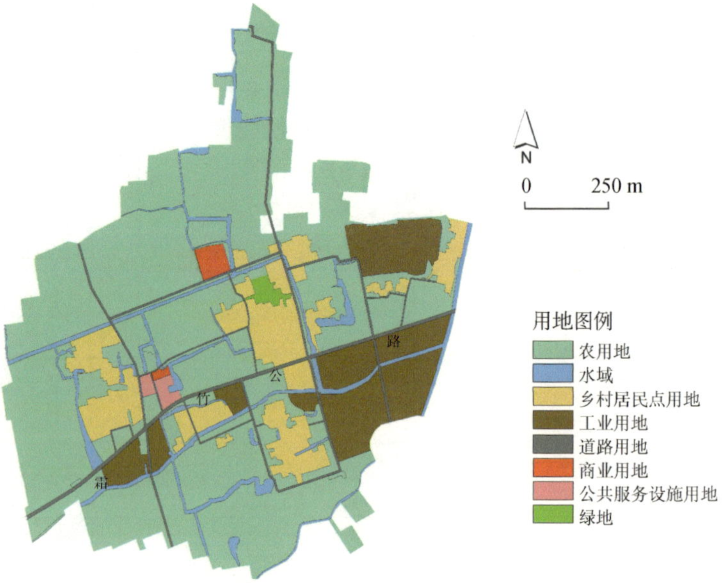

(b) 2009年毛桥村土地利用现状

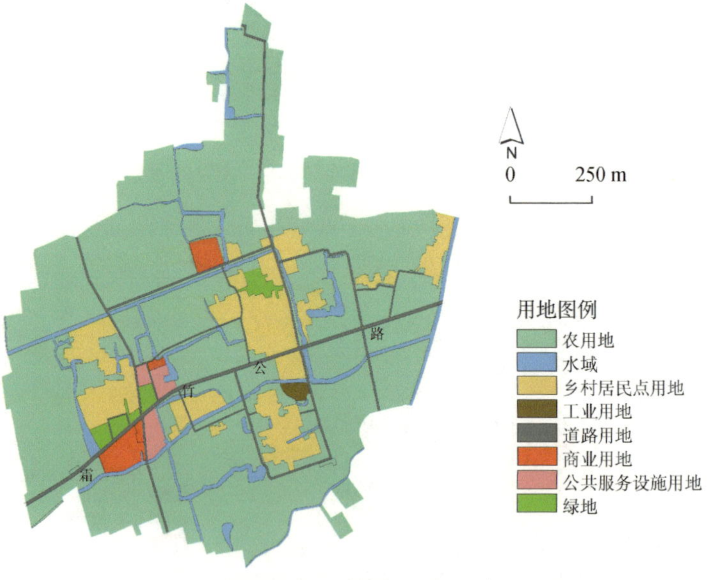

(c) 2018年毛桥村土地利用现状

图 7.4　毛桥村 2000 年、2009 年和 2018 年土地利用现状图

资料来源:作者依据调研自绘

点。在该原则下，对毛桥村中部的 2 队、5 队和 8 队三个村民小组（自然村），共 105 户村民住宅及其周边环境进行改造，实现乡村居住环境整体提升。保留修缮村庄中部的知青小屋、公社食堂等历史建筑，发展农家乐乡村旅游；在村委会南侧增加了老年人活动中心、卫生所等村级公共服务设施。在村庄改造的基础上，推动村庄北侧农用地流转，实现农业规模化经营。同时，在村庄北侧布置商业服务中心，使毛桥村成为集村民生活、农业生产和休闲观光为一体的开放式景区。但由于村域面积小，乡村特色不够突出，旅游和农业收入对经济增收的贡献十分有限。因此，村集体陆续将村庄南侧的农用地出租给外来企业，通过厂房租赁，来解决发展动力不足的问题。但这些企业多为机械、物流等低效益、高污染的企业，破坏了乡村环境。

2. 美丽乡村建设阶段

2013 年，中央政府提出建设“美丽乡村”的总体要求。在此背景下，上海市政府于 2014 年颁布《关于本市推进美丽乡村建设工作的意见》，要求大力推进美丽乡村建设，建设若干美丽乡村示范村。以此为背景，毛桥村进一步加强对乡村环境的整治。一方面，村民不满足于房屋墙面的涂白，在满足建造要求的控制下，共有 30 户村民在原址翻新了住房，实现了住房的有机更新。另一方面，引入大型农业企业，如“乡巴佬水果”、城市蔬菜基地等，参与毛桥村建设，探索一产和三产融合发展的渠道。同时，在镇的西部增设了旅游服务中心，用于联动毛桥村和其他乡村的旅游资源，推动乡村休闲旅游发展。

与此同时，在全市乡村闲置建设用地减量的大背景下，逐步对霜竹公路沿线和村庄东北侧的低效工业用地进行减量。大部分工业用地减量复垦为农用地，有效减轻了工业污染，改善了乡村环境。同时村集体将村庄西侧的工业用地收回，将其转型发展为乡村商业用地，为毛桥村进一步开展乡村休闲旅游提供空间，新增乡村休闲乐园等项目。

7.2.2 大裕村演变历程

大裕村位于嘉定区马陆镇东侧，东与宝山区接壤，村域面积 8.23 km^2，2007 年，由原大裕村和新翔村两个村合并而成，共有 26 个村民小组和 3 个村民集中居住点。葡萄是该村的特色农产品，其大规模种植始于 1981 年，2000 年在该村南侧建设上海葡萄研究所。2000 年后，大裕村的发展也可分为两个阶段（图 7.5）。

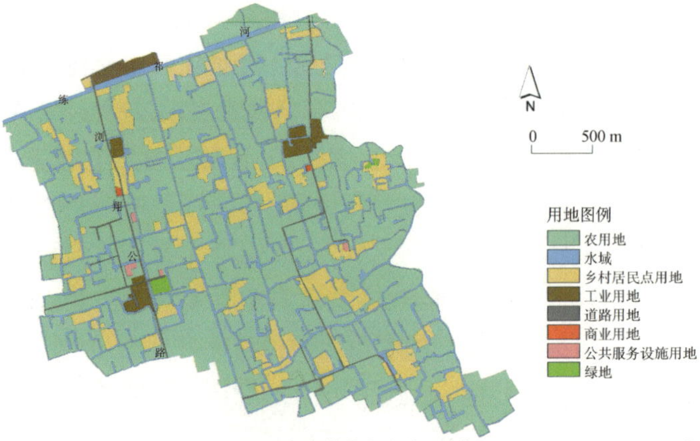

(a) 2000年大裕村土地利用现状

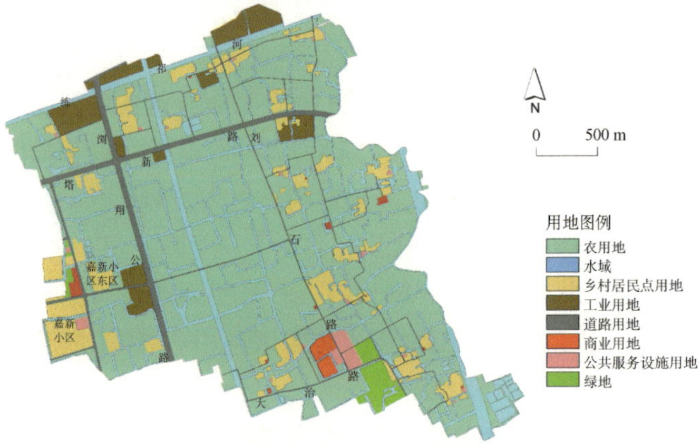

(b) 2009年大裕村土地利用现状

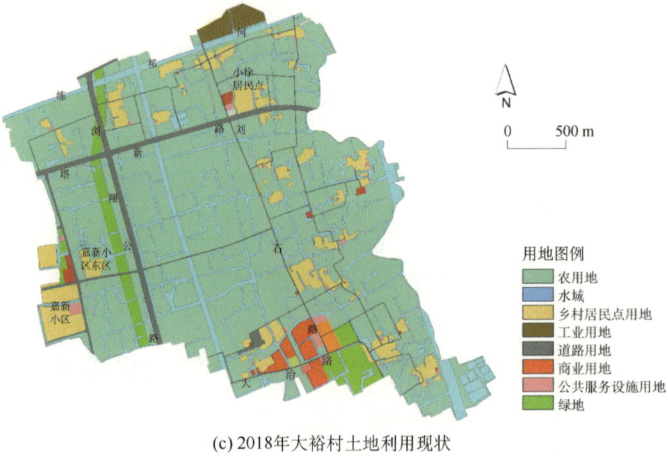

(c) 2018年大裕村土地利用现状

图 7.5　大裕村 2000 年、2009 年和 2018 年土地利用现状图

资料来源：作者依据调研自绘

1. 迁村并点阶段

2002 年，为有效改善大裕村内部村庄分散的现状，对村庄中部约 220 户村宅进行归并，将其统一安置到村庄西侧的嘉新小区和嘉新小区东区两个集中居住点，第一次通过渐进归并的手段实现了村民集中居住。村庄北侧（塔新路以北）和村庄东侧（刘石路以东）的乡村居民点仍保持团状、散落的空间布局；村民在住宅周边种植葡萄园，每户面积为 3～5 亩，并以自家住宅为依托，开设以葡萄为主题的农家乐。在该村东侧的潘家和半巷两个村民小组邀请知名建筑师对村宅和村公共设施进行更新改造设计，为村民和游客服务。

在该村南侧，大治路沿线区域建设了马陆葡萄主题公园，引入嘉源海艺术中心等一批旅游服务设施，整个乡村形成以葡萄种植为主题，汇集休闲娱乐、农家乐体验等多功能的农业景区，吸引了大量的乡村旅游和服务人员，间接带动周边的农家乐和旅游产业的发展，2009 年，全村游客数已达 15 万人次。在这段时期内，沿着北侧练祁河和浏翔公路两侧增加了部分工业用地，通过厂房租赁，增加乡村集体经济收入。

2. 平移归并阶段

2012 年后，上海市乡村集中居住的政策进一步明确，大裕村采用两种方式对分散的集中居住点进一步归并。首先，因村庄西侧浏翔公路沿线高压走廊的建设，对沿线大徐、袁家、楼下和东湖共 4 个村民小组的 69 户农户进行动迁，采取撤并上楼的方式统一安置到城镇社区中。其次，对浏翔公路西侧曹宅、徐也和西胡等 3 处布局分散的零星居民点，共 85 户，引导其统一安置到村域东北侧新规划的小徐村民集中居住点。对符合分户建房条件的村民，也统一引导安置到小徐村民集中点。至此，在村域内形成了 3 个集中居住点和散落居民点结合的空间布局模式。集中居住点户均占地仅为原分散居民点户均占地面积的 1/3，不仅有效优化乡村空间格局，而且节约了建设用地。

与此同时，村集体意识到厂房出租不是大裕村未来的发展导向。村集体对已经到期的厂房逐步收回，不再出租，将其复垦成农用地，并逐步对所有到期工业用地进行清退。将节约的建设用地指标用于村域南侧文化设施和旅游服务用地的开发，在村域南侧葡萄主题公园附近建设了游客集散中心、旅游精品街区、画家村和乡村养老院等项目，推动大裕村文化产业的发展。成功引进周春芽、马卫东等一流艺术家，丰富了大裕村的文化主题氛围。通过开展四季旅游，吸引游客，增加村集体组织收入，为乡村发展带来活力。

7.2.3 泉泾村演变历程

泉泾村位于外冈镇西侧,西与江苏省昆山市接壤,村域面积为 6.69 km²,2005 年,由原泉泾村、钱门村和宣高村三个村合并而成。该村居民点沿东西向河道呈带状分布。2000 年后,泉泾村的发展也可分为两个阶段(图 7.6)。

1. 宅基地置换阶段

2004 年,为推动乡村集中居住,上海在全市范围内选择了 11 个镇作为试点,以宅基地置换为手段,推动居住环境恶劣、布局分散的居民点到镇区集中。泉泾村属于该批试点,对村域东侧 216 户村民进行了置换,将其统一安置到外冈镇区中居住。村民失去原有宅基地和房屋,得到相同建筑面积的商品房,并将原有宅基地复垦还耕,有利于乡村环境的改善,促进农业规模化生产。同时,村民到镇区居住后,逐步脱离农业生产,将其农用地流转给农业公司,得到土地流转费、镇保和镇区非农工作,可为进镇居住的村民提供一定程度的生活保障。

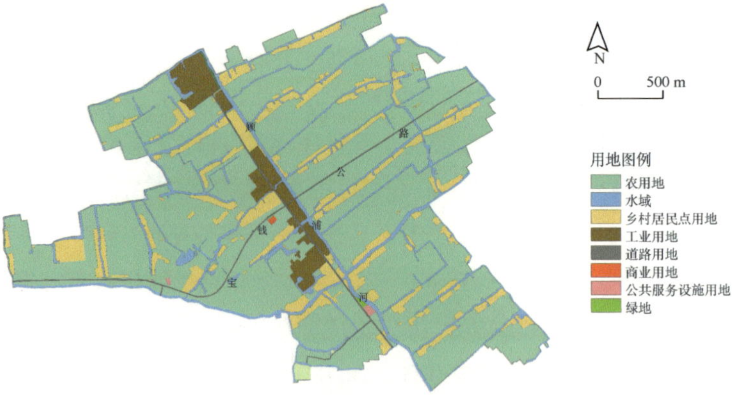

(a) 2000年泉泾村土地利用现状

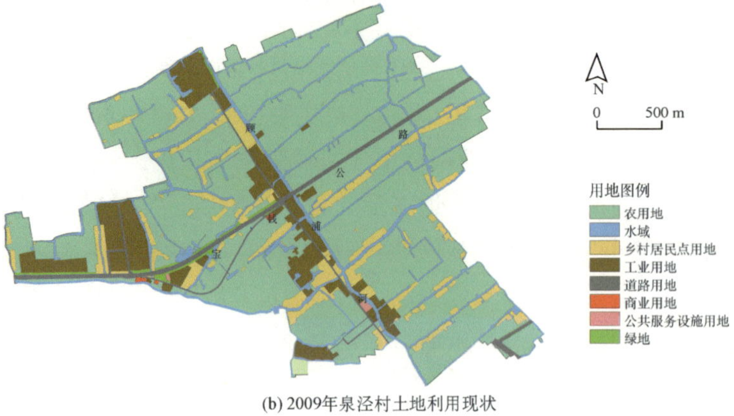

(b) 2009年泉泾村土地利用现状

(c) 2018年泉泾村土地利用现状

图 7.6　泉泾村 2000 年、2009 年和 2018 年土地利用现状图

资料来源：作者依据调研自绘

但在该阶段内并没有对乡村工业用地进行有效管控。为壮大集体经济组织，同时解决村民的就业问题，在村域西侧建设了大量的工业厂房，包括村域西侧的电器类和机械设备类厂房，顾浦河西侧的化工类和金属加工类厂房，通过收取厂房土地租金的方式增加了村集体收入。大部分企业沿河而建，排污设施不齐全，严重污染了环境。

2. 乡村建设用地减量阶段

泉泾村在原有宅基地置换的基础上发展了现代农业，取得了较好的农业效益。2012 年后，为推动泉泾村规模化农业的进一步发展，同时也为配合沪苏通铁路沿线建设，泉泾村对全村剩余的乡村居民点进行新一轮置换。村域西侧的居民点被统一置换到外冈镇区中，截至 2018 年底，村域东南部还有 355 户村民尚未置换，计划于 2025 年前完成置换。与第一次宅基地置换村民进入多层商品房不同，由于用地指标和建设成本的攀升，2012 年后，村民宅基地置换，统一迁入高层商品房。原有宅基地复垦还耕后，农用地进一步流转，促进了农业规模化和现代化的进一步发展。

与此同时，在乡村低效工业用地减量的背景下，泉泾村对村内低效工业用地逐步减量。大部分分布在村域南侧散乱、低效的工业用地缺乏产业集聚力和就业吸引力，其流转的意愿和动力不断增强，对这些企业全部予以减量复垦。仅在村域西侧和北侧几个符合产业发展趋势，并经规划、环保和产业相关部门认证后的企业予以保留，给农业型乡村提供增收渠道。乡村居民点用地和工业用地减量后进一步促进了农业的规模化经营，乡村空间格局进一步集约和规整，现代农业得到进一步发展。

7.3 空间形态演变

乡村居民点的空间演化可以理解为乡村居民点用地和其他各类土地利用类型之间相互转化的过程。通过考察三个村庄土地利用变化的详细过程,探究乡村居民点空间演化的机理。各阶段的用地数据如表 7.1 所示。

表 7.1　三个村庄 2000—2018 年用地构成统计表

		毛桥村			大裕村			泉泾村		
		2000 年	2009 年	2018 年	2000 年	2009 年	2018 年	2000 年	2009 年	2018 年
农用地	面积(hm^2)	90.5	71.4	82.3	563.1	511.2	488.3	481.5	454.7	515.5
	占比	71.2%	56%	64.5%	68.4%	62.1%	59.3%	71.9%	67.9%	77%
水域	面积(hm^2)	9.7	9.4	9.4	110.3	129.3	135.8	50.2	58.2	60.9
	占比	7.6%	7.4%	7.4%	13.4%	15.7%	16.5%	7.5%	8.7%	9.1%
居民点用地	面积(hm^2)	19.9	19.3	18.7	107.9	77.4	66.7	91.7	65.6	22.8
	占比	15.6%	15.2%	14.7%	13.1%	9.4%	8.1%	13.7%	9.8%	3.4%
工业用地	面积(hm^2)	2.7	17.3	0.6	18.9	33.8	7.4	32.1	60.3	28.1
	占比	2.1%	13.6%	0.5%	2.3%	4.1%	0.9%	4.8%	9%	4.2%
道路用地	面积(hm^2)	3.4	4.3	4.8	10.7	28.8	36.2	8	19.4	32.1
	占比	2.7%	3.4%	3.8%	1.3%	3.5%	4.4%	1.2%	2.9%	4.8%
商业用地	面积(hm^2)	0.3	1.9	3.9	0.8	11.5	18.1	1.3	3.3	2
	占比	0.2%	1.5%	3.1%	0.1%	1.4%	2.2%	0.2%	0.5%	0.3%
公共设施用地	面积(hm^2)	0.4	1.7	3.4	2.5	10.7	14	2.7	4	2.7
	占比	0.3%	1.3%	2.7%	0.3%	1.3%	1.7%	0.4%	0.6%	0.4%
绿地	面积(hm^2)	0.4	2	4.2	9.1	20.6	56.8	2	4	5.4
	占比	0.3%	1.6%	3.3%	1.1%	2.5%	6.9%	0.3%	0.6%	0.8%

7.3.1 用地构成

1. 毛桥村

毛桥村在 2000 年是典型的农业村,农用地、水域和乡村居民点用地分别占村域面积的71.2%、7.6%和15.6%，农业用地占据主导地位。2000—2009年，乡村快速的工业化进程推动了乡村用地结构的非农化转变，大量农用地转为建设用地，从2000年的71.2%下降到2009年的56.0%。与之相对，工业用地呈现飞地式扩张，从2.1%增长到13.6%，工业取代农业成为毛桥村主要收入来源。与此同时，道路用地、商业用地（主要为北侧农业旅游配套用地）、公共服务设施用地（村委会、老年活动室等）、绿地均有显著增长；用地类型和面积配比的改变，从一个侧面反映了村民生活水平的提高。但该时段内乡村居民点用地几乎没有变化，主要原因是一系列政策强化了对宅基地和村民建房的管控，一方面村庄改造政策对乡村居民点边界进行了严格管控，另一方面规范了村民建房程序，防止了村民随意建房，促进了乡村居民点用地集约利用。

2009年后，毛桥村进入了建设用地内部空间优化的阶段。在美丽乡村政策主导下，毛桥村工业用地迅速减少，从2009年的13.6%减少到2018年的0.5%。而商业用地（旅游服务中心）从1.5%上升到3.1%，绿地从1.6%增长到3.3%，公共服务设施用地、道路用地也有小幅度增长。在此过程中水域和居民点用地均保持了相对稳定的面积，基本没有变化。用地结构的变化，反映了毛桥村逐渐抛弃工业厂房租赁的经济发展路径，在原有农业生产和乡村居住功能的基础上增加休闲旅游功能，逐步转向乡村多功能。

乡村居民点用地构成的稳定、建设用地内部的结构性变化、农用地从碎片化走向规模化是毛桥村用地构成变化的主要特征（图7.7）。①村庄改造和美丽乡村建设都不涉及对乡村居民点用地的直接调整；而经过改造后的乡村，其良好的生活居住环境加强了乡村居民点用地的稳定性。块状的居民点连接片状的农业区，整个乡村空间结构严谨，布局紧凑。②工业用地首先沿着南侧交通干道呈现粗放式跳跃增长，后期逐渐减量转化为商业用地和公共服务设施用地，满足了乡村休闲产业发展的需求。在研究期间，商业用地从2000年的0.2%增加到2018年的3.1%；公共服务设施用地从0.3%增加到2.7%；绿地和道路用地也有相应增加，建设用地内部构成的多样性增加。③农业用地从碎片走向规模化。大量的新增建设用地嵌套在农用地中，使农用地从71.2%减少到64.5%。但由于农用地的流转，整体上降低了农用地的破碎化程度，提高了农业的规模化程度。总体上，由于村庄改造和美丽乡村的建设，毛桥村居民点内部违章建筑得以清理，乡村外部环境得以整治，乡村内部空间结构和功能布局更加合理。

2. 大裕村

大裕村乡村空间结构经历了快速转型的过程，用地结构发生剧烈变化。一方

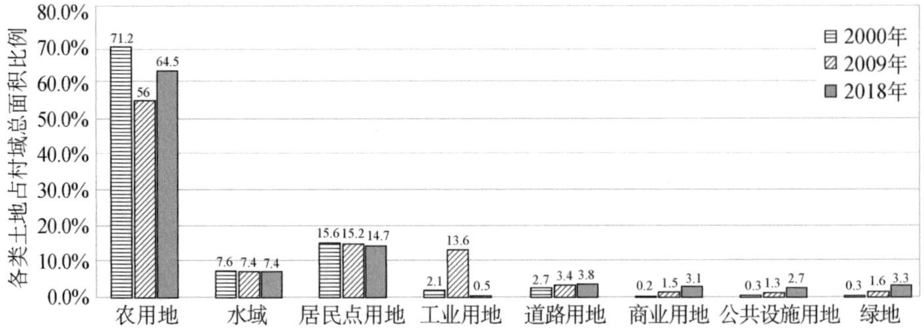

图 7.7 毛桥村 2000—2018 年用地构成对比图

面,农用地和乡村居民点用地持续减少;另一方面,水域、道路用地、公共服务设施用地和绿地等面积大幅度增加。2000 年前,受资源要素的限制,大裕村延续着传统的农业生产方式,村内土地利用结构相对单一,主要以农用地、水域和乡村居民点用地为主,三者分别占村域面积的 68.4%、13.4%和 13.1%,村域 94.9%的用地被这三类用地占据;村内工业用地仅占总规模的 2.3%。2000—2009 年,随着迁村并点政策的推进和工业化的推动,乡村土地利用结构呈现出多元分化的特征。其间,工业用地从 2000 年的 2.3%增加到 2009 年的 4.1%,乡村居民点用地从 13.1%减少到 9.4%,农用地从 68.4%减少到 62.1%。村域空间结构呈现出居民点用地、农用地和商业用地等镶嵌组合的空间特征,商业用地从 0.1%增加到 1.4%,道路用地从 1.3%增加到 3.5%。此外,公共服务设施用地和绿地也出现了显著增长,前者从 0.3%增加到 1.3%,后者从 1.1%增加到 2.5%。

2009—2018 年,大裕村进一步发展文化旅游产业,村内土地利用类型更加多元化,土地利用格局更加集聚。一方面,通过平移归并政策进一步促进村民集中居住,乡村居民点用地从 2009 年的 9.4%减少到 2018 年的 8.1%,呈现出"大集中、小分散"的布局。另一方面,在产业发展转型的过程中,低效企业不断被清退,工业用地从 4.1%减少到 0.9%;商业用地和公共设施用地通过不断替代工业用地,实现了空间形态的拓展,也满足了外来人员的生活配套需求。同时,村域西侧高压走廊的建设改变了用地结构,农用地面积从 62.1%减少到 59.3%;而村内公共绿地和防护绿地则从 2.5%增加到 6.9%,村民居住环境得到有效改善。

乡村居民点用地的持续减少,特色农业用地的分化和建设用地内部结构优化是大裕村土地利用变化的重要特征(图 7.8)。①由于一系列渐进归并政策的推进,乡村居民点用地面积从 2000 年的 13.1%减少到 2018 年的 8.1%,从分散的居民点转化为成集中居住点和分散居民点相结合的空间结构,乡村居民点布局结构更加紧凑集中。②农用地从 68.4%减少到 59.3%，由于种植葡萄所带来的高收益，村内北部和东部的农用地均以种植葡萄的农用地为主，仅有村内中部的农用地用于种粮。③建设用地内部结构的优化，工业用地呈现先增加后减少的特征，减少的工业用地转化为商业用地、公共服务设施用地和绿地，以满足大裕村构建文化旅游产业的需要。总体上，大裕村的土地利用变迁满足了乡村产业升级的需要。

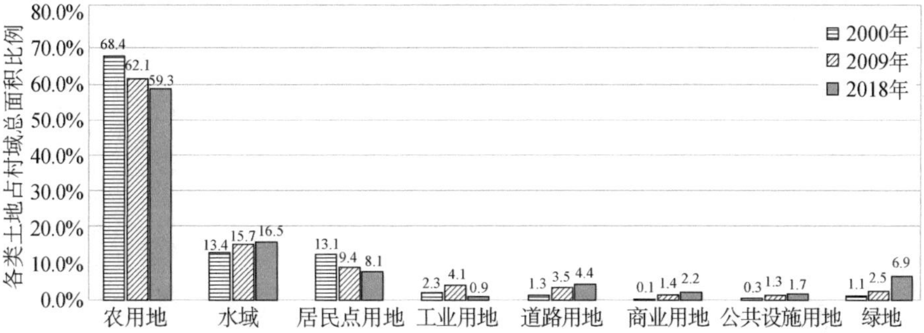

图 7.8　大裕村 2000—2018 年用地构成对比图

在研究时段内，泉泾村土地利用结构经历了从简单到复杂进而到有机一体的过程，总体上乡村居民点用地不断减少，农用地不断增加。2000 年，泉泾村是一个典型的农业村，农用地、乡村居民点用地和水域成为村域空间形态的主体，分别占村域面积的 71.9%、13.7%和 7.5%。2000—2009 年，随着大裕村第一轮宅基地置换的推行，乡村居民点用地显著减少，从 13.7%减少到 9.8%。在此期间，由于未对工业用地进行有效管控，工业用地沿顾浦河和宝钱公路发展，从 4.8%增长到 9.0%。增加的工业用地催生了生产性服务业和生活性服务业的需求，带动了村内商业用地和公共服务设施用地的大量增长。该阶段内形成了以农业和小规模工业为主导的用地结构。

2009—2018 年，随着宅基地置换的进一步推行和乡村低效工业用地的减量，村内建设用地总量显著减少，建设用地结构也得到了优化。村内农用地和水域的面积大幅度提高，农用地从 2009 年的 67.9%提升至 2018 年的 77.0%，水域则从 8.7%增加到 9.1%，适应了泉泾村发展现代农业的政策导向。与此相对，乡村居民点用地从 9.8%下降到 3.4%，仅在村域东南侧暂时保留部分居民点用地，公共服务设施用地也相应从 0.6%减少至 0.4%；工业用地从 9.0%下降到 4.2%，仅在村域内西北侧保留少量工业用地。在此期间，沪通铁路的建设使乡村道路用地从 2.9%增长到 4.8%。

乡村居民点用地的迅速减少、农用地空间形态整合和工业用地转型集聚是泉泾村土地利用变化最为重要的特征(图 7.9)。①由于宅基地置换政策的施行,乡村居民点用地从 2000 年的 13.7%减少到 2018 年的 3.4%,减少了 68.9 hm^2,乡村居民点用地更加集中紧凑。②农用地从 71.9%增加到 77.0%,增加了 34.0 hm^2,将细碎的农用地予以整理,促进了农业的规模化生产和现代农业的发展。③工业用地呈现先增加后减少的特征,前后面积变动幅度不大,保留的优质企业有利于为村集体提供增收渠道。总体上,土地利用结构得以优化,土地利用效率得以提升,在宅基地置换和乡村建设用地减量政策的推动下,泉泾村实现了从传统农业村向现代农业基地的演变。

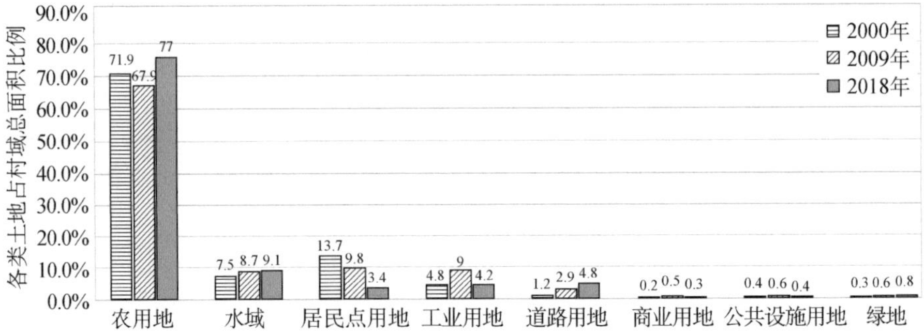

图 7.9 泉泾村 2000—2018 年用地构成对比图

7.3.2 斑块形态

乡村居民点斑块形态变化反映了城镇化、工业化以及政策综合作用下乡村社会经济的变迁进程,暗含着村民生计和社会经济活动的深层次转型(图 7.10)。因此,在第 5 章乡村居民点宏观空间特征分析的基础上,运用 Fragstats 软件进一步计算各村居民点斑块形态的变化,有利于在微观层面深入挖掘乡村居民点空间演化的细节特征。乡村居民点斑块形态测度指标包括面积特征、形状特征和空间集聚特征三方面(表 7.2),其中面积特征用平均斑块面积(Mps)和面积标准差($Areasd$)来反映,形状特征用斑块形状指数(Ls_i)和面积分维数($Pafrac$)来反映,空间集聚特征用斑块密度(Pd)、景观分割度($Division$)和景观聚合度($Cohension$)来反映。

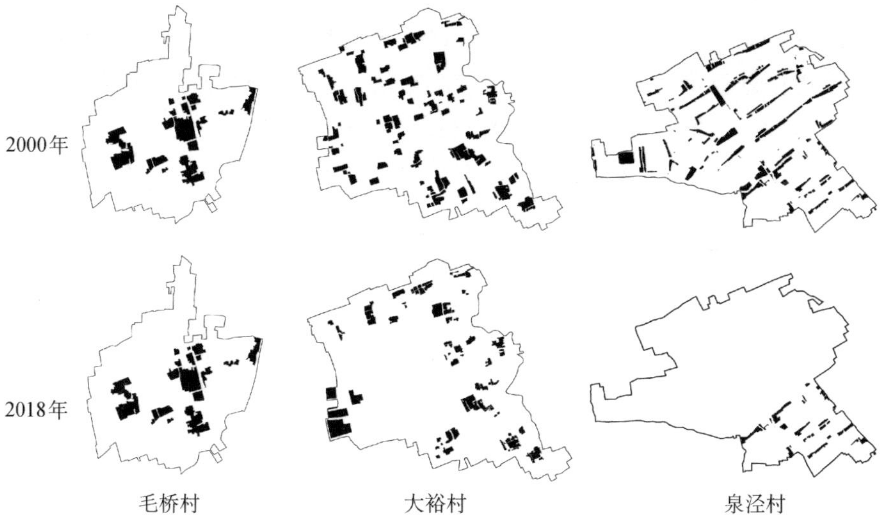

图 7.10　三个村庄居民点空间形态演变对比图

表 7.2　　　　乡村居民点斑块形态测度指标及含义

斑块形态特征	指标	特征含义
面积特征	平均斑块面积（*Mps*）	反映乡村居民点斑块大小的平均水平
	面积标准差（*Areasd*）	反映不同斑块面积的差异程度，值越大，表明不同斑块面积的差异越大
形状特征	斑块形状指数（Ls_i）	通过计算斑块形状与规则的正方形之间的偏离程度来表征形状复杂程度，值越小，形状越规整
	面积分维数（*Pafrac*）	反映斑块形状边界的复杂程度，取值在 1—2 之间，趋向于 1 表示复杂程度较低，各个斑块的形状较为一致，受人类活动影响较大
空间集聚特征	斑块密度（*Pd*）	反映斑块在单位面积内分布的数量
	景观分割度（*Division*）	通过计算两个随机抽样的像素点在同一斑块内的概率来反映乡村居民点空间分割水平
	景观聚合度（*Cohension*）	反映各斑块间的物理连接度即聚合水平

资料来源：作者依据 Fragstats 相关解释绘制

1. *居民点斑块规模演变*

从面积指数上看，毛桥村和大裕村的平均斑块面积有所增加，表明乡村居民点斑块规模逐渐增大，符合乡村居民点空间集聚和集中居住的发展趋势

(表 7.3)。从变化的幅度来看,大裕村平均斑块面积增加最为明显,从 2.45 hm^2 增加到 3.28 hm^2,增加了 33.9%,反映出大裕村居民点经过村内渐进归并后,3 个集中居住点合并了许多小的乡村居民点,居民点平均斑块面积显著变大。毛桥村乡村居民点平均斑块面积从 3.06 hm^2 增加到 3.3 hm^2,增加了 7.8%;其增加幅度不明显是因为在村庄环境整治政策主导下,村民翻建的住房都在原有乡村居民点斑块范围内,因此其平均斑块面积增加不大。而泉泾村采取的宅基地置换政策,安置地块均位于镇区,在村内保留的乡村居民点均比已置换的乡村居民点规模小,因此其乡村居民点平均斑块面积会有所减少。

在斑块面积标准差变化方面,呈现出与平均斑块面积变化较为一致的特征。毛桥村和大裕村平均面积标准差系数变大,其中大裕村数值从 2.07 增加到 2.6,增加了 25.6%,其原因是村内部分居民点经过渐进归并后,村内同时存在面积较大的集中居住点和面积较小的一般居民点,使得居民点斑块之间的面积差异程度变大;而毛桥村经过村庄环境整治后,部分位置较好的乡村居民点用地有所增加,而部分闲置的乡村居民点用地则有所减少,这就扩大了毛桥村居民点斑块的面积标准差,数值从 1.88 增加到 2.16,增加了 14.9%。而泉泾村由于置换的居民点斑块面积较大,保留的居民点斑块面积较小,使居民点斑块面积标准差进一步减少,从 15.07 减少到 6.81,减少了 54.8%。

表 7.3　三个村庄 2000—2018 年乡村居民点斑块形态测度指标结果

测度指标	毛桥村			大裕村			泉泾村		
	2000 年	2018 年	变化率	2000 年	2018 年	变化率	2000 年	2018 年	变化率
平均斑块面积(hm^2)	3.06	3.3	7.8%	2.45	3.28	33.9%	7.82	5.64	−27.9%
斑块面积标准差	1.88	2.16	14.9%	2.07	2.6	25.6%	15.07	6.81	−54.8%
景观形状指数	4.34	4.15	−4.3%	10.05	8.12	−19.2%	9.1	8.78	−3.5%
面积分维数	1.24	1.2	−3.2%	1.28	1.18	−7.8%	1.53	1.43	−6.5%
斑块密度(个/km^2)	18.25	17.3	−5.2%	2.91	2.18	−25.1%	6.66	2.84	−57.4%
景观分割度	0.99	0.98	−1.0%	0.99	0.95	−4.0%	0.93	0.88	−5.4%
景观聚合度	94.59	95.52	1.0%	95.18	96.76	1.7%	94.63	98.26	3.8%

2. 居民点斑块形状演变

三个村庄的居民点斑块景观形状指数和面积分维数均呈现出下降的特征，表明在经过村庄环境整治、渐进归并和宅基地置换等一系列政策后，各居民点斑块形状受到人工干预的影响显著，居民点斑块形状的复杂度降低，整体变得更规整。其中大裕村景观形状指数下降明显，从10.05下降到8.12，下降了19.2%，充分反映了大裕村经过渐进归并后，居民点斑块形状经过规划的人工干预变得十分规整。而毛桥村和泉泾村则分别下降了4.3%和3.5%，下降幅度相对较低。从中可以看出，经过村庄环境整治的毛桥村，其居民点斑块的总体形状并未发生大的改变。而泉泾村经过宅基地置换后，其斑块形状指数仍处于高值区，主要原因在于宅基地置换并没有在全村范围内开展，而安置基地形成的城镇社区又位于村域范围外。在计算村域居民点景观形状指数时，无法将安置基地纳入计算，使村内保留的带形居民点景观形状指数整体数值较高。

从面积分维数变化率来看，三个乡村的数值均有下降，表明人为的政策干预深刻影响居民点的形状，居民点斑块边界经过人为的干预变得更规整。乡村居民点斑块在自发建设阶段，缺乏有效的规划管控政策，较少受到人类活动的影响，居民点用地面积分维数较高。而由于一系列规划政策的施行，乡村居民点的面积分维数降低，居民点斑块形状边界复杂程度降低，呈现出受到规划政策干预的特征。其中大裕村面积分维数下降明显，从1.28下降到1.18，下降了7.8%，是因为经过渐进归并政策后，村域内新增的居民点斑块在政策的影响下，其边界变得十分规整，因而导致整体面积分维数的显著下降。

3. 居民点斑块空间集聚特征演变

从斑块密度指数来看，三个乡村的数值均呈现了下降的特征，但下降的幅度存在显著差异。其中泉泾村实行宅基地置换后，村内乡村居民点斑块数量显著减少，其斑块密度指数下降在三个村中最为明显，从6.66个/km^2下降到2.84个/km^2，下降了57.4%。大裕村部分散落的乡村居民点归并到村内的集中居住点，但由于只是村内少部分居民点完成了归并，其斑块密度指数下降没有泉泾村显著，仅从2.91个/km^2下降到2.18个/km^2，下降了25.1%。而毛桥村由于仅对乡村居民点用地环境进行了整治，对废弃的居民点用地进行了整合，并不涉及对乡村居民点的拆除减量，因此其斑块密度下降最低，仅下降了5.2%。

从景观分割度指数来看，三个乡村的数值都显著降低。在2000年，三个村的分割度指数都较高，说明在长期自然演进状态下的乡村居民点斑块与传统农业和耕作半径相适应，乡村居民点被其他用地分割严重，空间布局分散。伴随着不同的政策，三个乡村的分割度指数都有下降，表明居民点斑块空间变得更集聚。但其变化的程度因不同的政策产生差异，其中泉泾村和大裕村变化比较显著，分别下降了5.4%和4.0%，而毛桥村由于并不涉及对居民点用地的改造，其下降幅度较小，仅下降了1.0%。

从景观集聚度指数来看，三个乡村的集聚度指数进一步上升，表明一系列政策推动乡村居民点斑块在空间上更为集聚，与景观分割度指数一起，从不同侧面反映了乡村居民点空间集聚的趋势。由于泉泾村和大裕村的政策力度较大，涉及对原有居民点斑块规模、形状和位置的调整，因此这两个村的集聚度指数变化较为明显，泉泾村和大裕村分别上升了3.8%和1.7%。而毛桥村由于并不涉及对居民点斑块位置的调整，因此其景观集聚度指数在研究时段仅上升了1.0%。

总体来看，三个乡村整体空间形态经历不同政策的干预调控后，整体趋势是居民点斑块不断聚合，居民点斑块面积变大，形状越来越规整。但在不同政策的影响下，三个乡村空间形态的变化幅度存在显著差异，反映出不同政策对乡村居民点空间形态的影响程度有强弱差异。

7.3.3 村宅建设

在三类不同政策引导下，三个村的住宅空间整体呈现出相似的演变特征，但在局部也呈现出差异性特征。2000年后，由于施行了一系列严格的住房管控政策，村民住房建设数量受到严格限制。根据问卷调查，三个乡村的现有村民住房多是20世纪80、90年代建设的。其中，泉泾村由于逐步推进宅基地置换，完全控制住宅新建，约90%的村民住宅均是2000年以前建设；而大裕村由于推进渐进归并政策，有一部分新增住宅，整体上全村约70%的住宅是2000年以前建设的；毛桥村在村庄环境整治政策的引导下，部分住宅得到修缮扩建，全村约80%的住宅是2000年以前建设。

三个乡村现存住房以2000年为界，其平面布局、建筑材料和风貌呈现出差异的特征。20世纪八九十年代的住房，受到当时经济水平的限制，只能从简修建1—2层的砖混结构住宅，墙体多为青砖，外部涂抹石灰，屋顶多覆盖青瓦。在平面上，厨房大量外置是其典型特征。住房内部空间多呈一字排列，生活、居住和餐饮功能分区较为明确，用途布局紧凑，自由灵活。在部分装饰上，采用栏杆和阳台花窗，保留着一定的乡土风味。大部分房屋保留有庭院和主辅房系统（图7.11）。

进入2000年后，由于外来人口的大量涌入，拉动房屋租赁经济发展，大多数村民向房东转变。在严格的宅基地管控措施下，村民的宅基地面积不能增加，村民选择压缩院落空间、增加建筑面积的做法，以增加房屋出租面积。住房结构受

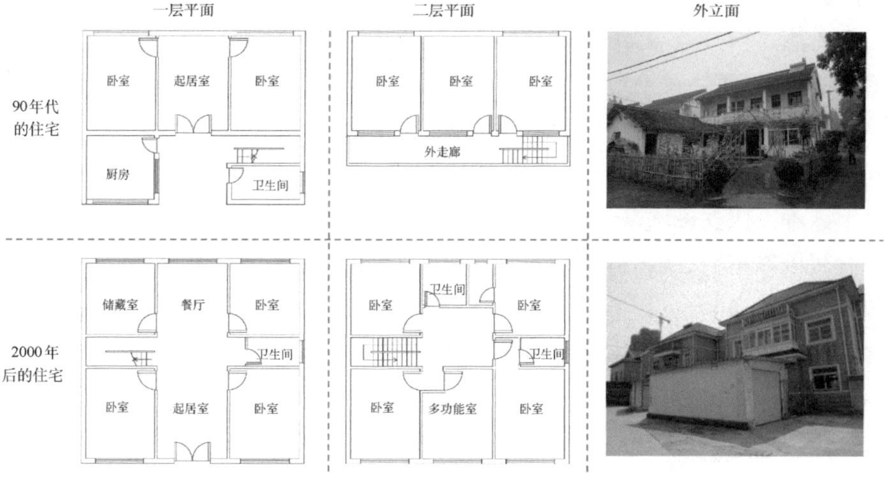

图 7.11　典型乡村住宅内部平面和外立面演变对比图

资料来源：作者拍摄和绘制

到城镇建设方式的影响，从砖混结构变成 2 层的混凝土框架结构。外部墙面多采用瓷砖贴面，综合使用柱子、门厅和琉璃瓦等装饰构件，整体风格向欧式别墅演变。访谈中得知，其主要原因是 2000 年后村民住房多由乡村施工队承包建设，而施工队对欧式别墅风格的建造已经有成熟的经验，其建造成本相较于其他建设风格更低。

毛桥村由于进行了村庄环境整治，其整体还保留江南水乡的风格，但也有少部分现代风格建筑，与整体格调不太协调。泉泾村由于属于宅基地分期置换区，严格限制住宅翻建，其住宅总体还停留在 20 世纪八九十年代的风格，建筑质量一般。部分村宅已经很破旧，村民动迁建房意愿强烈。大裕村由于实行了渐进归并政策，在集中居住点形成了住宅质量较好的住宅，完全按照城镇住区标准建造，建筑质量较好，片区内风貌较为统一；而在其他区域则保留着八九十年代的住宅，整体质量一般，大部分为白墙灰瓦，局部建筑为琉璃瓦，采用各式坡屋顶。

7.3.4　配套设施

差异化的政策作用于乡村，对三个村庄各项设施配置产生影响。参照相关研究(关小克 等，2018)，从市政基础设施、道路交通设施和公共服务设施三方面测度乡村配套设施发展水平。在市政基础设施方面，三个村庄均实现了通信、电力、供水管网的全部覆盖。但由于居民点整体分布较分散，加剧了污水管网和处理设施的配套难度。除毛桥村第二、第五、第八村民小组在村庄环境整治后具备了三格式化粪池，具有一定的污水处理能力外，毛桥村其他村民小组没有污水处理设施；大裕村仅在西侧村民集中居住点布置了污水管网，其他区域的生活污水直接排向河道；泉泾村则没有污水处理设施，加大了对周边水体环境的污染。从污水管网的铺设和运营来看，其人口密度越大，边际成本越低。乡村基础设施落后，重要原因是难以达到设施建设和运营的门槛规模，而将居民点适度合并后，就可以缓解财政供养压力，减轻村民负担。在燃气方面，由于大裕村整体经济条件较好，实现了燃气管网的入户，毛桥村在村庄环境整治的村民小组内实现了入户，而泉泾村则以瓶装液化气为主，增加了安全隐患。由于外来人口的大量导入，原先按照户籍人口标准建设的垃圾房、公厕等基础设施资源严重不足，特别是外来人口聚集而经济条件一般的地区，其基础设施不堪重负（表 7.4）。

表 7.4　　　　三个村庄 2018 年乡村各项配套设施分析

类别		毛桥村	大裕村	泉泾村
市政基础设施	自来水供给	●	●	●
	电力	●	●	●
	通信	●	●	●
	污水排放设施	⊙	⊙	○
	燃气	⊙	●	○
	垃圾房	●	●	⊙
	公厕	⊙	●	⊙
道路交通设施	村庄道路	⊙	⊙	⊙
	公交车站	●	⊙	⊙
公共服务设施	文化活动室	⊙	●	⊙
	老年活动室	⊙	●	⊙
	卫生室	⊙	●	⊙
	健身广场	●	●	●
	小卖部	●	●	●
	特色公共空间	●	●	○
	幼儿园	⊙	●	○

注：●表示有，并且建设较为完善；⊙表示有，但是建设水平低，不完善；○代表没有这类设施。

在道路交通设施方面，三个乡村均完成了道路硬化工程，路网密度较高，保持在 3.0 km/km^2 左右。毛桥村二、五、八村民小组和大裕村集中居住点分别经历村庄环境整治和渐进归并政策后，对该区域内的道路进行了整治拓宽，整体通行条件良好。但在三个村的其他居民点则普遍存在着道路路幅过于狭窄，难以满足村民机动车通勤和车辆会车的需求，造成了交通拥堵；三个村内普遍缺少足够的机动车停车场地，造成部分区域停车难的问题。三个乡村均设置了对外公交车站，但由于大裕村和泉泾村村域面积较大，其内部布置的对外公交车站站点少，降低了这两个村的公交服务水平。

在一系列政策的推动下，三个乡村重要公共设施"三室一场"（文化活动室、老年活动室、卫生室、健身广场）已实现全覆盖，毛桥村和泉泾村均结合村委会设置，而大裕村则在村委会和西侧集中居住区各设置一处。但泉泾村和毛桥村的文化活动室、老年活动室和卫生室服务水平整体不高，体现在设施的使用率较低、运营管理不强。同时，部分设施配置的建筑面积不足，如毛桥村和泉泾村卫生室面积不足、功能不完善，增加了村民就医的难度。三个乡村的小卖部则基本满足了乡村人群的消费需求。在乡村特色公共空间方面，毛桥村保留原有毛氏宗祠，发展成为村民会馆，为村民婚丧嫁娶和大型宴席提供空间；大裕村则在每个村民小组内，各选择一处闲置的老旧房屋进行翻新，为村民提供举办婚丧喜事的场所；而泉泾村则没有相关的乡村特色空间，难以为村民传统特色活动提供有效场地。大裕村在集中居住点内建设了幼儿园，毛桥村幼儿园规模较小，而泉泾村由于宅基地置换，其幼儿园已停止运营。以上分析表明，不同的政策导向对公共设施建设存在显著差异。从公共设施配置的完备度来看，呈现出从宅基地置换、村庄环境整治到渐进归并政策逐级增加和完备的特征。

7.3.5　政策调控空间形态演变的作用机理

乡村居民点空间从封闭单一的均质格局逐渐转为多元开放的异质格局，经历了空间减量和集聚的过程，总体呈现出由村内到村外，由简单到多元的趋向。2000 年，三个乡村都是以农业为主，都经历了乡村居民点用地集聚减量、工业用地先增加后减少和农用地从破碎到集中的过程。但由于采用不同强度的政策模式，乡村居民点用地演变的程度呈现显著差异。

三个乡村在不同政策模式的推动下，都促成了乡村居民点空间的集中，但其乡村居民点空间集中的范围和程度存在差异（图 7.12）。①村庄环境整治政策推动乡村居民点用地在自然村内相对集聚。在此政策主导下，毛桥村乡村居民点用地演变幅度最小，在空间上表现为自然村内部空间填充和整合的方式，乡村居民点斑块面积有少量的减少，斑块的形状变得更为规整，空间分布基本不变。②村庄渐进归并政策推动乡村居民点用地在行政村内集聚。在此政策主导下，大裕村通过行政村村域内跨自然村集聚的方式，使分散的乡村居民点转换为集中居住点，推动乡村居民点用地减量和空间集聚，其居民点用地规模、空间分布和斑块形态发生较大变化。③宅基地置换政策推动乡村居民点向城镇社区的集中。在此政策主导下，泉泾村村民将村宅置换为城镇的商品房，原有的乡村居民点用地复垦还耕、整体消失，导致乡村居民点用地面积大规模减少，空间分布和斑块形态发生剧烈变化。乡村居民点空间集中的范围和程度的差异，也带动村民住房空间和配套设施建设发生不同的变化。

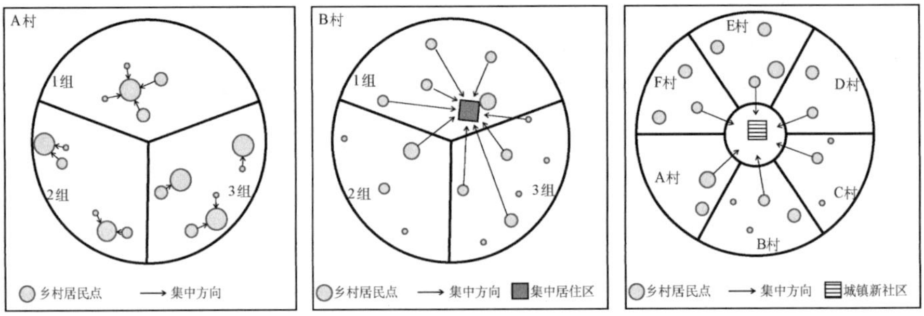

村庄环境整治(自然村内相对集聚)　　渐进归并(行政村内跨自然村集聚)　　宅基地置换(跨村到城镇集聚)

图 7.12　空间形态演变的政策作用机理分析图

7.4　社会形态演变

乡村居民点用地空间的变化也影响着社会形态演变。在传统宗族制度和集体生产劳作实践的基础上，村民以乡村居民点为单位形成了比较强烈的集体认同感，形成包含人情往来在内的多样社会空间互助圈，因此乡村居民点也反映着社会形态。由于难以掌握各村人口和邻里关系的历史准确数据，在社会空间方面不进行前后时间对比，而主要聚焦三个乡村的横向差异。

7.4.1　人口分布

整体上 3 个村庄均出现了严重的人口空心化、老龄化、外来化的现象。依据 2018 年调研数据，毛桥村、大裕村、泉泾村三个村庄外来人口在乡村常住人口中的占比分别为 61.6%、63.7%和 70.9%，表明三个乡村形成了以外来人口为主导的居住结构(表 7.5)。在户籍人口年龄结构方面，三个村 60 岁以上的老年人口占户籍人口的比例高，呈现出典型的人口老龄化现象。其中毛桥村老龄化率最高，达到 43.7%，这反映出村庄环境整治政策并未给乡村发展提供产业发展动力，大量青壮年外出到城镇生活，仅在周末和节假日才回到村中居住，从而使乡村整体年龄偏大。泉泾村老龄化率达到 40.3%，在宅基地置换政策的不断推动下，大部分村民已经在外冈镇区拥有商品房，生活在村中的多为眷恋乡村氛围和生活习惯的老年人；随着宅基地置换的进一步推动，这一部分老人也将陆续置换到外冈镇区。大裕村老龄化率在三个村中最低，仅为 33.5%，其 25—60 岁的劳动力人口比重明显高于毛桥村和泉泾村。年龄结构特征表明在一系列政策引导下，一部分青壮年返回大裕村就业，从事葡萄产业、乡村休闲和文化旅游产业等非农产业。

表 7.5　　　　三个村庄 2018 年人口构成结构

村名	户籍人口			常住人口				
	总量（人）	60 岁以上人口（人）	占比	总量（人）	常住户籍人口（人）	占比	外来人口（人）	占比
毛桥村	643	281	43.7%	980	376	38.4%	604	61.6%
大裕村	6 132	2 052	33.5%	8 174	2 965	36.3%	5 209	63.7%
泉泾村	1 192	480	40.3%	1 390	404	29.1%	986	70.9%

资料来源：作者依据村庄调研问卷整理绘制

村民家庭结构和受教育程度也呈现不同的特征（图 7.13）。大裕村家庭成员数量适中，受教育程度高，与青壮年占主导的年龄结构相吻合。而毛桥村和泉泾村则以老年夫妻独居为主，且受教育程度较低，与传统乡村家庭成员构成特征相一致。

与户籍人口大量流失至城镇相对应，是大量外来人口租用村内闲置住宅居住，从而形成典型的人户分离、人去屋不空的特征。进一步分析三个村庄外来人口和常住户籍人口的比例，毛桥村、大裕村和泉泾村之比分别是 1.61∶1、1.75∶1、2.44∶1，整体上外来人口已经成为三个乡村人口的主导。通过对外来人口的问卷调研发现，外来人口多为初中或高中学历，主要通过老乡介绍或招工的形式在村内及周边企业打工。其中毛桥村的外来人员主要在村内企业打工；大裕村的外来人员主要从事葡萄种植，少部分在村内工厂打工；泉泾村的外来人员主要为职业种粮工人；外来人口的就业与各村主导产业构成相一致。在人均月收入方面，外来人员的月收入均较低，毛桥村、大裕村和泉泾村三个村庄外来人员的平均月收入依次为 3 500 元、5 000 元和 4 400 元；扣除各项花销后，三个村的外来人员每月分别可节余 1 200 元、2 000 元和 1 500 元左右。村内住宅租金相对城镇住

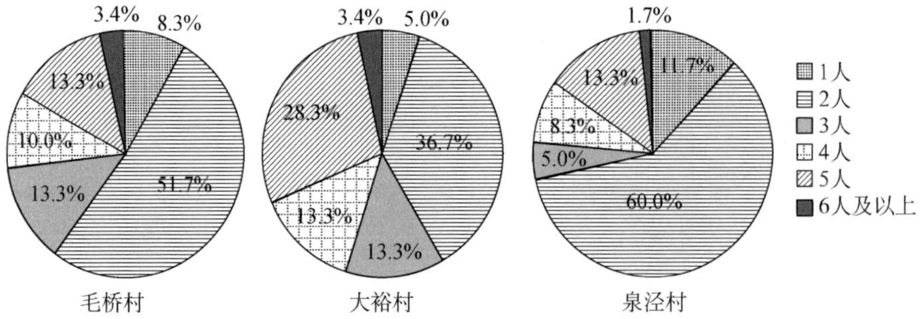

(a) 村民家庭结构

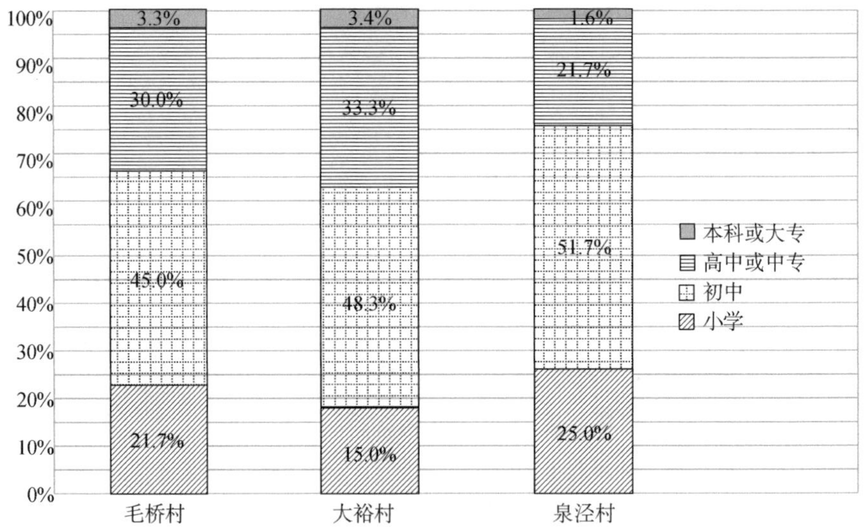

(b) 村民受教育程度

图 7.13　三个村庄 2018 年村民家庭结构和受教育程度分析图

房便宜，10—20 m^2 的单间房屋每月租金为 500 元左右，其价格容易被携带家眷 2—3 人的外来人口家庭结构所接受。村民出于对租金的追求，多采取违章搭建或对房间进一步分割的方法，尽可能增加出租房间的数量，导致大部分村民家里都有 4—6 户外来人口居住，形成了乡村的“群租”现象。整体上，外来人员享受了乡村生活的低成本和非农就业的高收益，但并没有实现居住的城镇化。

外来人口大量涌入乡村后，需要与本地村民共享各项配套设施。原来以户籍人口为配置标准的各项设施难以满足人口急剧膨胀的各项使用需求，带来乡村在高峰时间的用电用水困难，环卫设施配套不足，生活垃圾乱堆乱放和生活污水随意排放的现象加剧。根据对三个村庄村民和外来人员的调查，86.9%的受调查人群均认为环境卫生、排水设施和道路交通是村庄急需改善提高的三类配套设施。

7.4.2　邻里关系

在社会交往方面，通过分析村民之间以及村民和外来人员之间的关系来侧面考察三个村庄邻里关系的变化。

1. 村民之间的关系

调研问卷中设置了“生活遇到困难了会向谁求助”来侧面反映村民社交范围（图 7.14）。总体上，三个村庄的社交范围局限于家庭内部和村委会，村民与本村其他村民小组以及镇区、城区的联系相对较少。乡村生产方式的变迁和各项政策的实施使得传统乡村基于血缘和地缘的邻里关系正逐步向基于业缘关系的交往转变。特别是在外来人员大量涌入乡村后，村民的自我保护意识和距离感正在增强。问卷调查的结果显示向自家亲戚或村委会求助是三个村庄村民的主要选择。随着人口向城镇流动，年轻人通过婚姻、升学等方式实现村民到市民的身份转变。在日常的生活中，乡村主要以留守老年人为主，其社交对象主要是家人和邻居。

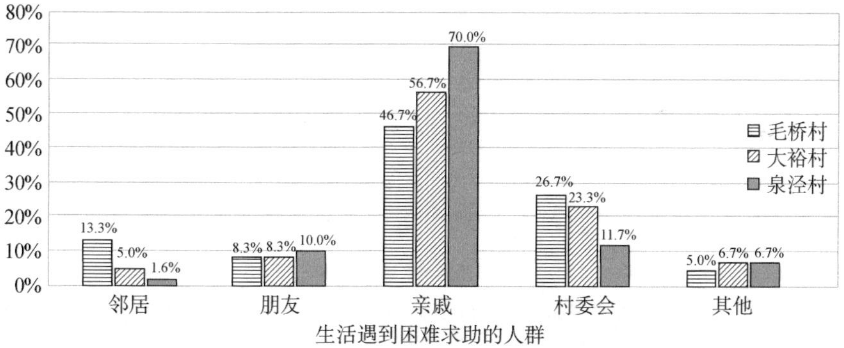

图 7.14　三个村庄社交空间范围分析图

当问及村内邻里关系变化时，三个村庄的村民回答则有较大差异。其中毛桥村 82.5%的村民认为邻里关系比以往变好了。这是因为村庄环境整治对乡村居民点空间用地构成改变很小，村民人群构成和空间分布的变化也较小。受到空间分布的分散性和经济自给性的影响，村民之间的交往仅限于村民小组内部的“熟人社会”。除了在基层行政管理上具有联系以外，村民小组之间的联系较少，毛桥村内部还保留婚丧嫁娶宴请亲戚朋友的风俗习惯。大裕村 58.9%

的村民认为邻里关系和以往差不多。这是因为大裕村的渐进归并政策只是在村内局部区域发生,对本村不同村民小组的居民进行了归并,在村内形成了3处集中居住点,发展成为乡村新社区,建立了购物超市和便民社区医疗服务点,使得村民能享受基层医疗服务,扩大了社交范围。村民的空间分布改变相对较小,对村民的邻里关系影响较少。大裕村邻里关系主要体现在楼前空地上的聊天和婚丧嫁娶随份子等,老年人保持传统的社会交往形式,年轻人的交往则更加多元化。

泉泾村64.2%的村民认为邻里关系变差了。一方面,宅基地置换将泉泾村邻里关系延伸到村外,位于镇区的安置社区需要安置来自不同行政村和自然村的村民,传统乡村中血缘和地缘纽带在安置社区中已不复存在,邻里之间变得相对不熟悉。到城镇集中居住的村民失去了事实上的农民身份,但又受自身条件的限制难以获得市民身份,变成介于村民和市民之间的特殊群体——失地农民。其生活习性和职业能力难以完全融入城镇需求,使原来的乡村熟人社会变成半熟人社会乃至陌生人社会,形成游离于城镇和乡村之间的边缘性状态,导致安置村民身份认同感和心理归属感的双重缺失。另一方面,随着外来人口涌入乡村,泉泾村的生活方式也变丰富,不同村民的关系也随之发生转变。不同村民之间的交流主要以口头寒暄为主。

2. 村民和外来人员的关系

总体上三个村庄的村民和外来人员的社会交往并不多。当问及村民对外来人员的看法时,三个村的村民表现出一致性,毛桥村、大裕村和泉泾村分别有45.0%、38.3%和21.7%的村民认为外来人员会挤掉他们的工作岗位,其主要原因是外来人员工资低和容易管理,见图7.15(a)。而三个村分别有55.0%、61.7%和78.3%的村民认为外来人员不会对他们的工作岗位造成威胁,其主要原因是外来人员从事的工作比较累,村民不愿意从事。

问卷设置“最担心租客的行为”来反映村民对外来人口具体行为的看法时,三个村庄的调查结果体现出一致性,但程度略有区别,毛桥村、大裕村和泉泾村分别有65.0%、53.3%和75.0%的村民担心外来人员拖欠房租,见图7.15(b)。影响治安和污染环境也是村民主要担心的外来人口行为。

随着乡村社会的不断发展,村民的各项工作生活逐渐转至村外的各类区域,外来人员则进入乡村居民点内部,与本地留守村民共享公共空间。乡村的社会空间格局由封闭单一的均质分布逐渐转为开放多元的异质分布。外来人员和村民的交往局限于房屋租赁。不同的生活习惯和语言差异阻碍了外来人员和村民的深入交流。根据问卷显示,泉泾村本地工厂里的外来人员,主要来自上海附近的

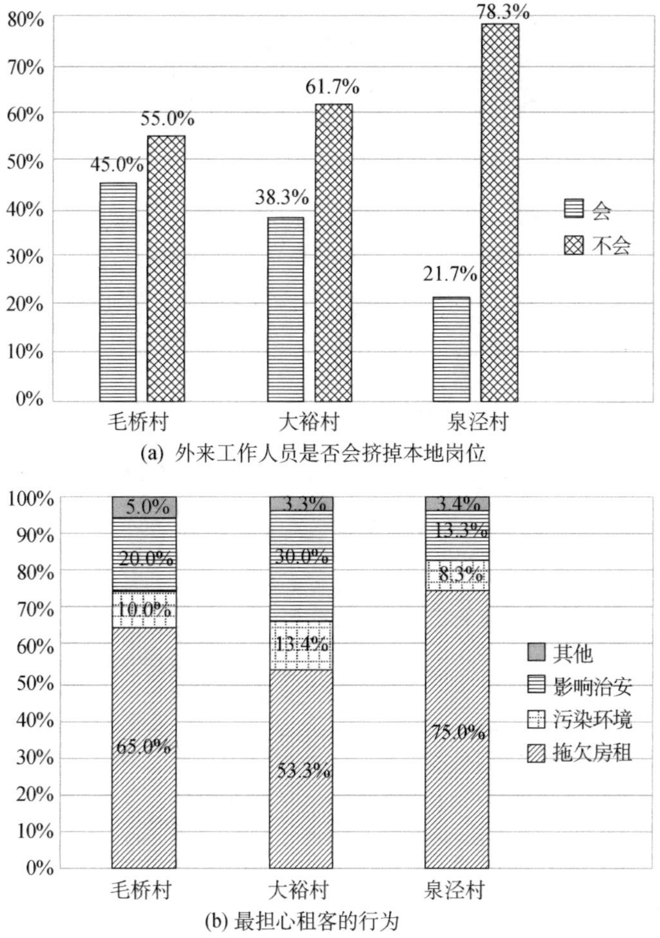

图 7.15　三个村庄村民和外来人口关系的分析图

省份，文化水平相对不高(调研普遍为中学水平)，通过老乡的熟人网络，获得就业信息，以工厂体力劳动为主，见图 7.16(a)。工厂封闭的工作环境使外来人员以家庭为单位整体租住在本地村民的房屋，见图 7.16(b)。但每月的交流仅限于和房东沟通交房租和日常用品方面，与本地村民极少有接触机会。

7.4.3　政策调控社会形态演变的作用机理

基于以上对人口分布和邻里关系的分析，可以发现在不同政策模式影响下，乡村空间形态显著分化，三个乡村的社会形态也随之变化，体现在村民社会交往空间范围和社会交往对象的差异两方面(图 7.17)。①在村庄环境整治政策主导

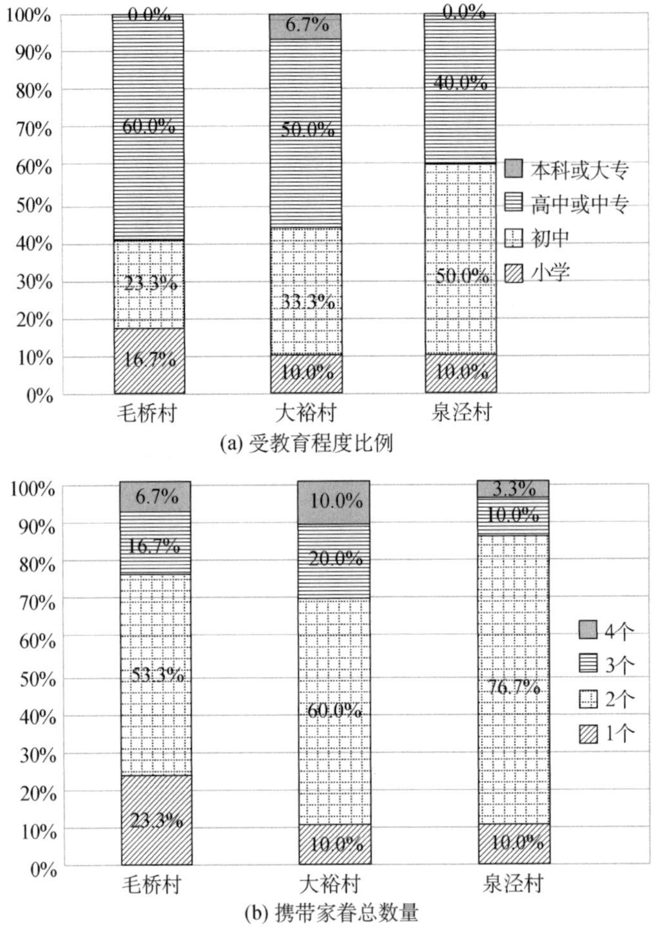

图 7.16　三个村庄外来人口受教育程度和携带家眷数量分析图

资料来源：作者依据外来人口问卷调查自绘

下，毛桥村居民点空间形态演变的幅度最小，村民仍在原址居住，使原有以自然村为基础的血缘、地缘关系得以保留并延续。村民社交空间范围局限在自然村内，主要社会交往对象为自然村内的其他村民，村民之间形成的稳定社会关系可以有效缓解外来人口涌入乡村带来的社会冲击。②在渐进归并政策主导下，大裕村村民完成从自然村到集中居住点的迁移，使原有以自然村为基础的血缘和地缘关系受到冲击。村民社交范围扩展到整个行政村内，使村民需要面对更多社会交往对象，不仅需要保持与原居住自然村的联系，同时也需要与集中居住点的各类人群交往。社会交往范围和对象的扩展，带来村民社会交往强度的降低，原有以自然村为基础的熟人社会逐渐变成了以集中居住点为基础的半熟人社会。③在宅基地置换政策主导下，泉泾村村民从自然村到城镇居住区中居住，使村民社交范围扩展到整个城镇。由于乡村居民点已经复垦还耕，原有建立在自然村基础上的血缘和地缘关系彻底消失；政府在为进城村民提供各项公共服务的同时，打破了原有的人口、土地和户籍三位一体的乡村社会空间结构。村民需要在新的城镇社区内与各类人群交往，社会交往空间范围和对象的剧烈扩展，导致村民社会交往强度的整体降低，原有乡村熟人社会完全消失，村民需要融入城镇的陌生人社会，从而彻底改变了乡村的社会形态。

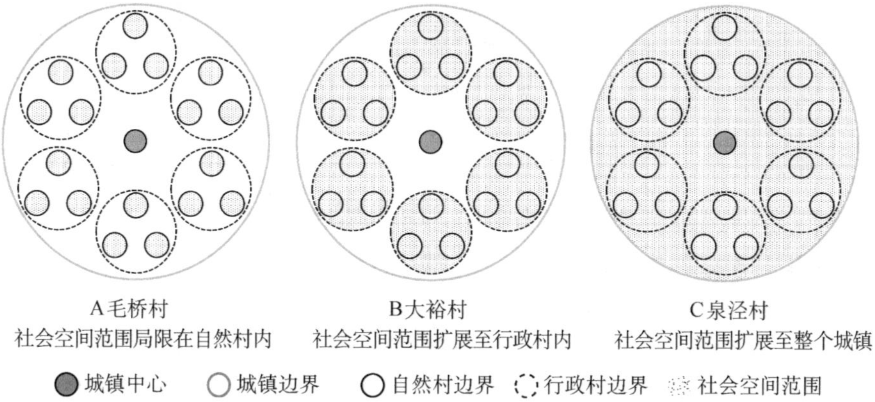

图 7.17　社会形态演变的政策作用机理

7.5　经济形态演变

乡村居民点用地空间的变化也影响着经济形态的演变。在土地集体所有制和村集体经济的基础上，乡村是一个经济空间实体。随着不同政策的推行，乡村的用地布局发生改变，影响乡村的产业发展类型和村民就业空间，从而推动乡村经济形态发生演变。

7.5.1　收入支出

整体上大裕村从一产转变为一三产结合，而其他乡村仍以一产为主；产业结构转型升级差异带来三个乡村收入的差异。在经济发展方面，通过综合考察村集体和村民家庭两个维度的收入支出构成来反映三个村庄经济发展的差异。

1. 村集体收入支出

总体上，三个村庄在一系列政策的作用下，结合自身资源环境特色，形成了差异化的主导产业，各村集体收入也形成显著的差别（表 7.6）。其中毛桥村集体收入占比最大的仍然是土地租赁收入（占比 77.1%），这反映出经过村庄环境整治政策后，乡村物质环境得以更新，但并未激发乡村产业动力，乡村旅游发展不佳，工业厂房租金仍是其主要经济来源。政府主导下的村庄环境整治政策未能形成长效管理机制，乡村发展的动力不足。当乡村集体企业和厂房进一步减量后，其集体收入将变得更少。乡村发展需要解决经济动力不足的问题，即要解决乡村的造血机制问题。大裕村依托葡萄经济作物种植，收回到期土地房屋，发展文化旅游产业，其主要收入来源已变为农业收入（占比 36.0%）和村办企业收入（占比 34.0%），这是因为葡萄种植经济收益较高，其价格已从 2000 年的 3 元/斤提升至 2018 年的 12 元/斤，在此基础上发展的文化旅游产业使大裕村总收入显著高于其他两村。而泉泾村则在宅基地置换后增加了农用地面积，大力发展现代化农业，其村集体主要收入来源变为农业收入（占比 34.0%）以及各级政府的农业种植补贴（占比 29.4%）。同时，泉泾村在宅基地置换中保留了部分符合乡村产业发展导向的工业用地也为村集体带来了收益（占比 10.9%）。

表 7.6　三个村庄 2018 年收入来源构成

村名	小计（万元）	农业收入		村办企业收入		土地租赁收入		政府补贴收入		其他收入	
		金额（万元）	占比	金额（万元）	占比	金额（万元）	占比	金额（万元）	占比	金额（万元）	占比
毛桥村	480	60	12.5%	0	0.0%	370	77.1%	30	6.2%	20	4.2%
大裕村	4 530	1 630	36.0%	1 540	34.0%	580	12.8%	550	12.1%	230	5.1%
泉泾村	2 208	750	34.0%	240	10.9%	460	20.8%	650	29.4%	108	4.9%

资料来源：作者依据村庄问卷调研自绘

在三个乡村的支出构成中，管理支出和公共支出占据较大份额，毛桥村、大裕村和泉泾村的管理支出占比分别为 31.4%、31.2%、31.1%，公共支出占比分别为 37.2%、41.2%、19.9%（表 7.7）。在调研中发现，由于政府行政管理职能不断向村级延伸，大量本该由上级政府承担的社会管理支出下沉给村集体承担，同时随着外来人口的大量涌入，社会管理成本不断增加。从而导致村级集体经济的支出迅速扩大，以大裕村为例，其村级管理支出从 2000 年的约 180 万元增长到 2018 年约 1 250 万元。乡村实行村民委员会自治管理，村级事务管理涉及近 50 个条线部门，设置了综合治理工作站，涵盖综合治理、信访、司法、联勤、安全、警务、外来人口管理、民生服务等八位一体的职能。村内管理力量以人防为主、技防为辅，各村都配备了一定数量的村干部和治安联防队员、人口协管员、保洁员等力量，其中大裕村还组建了日防队和夜访队等看家护院队伍，增加了各项管理支出。同时，由于村域面积大、居民点较为分散，加上村民和外来人员混杂居住，导致各项管理支出的进一步增加。

表 7.7　三个村庄 2018 年支出去向构成

村名	小计（万元）	管理支出		公共支出		农业支出		经营支出		其他支出	
		金额（万元）	占比	金额（万元）	占比	金额（万元）	占比	金额（万元）	占比	金额（万元）	占比
毛桥村	430	135	31.4%	160	37.2%	70	16.3%	30	7.0%	35	8.1%
大裕村	4 007	1 250	31.2%	1 650	41.2%	620	15.5%	375	9.3%	112	2.8%
泉泾村	2 135	665	31.1%	425	19.9%	880	41.2%	110	5.2%	55	2.6%

资料来源：作者依据村庄问卷调研自绘

2. 村民家庭收入支出变化

三个村的主导产业不同，村民家庭收入支出也存在一定的差异。根据问卷调研数据，三个村庄平均家庭年收入在 9.28 万～13.42 万元。从收入构成来源来看，三个村庄则表现出一致性，工资性收入、房租收入和社保养老金收入是其收入的主要来源，占其总收入的 80%以上，务农、土地流转收入、村集体分红在家庭收入中占比较低。表明随着农业生产效率的提高，乡村大量剩余劳动力已完成从农业到非农产业的转移。与之相适应，村民生计方式已从传统的农业生产转为非农就业的工资收入和房租收入。

住房出租已经成为部分村民经济收入的重要组成部分。总体上每户约有 4 个房间左右出租，按照月租金 500 元/间的价格计算，房屋出租收入已占到家庭总收入的 25%。部分家庭由于出租房间数量达到 10 个，租金成为家庭收入的主要来源。大裕村、泉泾村的出租房间单价和出租收入占比高，而毛桥村的出租房间单价和出租收入相对较低。大裕村家庭年收入为 13.42 万元，房屋出租收入占家庭收入的 23.5%，平均单间房屋出租价格为 620 元，在三个村中房间出租单价最高，见图 7.18(a)，这是因为村民陆续利用自家房屋开展了农家乐和民宿等相关产业，导致对外出租的住房数量减少。泉泾村平均家庭年收入为 10.87 万元，房屋出租收入占比达到 39.8%，平均单间房屋价格为 530 元，该村以发展现代农业为主，所需劳动力较少，大量村民迁出，使得闲置的房屋大量出租给外来人员。毛桥村的平均家庭年收入较低，仅为 9.28 万元，同时其房屋出租收入占比仅为 18.3%，平均单间房屋价格为 450 元，这从一个侧面反映了乡村产业发展动力不足的问题。

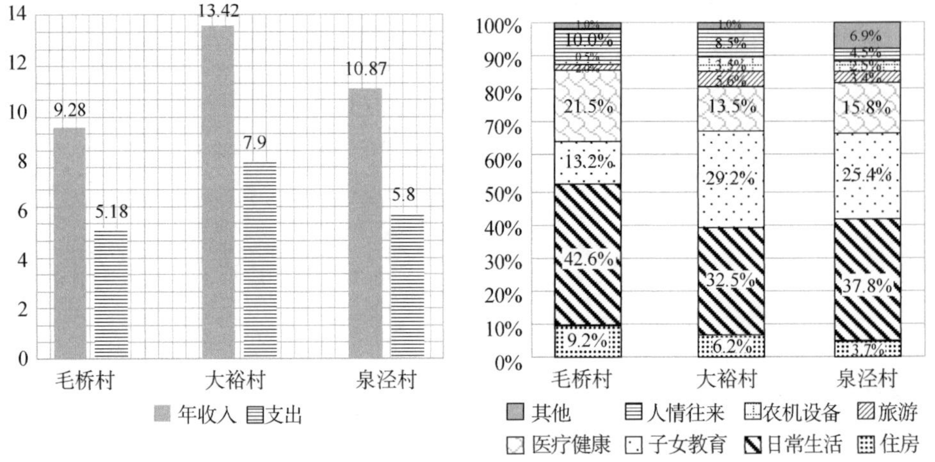

(a) 村民年收入与支出(万元)　　(b) 各项消费支出占比

图 7.18　各村的村民消费和支出构成图

一方面，由于户均农用地少、农用地流转租金低，因此农地租金在村民平均家庭收入中占比都较低。另一方面，随着农用地流转比例的逐步提升，传统农业生产模式消失，各种专业合作社、农业公司和种植大户等新型农业经营主体出现，村民和农业生产之间的联系日益减少，二产和三产成为村民增收的主要途径。泉泾村在推进宅基地置换的同时，村民将农用地进行了同步流转，受让方主要为大型种粮企业，其土地流转价格为 1 500 元/年/亩。毛桥村大部分农用地已完成了流转，村民通过村集体经济组织将农用地承包给农业企业进行规模经营，以蔬果种植为主，其土地流转价格为 1 200 元/年/亩。大裕村村民的土地流转比例较低，仅有不足 50%的村民进行过土地流转，这主要是因为村民利用自家的农用地开展葡萄种植，可以获得远高于农用地流转的收入。

在家庭总支出方面，日常生活、子女教育和医疗健康是家庭总支出中最为主要的三项组成部分，三者占家庭总支出接近 80%。其中毛桥村、大裕村和泉泾村村民日常生活的支出比重分别为 42.6%、32.5%和 37.8%，这与三个乡村的经济状况相符合，经济收入高的村庄其日常生活支出比重低。住房、旅游、人情往来、农机设备和其他支出在三个村比重总和不超过 20%，见图 7.18(b)。大裕村由于农家乐等旅游设施的建设和前期投入，平均家庭支出较高，为 7.9 万元。泉泾村的家庭年支出为 5.8 万元，同时在部分以老年人为主要结构的家庭中，旅游取代子女教育成为家庭支出的重要部分，这反映了村民在生活水平提高后家庭消费的新趋势。毛桥村村民平均支出最低，仅为 5.18 万元，由于其人口少，密度低，其粮食供给基本自给自足，总体支出较低。

总体上，扣除各项开支后，三个乡村家庭均有结余资金。其中大裕村年结余资金为 5.52 万元，泉泾村年结余资金为 5.07 万元，毛桥村年结余资金 4.1 万元。因此在问询是否愿意参与到发展农业旅游或其他村集体经济等，仅有 7.6%的受访人群表示不愿意参与，该类人群主要为老人；有 55.6%表示可入股或进行相关投资；有 36.8%的人表示可从事相关劳动或服务业，这也说明了村民利用闲置资金参与到乡村建设的潜力。

7.5.2　村民生计

农用地流转使村民逐步从农业向非农就业转变。进一步分析村民的就业空间构成，见图 7.19(a)，发现青壮年已经完全脱离了农业生产，主要在附近的企业打工以获取经济收入。由于大部分土地已经完成了流转，50 岁以上的中年人多在承包户里打零工。60 岁以上的老人偶尔务农以满足日常生活自给。在农业产品门类上，大裕村主要以水果(葡萄)、水稻为主；泉泾村主要以水稻、绿叶蔬菜为主；毛桥村主要以水果(西甜瓜)，蔬菜和苗木种植为主，反映出更加多元化的农业经济空间特征。

在非农就业方面，大裕村形成了以葡萄为主的产业，经过渐进归并后，在此基础上发展了以农家乐为基础的餐饮、住宿和文化产业，形成了一产和三产结合的业态。泉泾村经过宅基地置换后，以发展现代万亩农田为主，大部分村民都转向城镇工作，完全脱离了农业，成为离土又离乡的人群。户籍村民不再以农业为就业主渠道，多以务工经商为主；外来人口进入规模化农田进行农业种植，成为代耕农，弥补农业用工的不足。由于缺乏必备的职业技术能力，政府提供给置换村民的就业岗位，多是门卫保安之类的岗位。如果村民拒绝，只有一次再介绍工作的机会，此后政府就不再负责。根据对泉泾村的访谈，村民对这样的岗位，满意度较低(仅为 13.5%)。因此，需要进一步加强对被置换村民就业能力的培训。毛桥村经过村庄环境整治后，主导产业尚未确立，大部分村民都涌入附近城镇经商或务工。调研进一步发现，在工厂里工作的村民多为留守的中年人和老年人，从事工厂清洁卫生和门卫等工作。总体上，村民在脱离乡村进入城镇从事非农就业岗位时，由于其技能较低，往往难以找到满足其期望的就业岗位，因此需要在村内适度增加非农就业岗位，吸引村民回流到乡村内就业。同时，村民到城镇居住后，生活成本大幅提升并固化，与不稳定的收入来源形成了冲突，增加了其生存压力。村民以自留地换社保，换来的仅是部分低层次的保障，难以长久解决其实际问题。

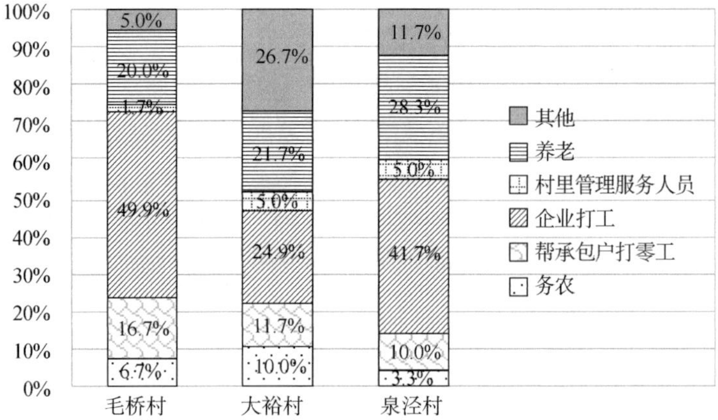

(a) 村民就业类型

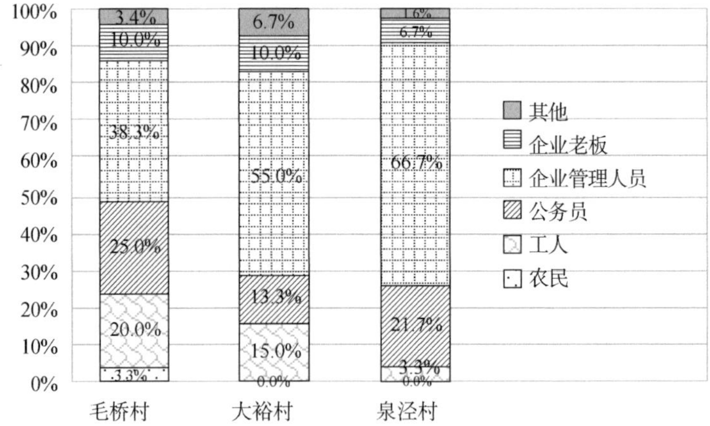

(b) 对子女就业的期望

图 7.19　各村的村民就业类型和对子女就业的期望

作为生活保障的耕地和宅基地远离了村民的掌控，其生活将出现极大的不确定性。如何为进城村民建立稳定而持续的基本社会保障体系，以替代过去土地资源所承担的社会功能还需要进一步探索。

问卷中设置了“对子女将来就业期望”的问题，见图 7.19(b)。企业管理人员和公务员成为最受欢迎的就业类型，毛桥村、大裕村、泉泾村村民选择企业管理人员的比重分别为 38.3%、55.0%和 66.7%；三个村庄的村民选择公务员的比重分别为 25.0%、13.3%和 21.7%。进一步访谈得知，由于农民等传统就业岗位的低收入，已经完全对村民子女就业失去了吸引力，这也说明推动农业转型升级的必要性。

非农工作的高收入推动乡村年轻劳动力逐渐转向城镇工作。访谈得知，80%

的村民把未流转的土地交给老人管理。目前仅有部分老年人从事农业生产，青壮年人群已基本脱离农业，农业生产的副业、兼业现象较为普遍。大裕村通过政策引导，鼓励种粮大户和家庭农场的发展，培育新型职业农民。传统的农业种植功能逐渐非粮化。由于粮食作物的收益相对有限，与经济作物相比，其收入甚微，这就导致大裕村出现了农业经济空间非粮化的趋势。泉泾村在政策的引导下，土地生产要素实现优化配置，乡村土地从“小而散”演变成规模化的现代农业。农业生产从与市场脱钩到过度依赖于市场价格，乡村生产逐渐嵌入市场经济体系中。

7.5.3　政策调控经济形态演变的作用机理

伴随着空间形态和社会形态的演变，三个村庄的经济形态也产生了差异性的变迁。传统的乡村居民点既有承载村民居住生活的空间，又提供了以农业为主兼有二三产业的经济空间。在不同政策的影响下，旧的经济空间逐步瓦解，新的经济空间不断出现。乡村经济形态逐步从自然演进向政策调控的方向发展。各类政策模式通过将乡村不同的经济空间纳入到交换体系中，推进乡村经济形态的演变。

在三类不同政策模式的影响下，三个乡村传统农业空间、低效工业空间和村民就业空间分别形成了不同的空间演化路径，导致乡村产业构成和村民生计的差异（图 7.20）。①毛桥村在村庄环境整治政策下，其传统农业经历了空间集聚升级，发展成休闲农业；低效工业空间总体经历了规模减量，部分工业用地转型为旅游业用地；由于村内缺乏足够的非农工作岗位，村民大多在村外灵活就业。从而导致毛桥村产业发展内生动力不足，村集体收入和村民就业收入低的现状，这从侧面说明了村庄环境整治政策无法有效提升乡村经济效率。②大裕村在渐进归并政策下，其传统农业经历了空间分化，发展成特色农业；低效工业空间总体转型为文化服务业用地，形成了一产和三产相结合的多样化业态；村民依托特色农业和文化服务业在村内实现个体经营。大裕村内生动力强劲，村集体收入和村民就业收入高，表明渐进归并政策一定程度优化了乡村经济形态，提升了乡村经济空间的资源配置效率。③泉泾村在宅基地置换政策作用下，其传统农业经历了规模转型，发展成现代农业；低效工业空间减量复垦为耕地，增加了耕地面积，也促进了农业的规模化经营；村民大多在城镇就业。泉泾村内生发展动力较强，村集体收入较高，但村民就业收入一般，表明宅基地置换政策使村民就业空间和乡村经济空间发生了严重的空间分离错位。

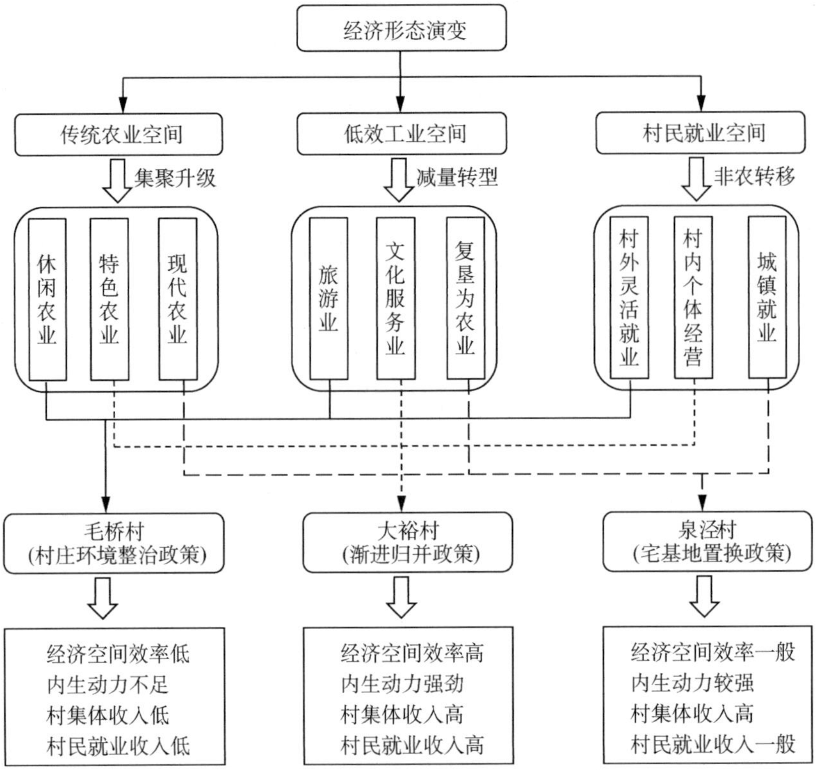

图 7.20　经济形态演变的政策作用机理

7.6　政策调控作用机理

7.6.1　政策模式比较

不同强度的政策干预模式造成乡村居民点多维空间发生差异性变化。其一，在宅基地置换政策模式作用下，乡村空间发生剧烈变化，大量闲置乡村居民点用地复垦为农田，形成了现代农业基地；其二，在渐进归并政策模式作用下，乡村空间发生有序变化，分散的乡村居民点空间集聚成有一定规模的集中居住点，以满足村民生活品质提升的需求，形成乡村新社区；其三，在村庄环境整治政策模式作用下，乡村空间形态略有调整，原有乡村生活环境得到改善，村民住房得到有机更新。

1. 宅基地置换政策模式推动形成现代农业基地

在宅基地置换政策模式作用下，将分散、闲置的乡村居民点拆除复垦，并将村民异地集中安置到城镇社区，从而提升村民居住环境质量；进而推动乡村空间形态演变(图 7.21)。乡村居民点用地复垦后，增加了农用地的面积，结合一系列土地整理和农用地流转措施，推动细碎的农用地向规模化的农业空间发展。村民进城上楼后，从事农业劳动的比例进一步减少，大多将土地分片流转给农业生产合作社或农业种植公司，一定程度上促进了农业的产业化经营，有利于提高农业的经济效益，推动传统农业转型升级为现代农业。村民置换到城镇社区后，原有建立在地缘基础上的血缘和业缘关系发生剧烈转变，村民从传统乡村的“熟人社会”进入城镇“陌生人社会”，邻里关系和社会交往范围发生变化。同时大部分村民就业在城镇中解决，完全脱离了乡村；仅有极少部分村民成为“职业农民”，在农业种植公司内工作，村民的就业空间发生了剧烈转变。就业空间的改变，加剧乡村社会形态的演变。外冈镇泉泾村即属于该类政策模式作用的结果，既节约了建设用地指标，又促进了农业的发展。

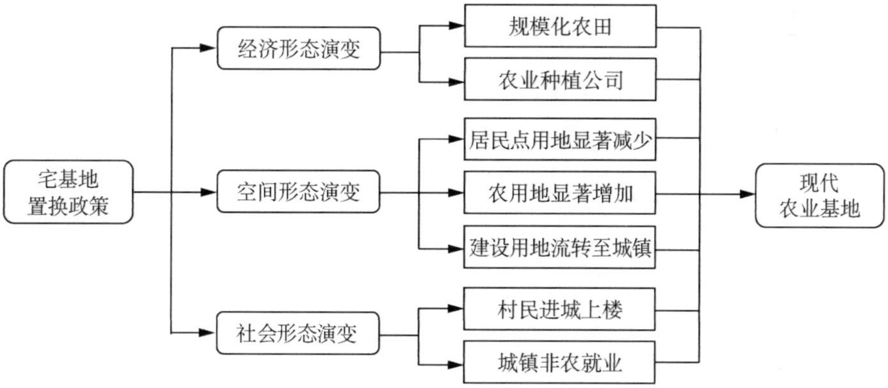

图 7.21　宅基地置换政策模式推动形成现代农业基地

但应看到，该类政策模式也存在一些问题。其一，该模式弱化了乡村的人口承载和生活功能。村民进城上楼后一方面难以获得理想的非农就业渠道，另一方面，需要支付不菲的物业管理、水电气暖等费用，村民的生活成本大幅度提高并固化。同时，乡村居民点被大规模拆并上楼，大拆大建的方式使“乡愁”消失，乡村的文化内涵难以保留。其二，该模式过度依赖政策自上而下的资金投入，政策成本高。在宅基地置换推进过程中，一般采用异地住房置换的方式，财政资金成为该类演变模式得以顺利进行的前提。依据原有住房面积，置换村民可得到等同于原有住宅面积的 3 套城镇商品房(共约 250 m^2，其中 1 套村民用于自住，其余 2 套用于出租获取租金)。依据上海市 2018 年城镇商品房的价格，3 套郊区住房价格大致等同于 1 000 万元的货币补偿，已远超其原有村宅的等额货币价值。因此村民都希望通过宅基地置换获得3套城镇住房。但随着地价的进一步攀升,地方政府补偿3套住房的标准难以为继,资金无法平衡,只能降低置换补偿标准为2套,而未置换的村民基于前后经济利益的比较,又不愿意放弃原有补偿标准。财政压力造成该模式难以全面推广。

2. 渐进归并政策模式推动形成乡村新社区

在渐进归并政策模式作用下,采用疏堵结合的方式推动分散的乡村居民点向乡村新社区演变(图7.22)。一方面,对村民个人建房进行严格管控,加强对村民建房空间的引导,对有住房新建或改建需求的村民,统一引导至村内集中居住点,采用"堵"的方式有效解决住房需求难以落地的问题,同步推动新增乡村居民点用地从空间分散转向空间适度集聚。另一方面,通过在集中居住点内完善各项公共服务设施和基础设施配置,采取自愿渐进的方法鼓励村民参与集中统一建房,采用"疏"的方式引导村民存量住宅更新。通过疏堵结合的方式,推动乡村居民点从分散布局走向适度规模集聚,完成乡村空间形态的演变。村民跨组迁移进入集中居住点后,原有村民小组内的熟人社会转向半熟人社会;在集中居住点实施城镇社区的管理模式后,乡村原有的社会交往范围和方式被打破,推动乡村社会形态的演变。乡村居民点用地渐进归并后,一部分人完全脱离了农业,就近从事三产工作;另外一部分人则在传统农业的基础上发展了特色农业,获得更高的经济收入;优化了乡村的经济空间和村民就业空间。马陆镇大裕村即属于该类政策模式作用的结果,既优化了乡村空间布局,又节约了建设用地指标。

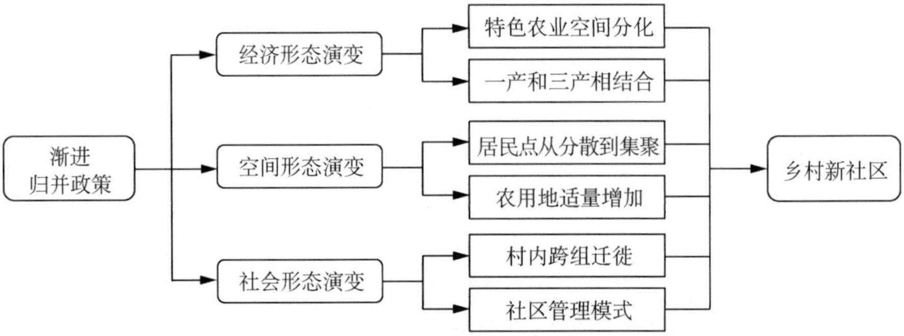

图7.22 渐进归并政策模式推动形成乡村新社区

该类政策模式采用政府自上而下的管控和村民自下而上的意愿相结合的方法,采用长期管控的方式,不强制拆迁村民住宅;但亦不允许村民在原有宅基地的基础上进行改建和翻建村民住宅,新建住房必须到指定的集中居住点进行建设;原有宅基地由村集体收回。在整个过程中,政府投入集中居住点的市政配套,村民负责房屋建设和装修。总体上地方政府可以获得建设用地节余指标，而村民可以获得完善的配套设施和舒适的居住环境。该政策模式的资金成本较低，但渐进归并需要较长的时间才能完成村民搬迁和耕地复垦的要求，乡村新社区的营造同样是一个漫长的过程，因此需要对集中居住点进行合理选择，避免村民短时间内二次迁移。

3. 村庄环境整治政策模式推动乡村有机更新

在村庄环境整治政策模式作用下，不显著改变乡村居民点用地布局，仅对乡村居民点内外居住环境进行整治提升。通过乡村居民点用地有机更新和乡村居住环境提升完成空间形态演变(图 7.23)。一方面，疏浚河道、整修道路、完善各项公共服务和市政基础设施，促进乡村居民点外部空间环境的优化；另一方面，对村民建筑进行原址有机更新，修复住宅外部风貌，同时对住宅内部功能和空间进行有机更新，满足村民生活水平提升的需求，从而促进乡村居民点内部空间环境的优化。乡村居住环境的改善减缓了村民向城镇迁移的意愿，原有的村民邻里关系得以强化；整治后乡村优美的田园风光促进了城市居民到乡村来，增加了城乡人群的互动，从而完成了乡村社会形态的演变。同时，传统农业升级和休闲农业的发展也为村民提供了就近工作的场所，推动乡村产业结构和村民就业空间的变化。华亭镇毛桥村即属于该类政策模式作用的结果，既有效保留了传统乡村的田园风貌，又能促进村民居住生活水平的提高。

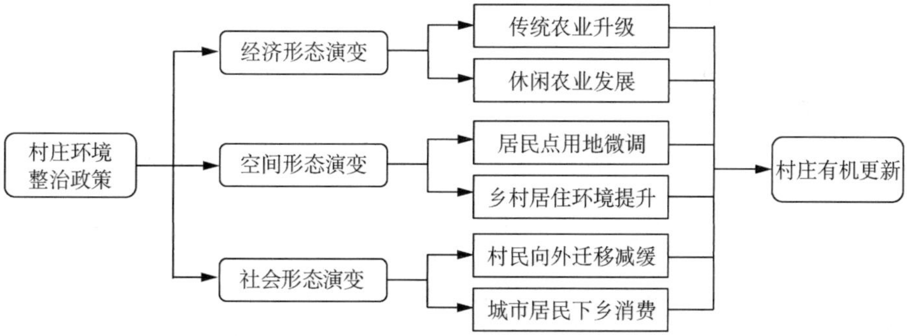

图 7.23　村庄环境整治政策模式推动村庄有机更新

但该类模式需要依靠政府持续的资金投入。同时，该类模式对乡村经济发展和产业提升的效果有限；村庄经过环境整治后，传统农业的升级和休闲农业的发展尚未显著增加村集体收入和村民就业收入，乡村的进一步发展存在产业缺乏优势和动力不足等问题。因此该类乡村需要在整体改善乡村居民点物质环境的同时，依托乡村良好的自然环境，加强经济产业的升级优化和相关惠农政策扶植。

进一步优化乡村产业结构,吸引城镇居民到乡村体验和消费,促进城乡要素资源的双向流动,进而发挥乡村的田园风光和文化价值,为乡村空间的全面优化提供动力支撑。

乡村居民点空间演化在不同政策模式作用下存在显著差异。在空间优化的过程中,需要正确理解不同政策模式的特点和适用范围,结合乡村居民点实际状况选择适宜的政策模式。在乡村人居环境受到各类大型基础设施项目严重干扰时,可选择通过宅基地置换政策模式形成现代农业基地;在近郊区乡村有较好产业发展基础时,可选择渐进归并政策模式形成乡村新社区;而当远郊区乡村有较好的自然风光和农业基础时,可选择通过村庄环境整治政策模式推动村庄有机更新。

7.6.2 政策调控路径

乡村居民点空间演化的实质是在不同政策模式作用下,干预调控土地、人口和产业三类要素的流动方向和强度,推动了空间形态不同程度的演变,并引发社会形态和经济形态相应程度的变化(图 7.24)。

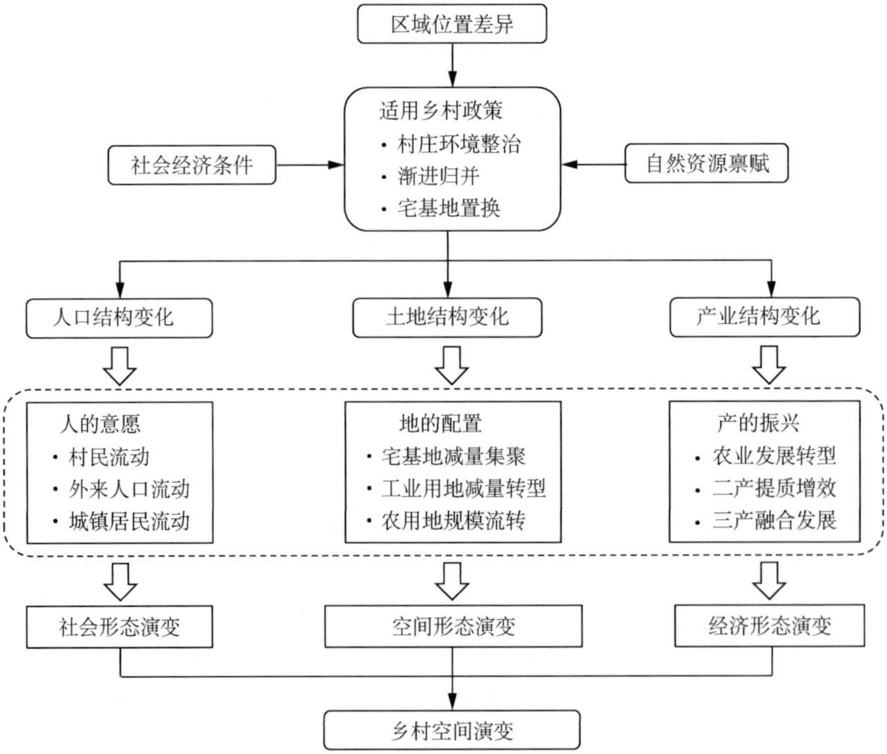

图 7.24 政策调控路径分析图

首先，通过各类政策推动乡村居民点用地、农用地和工业用地的流转，建设适度集中居住的生活空间和规模经营的生产空间，推动空间形态的变迁。既有乡村分散居住的形式与农业生产方式高度适应，土地流转促进了乡村农业生产的适度规模集中。农业生产逐步从乡村居民点中脱离出来，引发乡村生产和居住空间的分离，促进乡村居民点用地的集中；工业用地的减量复垦增加了耕地面积，进一步推动农用地的集中。

其次，土地要素的空间流动促进村民在城乡更大空间范围内迁徙流动，引发了劳动力资源的优化配置，改变了地域空间人群结构和社会关系，推动社会形态的演变。外来人口涌入使乡村居民点单一的居住功能被打破。伴随着村民的流出和外来人口的流入，土地所有者和使用者发生分离。在农用地流转给其他农户，住宅租给外来人员后，村民开始迁往村外居住生活，村民与乡村土地的关系逐渐变成收取分红和租金的纯经济形态；进入村宅居住的外来人员与土地也仅有松散的租赁关系。

最后，土地要素流动、人群要素流动引发了经济产业要素的空间优化配置和重组，推动经济形态的演变。随着乡村劳动生产率的提高，非农就业比重增加，传统农业生产在村民增收中的地位和功能不断下降；农业现代化和休闲旅游的发展为乡村注入了新功能。乡村居民点由过去的单一农业生产和居住功能逐步转化为集农业生产、居民生活和农业旅游为主的多元复合功能，导致乡村经济形态发生变化。

7.6.3 政策实施机制

基于乡村所处自然环境和社会经济条件的差异，采用村庄环境整治、宅基地置换和渐进归并等不同的政策模式，直接对乡村居民点的空间分布、规模和形态进行调控。这些政策对乡村居民点空间演化具有突变性和边界局限性。其中突变性是指乡村居民点空间从传统的小、散、乱的空间布局到新型的规模适度、空间集聚的布局体系。边界局限性是指受政策作用的区域具有明确的空间边界（一般为行政边界），边界内的乡村居民点受到政策作用，发生显著变化；边界外的乡村空间变化不明显。一系列政策使乡村居民点从自然环境因素和社会经济因素导向下的自发演变转向政策干预调控的演变，促进乡村居民点空间适度集聚，提高用地的集约利用程度。在政策推动乡村居民点空间演化的实施过程中，不仅需要农用地流转政策和工业用地减量政策的联动，而且需要其他相关配套政策的助推。

1. 农用地流转政策和工业用地减量政策的联动

不同政策模式促进了城乡要素流动和乡村居民点空间的优化重组,影响乡村农用地空间和工业用地空间的演变,也带动了乡村居民点的经济和社会形态的变化。农用地、工业用地和乡村居民点用地是乡村三种基本的用地类型(图 7.25)。各项促进乡村居民点空间演化的政策实施需要联动农用地流转政策和工业用地减量政策。农用地流转政策,顺应农业产业化和现代化的发展趋势,推动农业空间从破碎向空间集聚转变,使村民闲置的农用地得到合理利用,推动农用地集中在种田能手或专业大户中,农用地的集中反过来促进乡村居民点用地的集中。

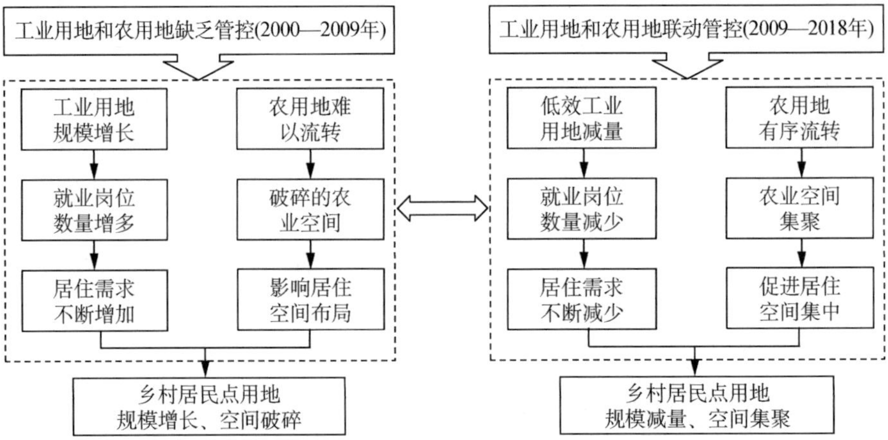

图 7.25　工业用地和农用地管控前后对比图

在 2000—2009 年,一系列政策只关注乡村居民点用地的集聚、减量,缺乏对乡村工业用地的管控政策,导致乡村居民点用地大量减少,但乡村工业用地受社会经济因素的影响呈现剧烈增长的趋势。工业用地的增长提供了大量廉价工作岗位,吸引了外来人口涌入。一方面,基于低廉的房租和便捷的交通区位,在工厂工作的人群大量集聚在乡村居民点。村民出于房租租金最大化的经济考虑,对原有房屋进行违章搭建,导致了乡村居民点内部空间的过密化。另一方面,居住用地与工业用地混乱布局,增加了乡村居民点空间形态优化的难度。意识到乡村居民点用地和工业用地需要同步管控后,从 2009 年开始在推进乡村居民点减量集聚的同时,对乡村工业用地推行了减量化政策。乡村低效工业用地有序减量后,带来乡村低端制造业岗位的缩减,乡村住房租赁市场变小,一定程度上减缓了村民的乱搭乱建行为,促进了乡村居民点的空间优化。

2. 其他相关配套政策的助推

村民建房政策、拆迁补偿政策和社保财税政策等其他相关配套政策的助推,形成各种激励或约束机制，推动乡村居民点的空间演化。村民建房政策严格约束村民建房行为，通过制订严格的宅基地审批程序，划定乡村居民点用地建设红线，对村民建房的选址、用地面积、建筑面积和建筑高度等方面进行细化管控，防止乡村居民点用地的无序扩张，间接推动乡村居民点空间演化。

拆迁补偿政策对村集体组织和村民的利益进行合理补偿，有利于推动乡村居民点用地的拆迁和复垦。从村民来看，通过不同政策模式的集中居住可以提高住房质量，全面改善配套设施和居住环境，还可得到经济补偿和集体资产增值的分红收益。从村集体组织来看，通过用地置换可以将区位差、效益低的土地置换到区位好、效益高的用地，壮大村集体经济组织。同时，可以有效降低乡村各项社会管理的成本，减少了村集体经济组织的各项开支。各项拆迁补偿标准的完善有利于激发村民集中居住的意愿，推动乡村居民点用地的优化配置，实现城乡空间结构的优化。

社保财税政策完善了村民的就业和社保体系，建立了市区镇三级统筹的财税补偿机制，为乡村居民点的空间演化提供政策保障。一方面，形成了以宅基地或承包地换社保的机制，提高村民的社会保障待遇。加强对村民进行职业技能培训，解决村民进城后的后顾之忧。另一方面，完善建设用地节余指标的流转交易制度，节余建设用地通过市场出让获得资金，实现乡村居民点拆迁和安置各项工程资金的平衡，从而为村庄环境整治、宅基地置换和渐进归并政策的推进提供资金保障。

7.7　本章小结

选取毛桥村、大裕村和泉泾村作为研究对象，三村的政策主导模式分别为村庄环境整治政策、渐进归并政策和宅基地置换政策。梳理各村演变历程，从空间形态、社会形态和经济形态三个维度剖析其演变特征，总结不同模式的干预调控机理。

(1) 各村在 2000—2009 年和 2009—2018 年前后两个阶段均经历不同的政策演进，空间发生显著变化。毛桥村主导政策从村庄改造转为美丽乡村建设，其居住空间先环境美化后有机更新，工业空间先轴向扩散后减量转型，农业空间则不断集聚。大裕村主导政策从迁村并点转为平移归并，其居住空间先压缩集聚后适度集中，工业空间先点状扩散后减量转型，农业空间集聚并出现大量非粮化空间。泉泾村主导政策从宅基地置换转为建设用地减量，其居住空间持续减量置换，工业空间先轴向扩散后减量复垦，农业空间不断集聚。

(2) 政策推动乡村居民点用地集聚程度的差异变化,造成各村空间形态显著分化。在用地构成方面,各村均呈现农用地从破碎到集聚,工业用地先增加后减少的特征。各村居民点用地减少的幅度有差异,其中泉泾村减少幅度最大,大裕村次之,毛桥村最小。在斑块形态方面,各村居民点分布更集聚,形状变规整,居民点斑块面积变大。在村庄建设方面,各村住宅空间均呈现出压缩院落空间、增加建筑面积、房间数量变多的特征,但村宅风貌分化显著,毛桥村风貌延续性好,大裕村风貌新旧对比强烈,而泉泾村风貌呈现破败趋向。在设施配套方面,大裕村设施配置最为完善,毛桥村设施配置有所改善,而泉泾村则存在设施配套不足的问题。

(3) 政策推动乡村居住人口构成和邻里关系的差异变化,造成各村社会形态显著分化。总体上,各村均出现了严重的人口空心化、老龄化和外来化现象,形成了典型的"户在人不在、人去屋不空"的特征。在人口构成方面,毛桥村外来人口较少,老龄化程度最高;大裕村村民返乡就业,其老龄化和外来化程度低;泉泾村则集聚了大量外来人口。在邻里关系方面,毛桥村村民社交范围局限于自然村内,维系乡村熟人社会;大裕村村民社交范围延伸至行政村内,邻里关系淡化,形成半陌生人社会;泉泾村村民大多进入城镇,原有村庄形成陌生人社会。

(4) 政策推动传统农业空间、低效工业空间和村民就业空间形成多样分化路径,造成各村经济形态发生显著分化。毛桥村产业发展乏力,内生动力不足,村民收入最低。大裕村实现了一三产结合发展,经济实力最强,村民收入最高。泉泾村则从传统农业转型升级为现代农业,村民主要在城镇从事低端非农职业,村民收入一般。

(5) 政策通过不同干预强度和调控内容推动人口和产业要素的差异化配置,形成不同的空间演化模式。村庄环境整治政策模式改善乡村居民点环境,推动村庄有机更新;渐进归并政策推动乡村居民点空间快速聚合,形成乡村新社区;宅基地置换政策推动乡村居民点用地复垦还耕,形成现代农业基地。政策的实施效果与农用地流转和工业用地减量政策的联动密切相关。

参考文献

褚天骄,李亚楠,2017.我国乡村规划用地分类标准研究与展望——来自《村庄规划用地分类指南》的实践反馈与思考[J].规划师,33(6):61-66.

关小克,王秀丽,张佰林,等,2018.不同经济梯度区典型农村居民点形态特征识别与调控[J].经济地理,38(10):190-200.

李裕瑞,刘彦随,龙花楼,等,2013.大城市郊区村域转型发展的资源环境效应与优化调控研究——以北京市顺义区北村为例[J].地理学报,68(6):825-838.

文军，吴越菲，2017. 流失“村民”的村落：传统村落的转型及其乡村性反思——基于 15 个典型村落的经验研究[J]. 社会学研究，32(4)：22-45+242-243.
周婧，杨庆媛，信桂新，等，2010. 贫困山区农户兼业行为及其居民点用地形态——基于重庆市云阳县 568 户农户调查[J]. 地理研究，29(10)：1767-1779.

第 8 章　城乡等值导向下乡村居民点空间优化策略

空间优化策略的提出不仅需要解决乡村居民点现状存在的各类问题和面临的挑战，而且需要立足于超大城市乡村转型的未来趋势和需求，剖析乡村在超大城市发展中的价值取向和功能定位，从而确定超大城市乡村转型目标、路径和具体政策模式，进而为乡村居民点制订空间优化策略。

本章首先系统梳理世界城乡关系转型趋向和规律，明确城乡等值的发展理念和超大城市乡村发展的未来趋势。之后，从产业转型、人口转型和空间转型三个维度提出超大城市乡村转型路径，依据不同乡村功能和人口的差异变化升级完善各项乡村政策模式，并从宏观布局和微观空间两个方面分类制订空间优化策略(图 8.1)。

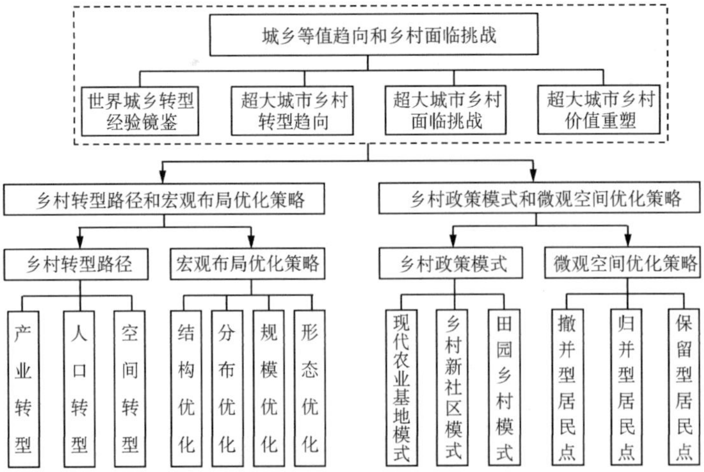

图 8.1　城乡等值趋向下乡村居民点空间优化框架图

8.1　城乡等值趋向和乡村面临挑战

分析超大城市乡村发展转型趋势，既要立足于超大城市乡村发展的现实要求，也要从世界城乡关系转型的阶段历程和普遍规律中寻找经验镜鉴。

8.1.1　世界城乡转型经验镜鉴

1. 世界城乡关系转型历程和措施

从世界乡村发展的规律来看，在不同的城镇化发展阶段，城乡关系和乡村功能具有显著差异，呈现出明显的阶段性特征（图 8.2）。其一，在城镇化起步期，如非洲的大部分国家，城乡分离孤立发展，城镇范围小、乡村范围大。农业占据主导地位，工业和服务业刚刚萌芽，乡村以自给自足的小农经济为核心，主要以农业生产和人口居住为主导功能（ILBERY et al.，1998）。其二，在城镇化快速发展期，如南亚和南美的部分国家，乡村的土地、劳动力、资金等因素流向城镇，城镇发展显著快于乡村，总体表现为“城乡失衡”。农业明显下降但仍占相当大比重，工业明显上升但未达到成熟水平，服务业开始出现。为确保粮食安全，逐渐形成了规模化农业生产体系，乡村以农业生产和经济发展为主导功能，人口居住功能有所弱化（FALK et al.，2007）。其三，在城镇化中后期，如东欧部分国家，城乡在土地利用和社会经济等方面开始统筹互动，工业比重超过农业并占据主导，服务业比重明显上升。乡村在原有经济功能的基础上，出现了游憩服务功能，乡村开始成为城市人群的消费体验空间（BRUNORI，2005）。其四，在城镇化成熟期，如北美和西欧各国，劳动力、资本和非农产业等要素逐渐从城镇向乡村流动。城镇发展的模式也从规模扩张逐步转为内涵提升，工业比重下降，服务业占主导地位，形成城乡一体融合发展的态势，乡村逐渐进入多功能发展阶段（许学强 等，2007；毛丹 等，2015；NELSON et al.，2010）。

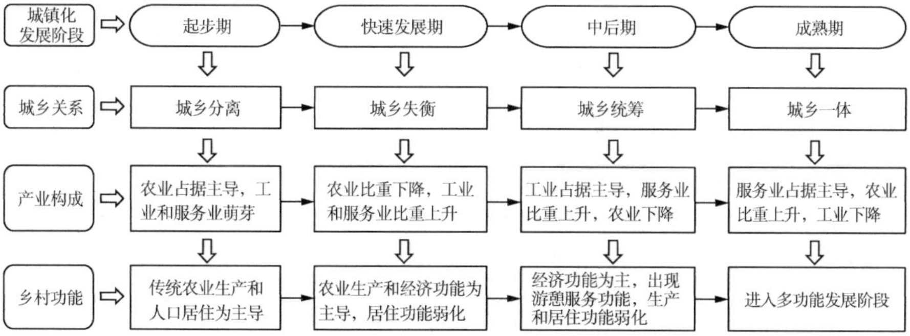

图 8.2　城镇化发展不同阶段乡村功能变化图

西方国家在经历快速的城镇化和工业化以后，普遍面临乡村发展缓慢、城乡差距过大等问题，各国均采取了一系列缩小城乡差距和乡村空间优化的政策，推动城乡一体化发展(图 8.3)。美国为缓解城乡差距的扩大和地域发展不平衡的问题,采取了农产品保护政策,加大对农产品的经济补贴;大力发展农业规模经营,提升农业机械化水平,形成“大农场”空间模式;加强乡村人居环境建设和乡村道路、水电、市场等基础设施建设,使乡村拥有与城镇一样的生活质量(郭志刚 等,2020)。英国颁布共同农业政策,严格保护乡村农用地,保障粮食产量,保留乡村优美的自然环境;强化城乡网络体系的构建,引导中心村建设,形成规模适宜和密度合理的乡村居民点体系;基于人口密度配置乡村各级公共服务设施,缩小城乡生活质量差距(张沛 等,2014)。

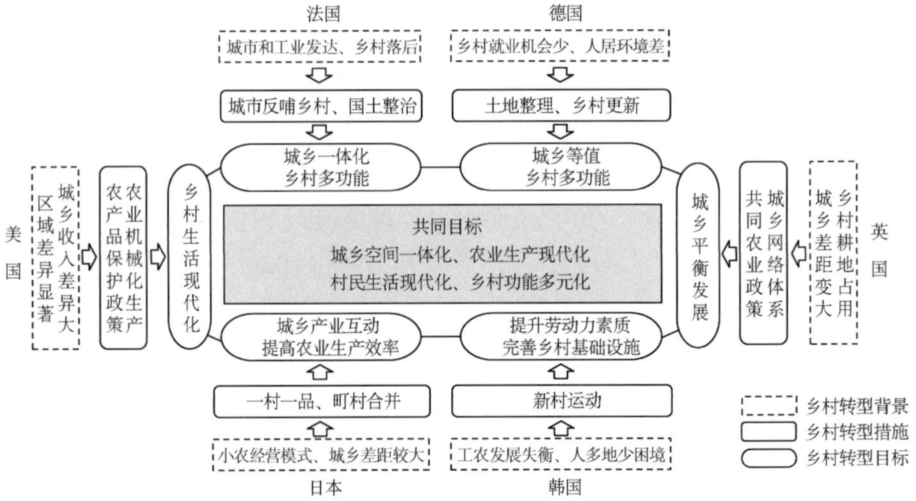

图 8.3　西方发达国家乡村转型的主要措施

德国通过土地整理推动乡村更新,将废弃工业用地和乡村居民点复垦清退,保护乡村自然环境和景观,培育乡村旅游、餐饮、娱乐等多种业态,发挥乡村的多重功能,促进乡村产业结构的升级,实现城乡空间布局和产业结构的优化。从而在保留、强化城乡特色差异的同时,消除城乡生活质量差别,实现“城乡等值”发展(李玉恒 等,2019)。法国制订了城市反哺农村的政策,并通过国土整治推动农用地的适度集中,形成农场的规模化经营,利用乡村优美风光发展乡村旅游等多种业态;加快乡村公共设施建设,实现乡村生活方式城市化,使乡村拥有与城市同等的生活条件(张军 等,2010;陆洲 等,2010)。

日本通过町村合并缓解了人多地少的矛盾,提高了农业生产效率;实施“一村一品”运动,采用错位竞争战略,提升各乡村的竞争优势,实现农业产业链的延伸,促进了城乡产业的互动,推动了乡村的快速发展(吴梦笛 等,2017)。韩国采取了

“新村运动”，培育村民在乡村建设中的主体作用，村民素质和乡村社会资本得到大幅度提高；加强乡村道路等基础设施和村民会馆、敬老院以及活动中心等公共设施建设，逐步缩小城乡之间的差距(赵民 等，2018)。

2. 乡村转型的经验和教训

世界城乡关系转型的阶段历程和措施可为我国超大城市乡村转型提供经验镜鉴。其一，从世界城乡发展的阶段规律来看，乡村人口总量的减少、年龄结构的老化和农业经济地位下降是城镇化进程中乡村不可避免的发展阶段。农业与非农产业相比附加值低，因此乡村的衰败具有其客观性和必然性。但乡村并没有因为经济和城镇的发展而消失，通过适宜的政策干预和引导，乡村在原有农业生产的功能上衍生出乡村休闲旅游、体验农业和科普教育等多元化功能，满足了城市人群生活消费的需求，乡村的多元价值得到全面体现，推动城乡步入一体化发展阶段(李开明 等，2021)。其二，发达国家乡村转型的先行经验表明城乡是一个有机体，两者在空间形态上有差异，但在生活水平上没有差距，应实现“城乡等值”发展。在城市化成熟期，农业生产和乡村生活同步实现现代化。传统小农生产模式消失，农业生产呈现出与工业化融合发展的趋势，实现高度机械化。农民身份只是社会分工和职业的差异，农民生活方式和城市居民没有显著差异。西方发达国家的农民收入甚至高于城镇居民。乡村不仅是村民生活场所，也是城市居民的“第二寓所”。其三，乡村是城乡社会的稳定器，乡村一旦失去稳定，城市也难以有效发展。南美国家采取城市极化发展政策，忽视乡村发展，导致乡村人口过度涌入城市，陷入城市贫民窟和乡村贫穷的双重困境。因此，适宜的政策干预模式和时机是乡村发展转型的关键，否则会增加乡村陷入进一步衰败的风险(赵民 等，2016；刘守英，2018)。超大城市空间范围大，其内部乡村社会经济发展存在显著差异，乡村居民点空间演化也存在多种形式。各项政策干预应该与乡村所处发展阶段和社会经济发展条件相匹配，准确把握乡村发展的主要矛盾，顺应乡村发展未来趋势，分类制定乡村居民点空间优化政策内容。

8.1.2　超大城市乡村转型趋向

2020 年，上海人口城镇化率已经达到 90%，已经进入城镇化成熟期。超大城市乡村走向何处，取决于对城乡关系和乡村未来发展趋势的全面认识，进而采取适宜的优化政策模式，化解城乡发展的矛盾，促进乡村空间结构、产业结构和人口结构的优化。

1. 城乡发展从城市偏向转向城乡等值

超大城市城乡是一个有机统一的整体，乡村的发展需要放在城乡一体化的框架中去解决，通过促进城乡要素的双向流动，促进城乡的可持续发展(张尚武 等，2019)。在建设用地资源总量锁定的背景下，城镇空间已经从无限增长到有限增长，中心城市的用地边界相对固定。城乡各项要素逐步从城市导向的向心集聚转向离心扩散，乡村逐渐成为社会经济发展的重要空间。从乡村外部发展机遇来看，城镇化和工业化的持续推进增强了乡村与外界的接触范围，使乡村获得新的发展机遇，从而在乡村发展新的产业，创造新的就业机会。交通基础设施和通信技术的改善，尤其是移动互联网的高速发展为非农产业从城市向乡村转移提供了基础。从乡村内部发展环境来看，乡村生产生活环境的逐步改善，为承接超大城市核心功能的外溢，推动农业与其他产业融合，拓展乡村的生态、经济和社会功能，开展乡村休闲、养老养生、旅游度假和科创研发等多样化的业态创造了条件。

未来超大城市城乡发展必将从城市偏向转为城乡等值，推动城乡产业、人口和空间的互动，促进城乡功能差异互补和共同繁荣(叶红 等，2021)。其一，加强城乡要素的优势转换和稀缺互补(图 8.4)。基于城乡各项要素客观存在的相对优劣势和稀缺程度，通过优势要素的转换达成稀缺要素的互补，促进城乡地域的融合发展，塑造“有差异、无差距”的城乡要素关系(杜国明 等，2021)。城市的优势要素在于资本、技术和市场集聚、效率、创新，而乡村则有充足的劳动力、土地和生态资源，通过推动城乡各项要素的双向流动和优势互补，有利于进一步缩小城乡之间的差距。其二，加强城乡空间结构的协调互动。乡村具有低密度和原生态的特点，而城市具有高密度和人工化的特点，通过构建城乡互动的空间结构，有利

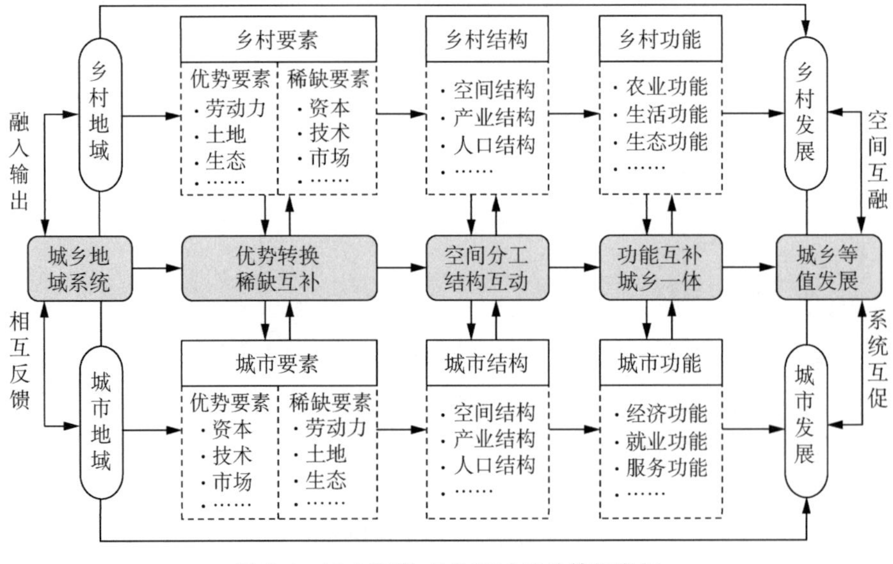

图 8.4　城乡要素、结构和功能的等值发展

于凸显各自的空间特质，满足各类人群的消费需求，促进产业结构和人口结构在城乡之间的分工互动。其三，城乡功能的差异互补，实现城乡要素的整体最优配置，从而实现城乡等值发展。城市的优势功能在于经济功能、就业功能和服务功能，乡村的发展离不开城市的资金、人才和技术的辐射带动。乡村的优势功能在于农业功能、生活功能和生态功能，城市的发展离不开乡村的农产品、劳动力和生态环境的支撑。城乡是一个有机体，通过城乡要素、结构和功能的互补，实现城乡等值和一体化发展。

2. 空间整体收缩和多元分化并存

乡村居民点空间整体收缩是超大城市城乡社会经济发展的必然趋势（图 8.5）。其一，乡村居民点用地规模与乡村人口数量直接相关。随着城镇化的持续推进，乡村人口将进一步流出，乡村空间的衰退不可避免（张尚武，2013；赵民等，2015；张立，2016）。为提高城乡空间资源的配置效率，乡村居民点用地规模必将伴随着人口的减少而精明收缩。其二，减少乡村居民点用地规模是破解上海土地资源环境约束，实现土地资源要素优化配置和城乡空间结构优化的必然选择。目前，乡村人均居民点面积显著高于城镇人均居住用地面积，过大的乡村居民点人均用地规模，导致乡村土地利用不集约和资源的浪费。其三，随着社会经济的发展，村民对居住生活品质的要求提升，要求更为完善的公共设施配置条件。部分用地面积过小的乡村居民点斑块因不利于公共设施配置将逐渐归并消亡。

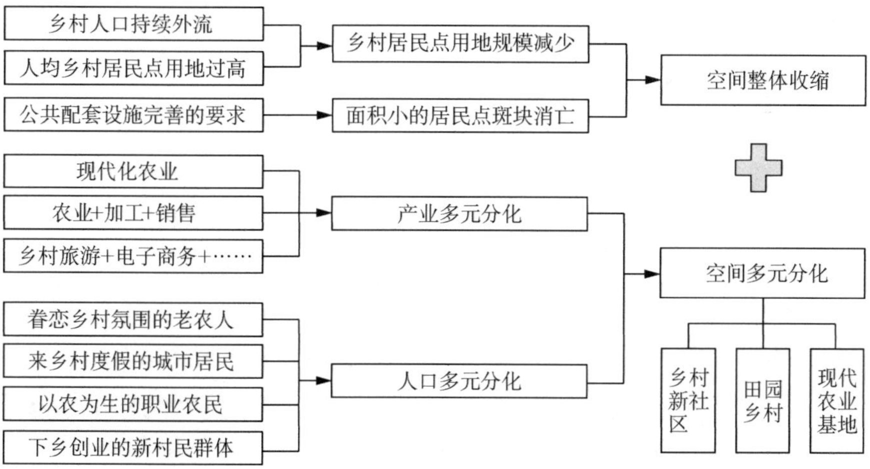

图 8.5　乡村居民点空间整体收缩和多元分化并存的总体趋势

乡村居民点空间多元分化并存是超大城市城乡等值发展和要素自由流动的必然结果。超大城市由于地域空间范围大，随着城乡要素流动的加剧，位于不同区位的乡村接受的要素流动方向和强度有差异,带来乡村产业构成和人口构成的差异,进而导致乡村居民点空间的多元分化(彭震伟,2020)。首先,超大城市乡村的产业构成发生了显著的分化,形成了复合的产业形态,既有以现代化农业为主导的产业,也有以农业加工和销售为主导的产业,还有以旅游等第三服务业为主导的产业。因此,农业不再是所有乡村的主导产业,超大城市内部不同区位的乡村产业构成具有显著差异。其次,超大城市乡村的人口构成将会显著分化,村民不再以农业为生,居住在乡村的也不全部是村民。随着产业结构的升级,村民普遍从农业转向了二产和三产,以从事农业为特征来定义村民已不再使用。乡村不仅是村民的生产和生活空间,也是广大市民体验郊野自然风光和乡村文化、体验田园生活的游憩空间。未来的乡村不仅会有本地村民,还有追求乡村田园生活的城镇居民以及在乡村工作的外来人员。超大城市内部不同区位的乡村其人口流动强度不同,造成乡村人口构成显著分化。最后,乡村产业和人口构成的分化势必会带来乡村空间形态的分化,在超大城市内部呈现出不同的空间形态。在近郊乡村出现与城市空间形态相似的乡村新社区,在远郊乡村依然保持着均质、低密度的布局;而在部分资源集中的区域则形成了旅游村、农业村等特色村庄。

8.1.3 超大城市乡村面临挑战

超大城市乡村发展面临一系列挑战,主要体现为乡村功能与城乡等值趋势不适应,宏观布局与社会经济发展不协调,微观空间与村民实际诉求有差距三个方面。

1. 乡村功能与城乡等值趋势不适应

随着城镇化、工业化的持续推进,超大城市将进入城乡等值一体化发展阶段,乡村需要从现状居住和农业生产为主导的功能向乡村多功能转型,目前乡村功能与城乡等值发展趋势还有较大差距,体现在三个方面。其一,乡村风貌与超大城市文化家园价值不匹配。作为超大城市,上海形成了靓丽精致的城区,但其乡村人居环境水平整体较低,城乡差距较大。乡村居民点布局"散、小、杂"问题突出,用地集中程度低,制约了乡村各项设施的配置,导致乡村人居环境与城区形成显著差距,乡村的文化家园价值难以体现。在部分乡村,宅前屋后乱堆乱放,违法用地和违章搭建等问题较为突出,乡村风貌与城区差距巨大,与全球卓越城市的定位不匹配。

其二,乡村的农业生产和低端制造功能难以体现全球卓越城市的产业竞争力和经济增长价值。目前,上海乡村主要承担农业生产、低端制造业和建筑业等产业,服务业业态较为缺乏,乡村产业与城市产业互动不足,导致乡村发展动力不足，城乡综合竞争能力难以提升。特别是随着乡村工业用地的减量和环境综合整治工作的持续推进，集体经济收入来源持续减少，一部分乡村的社会管理工作的正常运行只能依靠财政补贴。同时，村民劳动技能较低，陷入增收乏力的困境。村民大都为中学及以下文化程度，不能胜任高技能和素质要求的非农就业岗位，导致村民增收遇到困难，城乡居民收入差距不断拉大，同时也不能适应都市农业和现代农业发展的需求，难以满足"如何种好地"的要求。乡村落后的产业结构和村民落后的劳动技能，已成为制约超大城市城乡综合竞争力的短板。

其三，乡村自然环境还未充分发挥生态保育价值。发达国家的乡村建设多注重乡村自然生态环境的营造和乡村郊野特色的保护，对各类河道、耕地和自然资源予以严格保护。但目前一部分集中居住点的选址和村宅建设忽视了对河道和自然资源的保护，在城市近郊乡村，为获得更多的建设用地，对河道进行了填埋和截弯取直，导致原有的自然河道形态消失，水面率下降，破坏了乡村自然环境本底条件。同时，乡村低效工业用地的无序布局，破坏了城乡生态格局的完整性，各类生活废弃物和生产垃圾的处理不当降低了乡村的生态服务功能，影响了乡村生态保育价值。

2. 宏观布局与社会经济发展不协调

乡村居民点的结构、规模、分布和形态与自然环境和社会经济发展出现了不协调、不匹配和不适应的问题，主要体现在以下四方面。

1) 乡村居民点结构与城乡关系不适应、体系缺乏因地制宜

在区域层面，乡村居民点空间布局忽视各镇社会经济条件的梯度差异。在《上海市城市总体规划(1999—2020年)》中，提出归并乡村居民点，加强中心村建设，以推动村民集中居住。之后，《嘉定区区域总体规划实施方案(2006—2020年)》确定了"新市镇—中心村—基层村"的三级村镇体系，在全区范围内设置了25个行政村作为中心村，而其余的行政村则作为基层村，并在全区范围内推广。由于该体系忽视各镇社会经济条件的梯度差异，导致乡村居民点空间布局与所在镇的社会经济发展条件不完全匹配，出现了简单均质化现象。

嘉定区是典型的超大城市郊区，其社会经济条件呈现出从南向北逐渐递减的梯度差异。北侧的徐行镇、华亭镇属于城市远郊区，其城镇建成区面积小，而农用地面积相对较大；非农经济发展一般，而农业经济发展潜力巨大；乡村居民点用地规模和现状保留条件较好，不宜进行大面积的拆迁合并，见图8.6(a)。南侧的江桥镇、南翔镇、安亭镇位于城区边缘，其城镇建成区面积大，而乡村和农用地面积相对较小，非农经济发达，而农业经济薄弱。其城镇建成区外已无适宜的空间居住，需要加快村民向城镇社区转移，见图8.6(b)。中部的马陆镇、菊园和工业区

属于城市近郊区，城镇建成区和农用地面积相当，非农经济和农业均具有较好基础。随着城镇化的进一步推进，其乡村居民点势必还需要经历规模减量、空间集聚的过程，见图 8.6(c)。因此，乡村居民点适度集聚的程度和方式还需要结合当时当地的社会经济条件进行统筹安排，忽视社会经济条件的差异，采取“一刀切、均质化、标准化”的简单集中无法满足乡村长远发展要求，在实际中也造成了难以落地的难题。

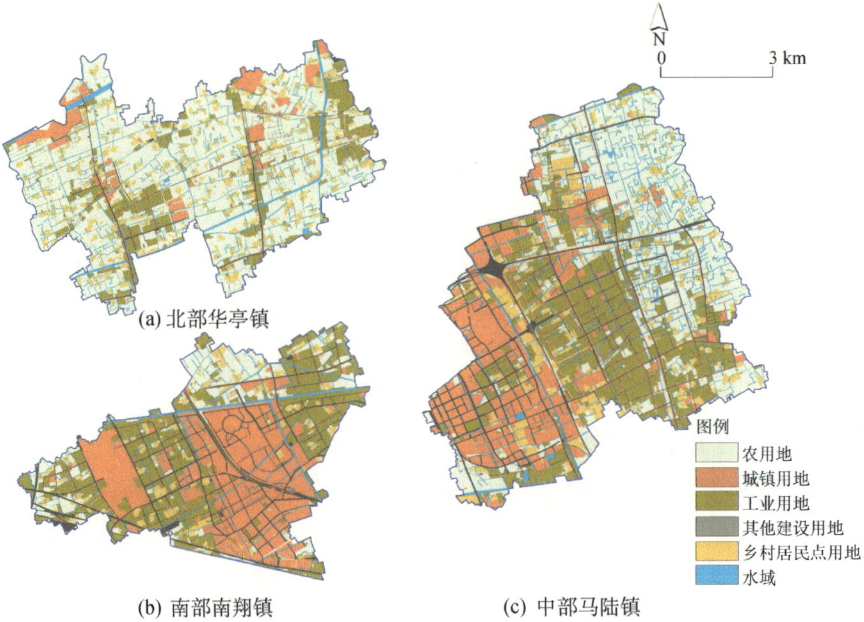

图 8.6　嘉定区南部、中部和北部典型镇 2018 年用地构成对比图

在镇域层面，中心村模式难以为继、跨行政村集中难度大。在《嘉定区区域总体规划实施方案(2006—2020 年)》中，试图通过中心村的要素集聚和服务设施辐射带动周边的基层村和乡村居民点，成为连接乡村和城镇的重要枢纽。但从现状发展来看，25 个中心村与其他基层村基本没有差异，中心村所承担的设施服务和产业集聚能力未能有效发挥，部分中心村的发展甚至落后于周边其他行政村。以徐行镇为例，在实施方案中确定了伏虎、安新、和桥和小庙 4 个中心村(图 8.7)。从 2018 年各村调研数据来看，伏虎、安新、和桥和小庙的 GDP 分别为 0.2 亿元、2.5 亿元、2.6 亿元和 1.1 亿元，远落后于非中心村劳动村(其 GDP 为 7.9 亿元)。从户籍人口分布来看，4 个村与其他基层村人口规模较为一致(均为 2 000～3 000 人)，外来人口则主要分布于工业企业较多的劳动村和曹王村。在配套设施方面，由于各村均依托村委会配套公共服务设施，整体上各村设施分布均衡，4 个中心村的服务配套功能未能有效发挥。

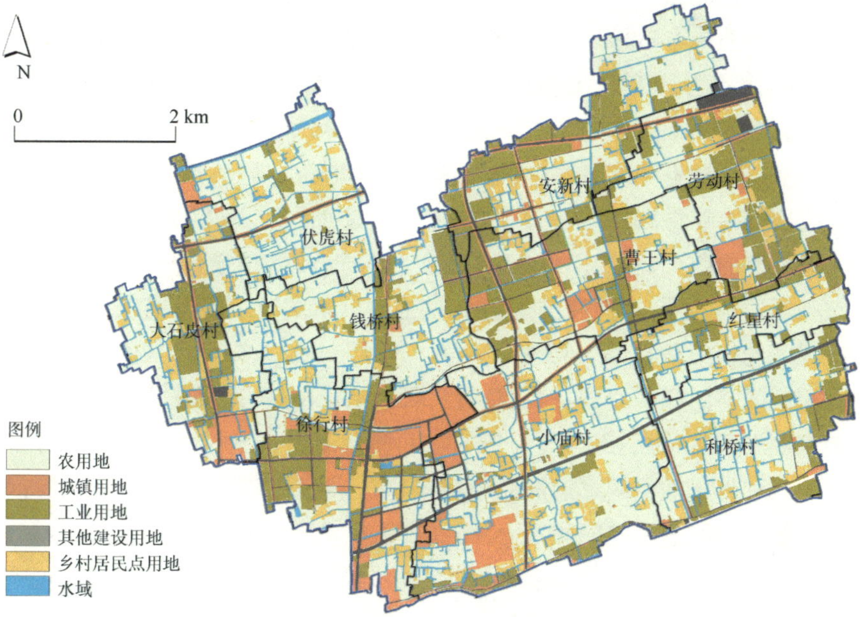

图 8.7　徐行镇 2018 年各村用地构成对比图

中心村在乡村居民点体系中难以发挥有效作用，主要原因有三点。其一，中心村模式以行政村为基本单位，只关注中心村本身，对其他行政村以及村域内的各类乡村居民点斑块缺乏相应的管控措施。客观上，把中心村当成一个点，而忽略了中心村内外乡村居民点斑块在规模、分布、形态的差异特征，导致中心村在实施中缺乏有效的抓手，乡村居民点现状碎片化格局未能有效改变。其二，中心村选址过于简单，呈现均质的布局模式，缺乏与城镇和各类乡村居民点斑块空间联系的考虑，忽视了村民城乡空间迁移的实际需求。其三，乡村地区复杂的土地产权制度制约乡村居民点斑块跨行政村归并集中。由于我国乡村地区土地所有制是“三级所有、队为基础”，土地是以村民小组为单位的集体所有制度。在这种制度的影响下，乡村居民点斑块布局调整在行政村范围内较易解决，而在行政村范围外，由于涉及不同村集体组织的土地和利益协调等一系列问题，其迁移归并的难度很大(刘守英 等，2018)。因此，应依据乡村居民点斑块分布、规模和形态的差异，在行政村内合理布局集中居住点和一般居民点，加强与周边居民点和城镇的联系，形成城乡协调的村镇体系。

2) 乡村居民点分布与城镇空间联系弱、影响村民生活质量

乡村居民点斑块数量多、面积小，整体密度过大，影响资源要素配置效率。

2018年，嘉定区共有1 256个乡村居民点斑块，其密度已达2.83个/km^2。一方面，乡村居民点密度过高、平均斑块规模过小，增加了公共服务设施和基础设施的配置难度和运营成本，难以满足设施配置的门槛规模要求。另一方面，乡村居民点密度过高，给各项基础设施的选址建设增加了难度，造成基础设施选址和乡村居民点空间布局相互影响的现象。

部分乡村居民点交通通达性差，影响与城镇联系。2018年，有24.8%的乡村居民点斑块与主要道路的距离大于200 m，交通通达性不高；部分乡村居民点斑块与主要道路的距离超过600 m。在城乡交流日益密切的趋势下，部分乡村居民点斑块交通通达性差，造成其与周边乡村居民点和城镇空间发展缺乏协调，减弱了相互之间的空间联系，不利于村民的对外沟通交流，也影响乡村的进一步发展。

与河道的空间联系变弱、地域环境特征消失。整体上，乡村居民点斑块邻近河道距离变大，使乡村居民点与河道的空间联系变弱，传统乡村居民点沿河而建形成的团状和带状的空间形态和特色逐渐消失。部分新建集中居住点的选址和内部布局忽视与河道的空间联系，传统乡村临水灵活自然的带状和团状布局形态难以延续。嘉定区地处江南水乡地区，乡村居民点因水而生、伴水发展。乡村居民点与河道的空间关系是乡村居民点地域特征和自然环境本底条件的体现。受到河道走向、分布的影响，乡村居民点形成了团状、带状等不同的空间分布形态，增加了乡村居民点的空间可识别性，是“乡愁”的重要物质载体，因此需要降低乡村居民点邻近河道距离以加强居民点与河道的空间联系。

3）乡村居民点规模与社会经济不匹配、资源配置效率不高

乡村居民点总面积过大，土地资源配置效率低。从2000年到2018年，虽然乡村居民点用地总面积及人均用地面积呈现递减趋势，但仍然呈现粗放利用状态。2018年，嘉定区乡村居民点总用地面积为3 747.91 hm^2，乡村户籍人口数量为10.7万人，其人均乡村居民点用地面积为350.27 m^2。本书调研中发现，2018年各村大部分户籍人口实际居住在城镇，加剧了乡村居民点用地的闲置浪费现象。随着城镇化的推进，乡村人口将持续流出。因此乡村居民点总用地规模应进一步顺应乡村人口构成的变化趋势，减少乡村居民点用地总规模，改变现状土地利用粗放和不集约的现象。

乡村居民点平均斑块面积过小，制约公共服务完善。随着社会经济条件的改善，村民的生活质量要求也同步提高，但乡村居民点分散的布局阻碍了各项设施的有效配置。从2000年到2018年，乡村居民点平均斑块面积从2000年的3.14 hm^2下降到2018年的2.83 hm^2，出现了不增反降的趋势，这与社会经济发展的总体趋势相违背，表明乡村居民点空间细碎化现象加剧，需要扭转该不良趋

势，增加乡村居民点平均斑块面积。根据 2018 年土地利用数据，居民点平均斑块面积不足 2 hm^2 的乡村占总量的 52.8%。面积过小的乡村居民点增加了各项设施配套的难度，导致市政基础设施建设成本高、运营成本高和使用效率低。同时，由于乡村居民点斑块面积过小，难以达到小学、幼儿园等公共服务设施配置所需的门槛规模，导致公共服务设施配套不齐全，严重制约了村民居住条件的改善和生活质量的提高。

4）乡村居民点形态与自然环境不协调、形态特色逐渐消失

部分区域乡村居民点斑块形态和边界变得越加复杂，空间肌理特色消失。一方面，在城镇化进程中，由于缺乏有效的管控，在部分乡村居民点分布密集区域新增了工业用地斑块，出现了乡村居民点斑块和工业用地斑块相互混杂布局的现象，加剧了乡村居民点斑块形态的复杂性，传统乡村居民点斑块与自然环境形成的“田、水、林、宅”的空间肌理遭到破坏，也降低了空间使用效率。另一方面，受出租经济的影响，村民在乡村居民点用地周边乱搭乱建违章建筑，导致乡村居民点斑块形态和空间边界越趋复杂，原有空间形态特色逐渐消失。

3. 微观空间与村民实际诉求有差距

各项乡村政策缺乏与村民意愿和乡村发展实际的有效结合，政策内容精细化程度不高，自上而下的政策内容难以有效应对村民自下而上的发展诉求，难以满足乡村居民点空间差异化的发展要求，造成乡村居民点空间“不好管、管不住”的局面。在宅基地置换政策中，对配套就业政策考虑不足。部分乡村缺乏非农就业岗位的产业支撑，难以解决村民居住空间置换后的就业转换问题，使村民难以摆脱传统农业生产，造成后续置换工作推进困难。同时，对政府财政负担考虑不足，造成前后补偿标准不统一，引发了一系列社会矛盾，加大了乡村居民点空间优化的难度。

在村庄渐进归并政策中，缺乏对集中居住点内部宅基地分配方式的细化引导。部分新建村宅过于追求土地利用效率的最大化和分配的均好性，盲目套用城镇居住小区的布局形式，造成乡村居民点空间布局呆板和住宅低水平重复建设，与自然环境因素缺乏联系，可识别性差，导致乡村居民点空间出现脱离实际的简单集中等问题。同时，各项设施配置未能精确考虑人群分化的需求，存在供给和需求相错位的问题。整体上村级公共服务设施已实现全覆盖，但服务于老年人的文体设施和医疗卫生设施规模不足；公共空间的营造未能适应村民生活品质提升的需求，健身活动、文体娱乐设施数量较少。

在村庄环境整治政策中，闲置空间和环境的整治缺乏与产业发展的有效融合。一些新产业新业态项目由于空间和土地政策的限制，难以有效落地，乡村居

民点空间环境得到整体改善,但乡村产业发展却出现动力不足的问题。交通和基础设施的改善未能与乡村社会经济发展的长远趋势结合。乡村主要道路基本已硬化,但部分道路路幅过窄,容易发生拥堵,难以满足村民出行机动化的需求。部分道路路幅宽度仅 2 m,难以通行消防车,加剧了消防安全隐患。同时,狭窄的道路难以提供铺设燃气、污水等市政基础设施的空间,进而影响村民生活质量的提升。

8.1.4 超大城市乡村价值重塑

作为超大城市上海的重要组成部分,乡村占市域面积一半以上,其在超大城市中的基础作用不可忽视、不可替代。在新一版城市总规中,将上海定位为“迈向卓越的全球城市”。在这一定位下,乡村美不美、农业强不强、村民富不富,直接决定国际化大都市的品质。上海乡村的发展目标应是让乡村更美、农业更强、村民更富,让乡村成为上海建设卓越全球城市的亮点。因此上海乡村需要在国际视野中全面认识和挖掘乡村的多元价值,培育多元化的乡村产业经济,摆脱对传统农业的过度依赖;利用乡村良好的自然环境满足城市人群的多元需求,从而发挥乡村的多元价值(图 8.8)。

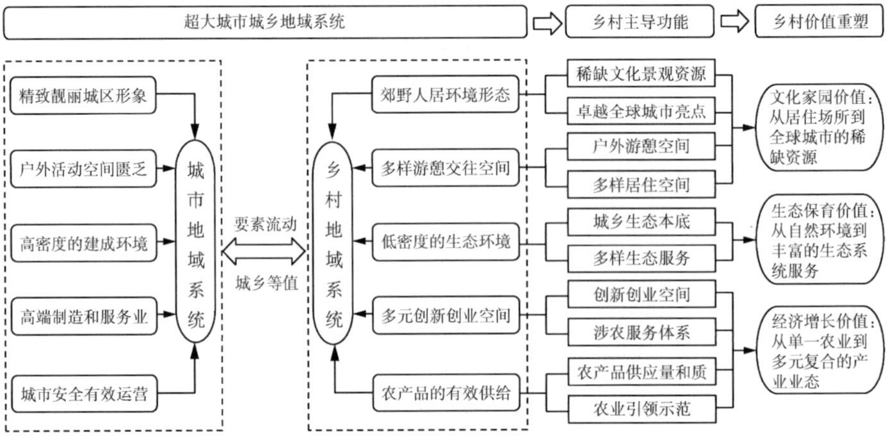

图 8.8 超大城市乡村价值构成图

1. 文化家园价值:从居住场所到全球城市的稀缺资源

乡村作为一种典型的人居形态,是上海的稀缺资源,塑造着全球城市人居环境形态的独特魅力。卓越全球城市不仅需要繁华的城区,也需要精致的乡村。其一,上海乡村所呈现的低密度人居环境形态与中心城区呈现的高密度人居环境形态相映而生,分别体现了与卓越全球城市相匹配的乡村文明和城市文明,凸显了乡村的家园价值。超大城市的乡村，作为一种稀缺的居住形态，可以依托其良好的自然环境，承接中心城区科创、研发、游憩等外溢功能，促进城乡两种文明在功能和空间的深度融合。其二，乡村的自然风貌和空间肌理是上海建设卓越全球城市的稀缺文化景观资源。上海地处江南水乡地区，乡村居民点因水而生、伴水发展。乡村居民点与河道的空间关系是上海乡村地域特征和自然环境本底条件的体现。受到河道走向、分布的影响，乡村居民点形成了团状、带状等不同的空间分布形态，是“乡愁”的重要物质载体，有重要的文化价值。

乡村是超大城市城乡社会的稳定器，可为超大城市人群提供居住和多样化游憩活动空间，从而激发城乡社会多元活力(桂华，2018)。其一，超大城市乡村地域范围广阔，从世界范围内乡村发展的经验来看，城镇化的推进不可能让所有乡村人口都迁移到城镇，超大城市的乡村仍将承载着一部分人口的居住功能(胡琪，2012)。其二，乡村成为市民短距离旅游，感知郊野自然风光、承载多样活动需求的重要空间。作为超大城市，上海中心城区的生活节奏越来越快，越来越多的城市人群渴望亲近乡村风光，体验田园生活和自然野趣。乡村可以缓解超大城市游憩空间的稀缺和市民多样的户外游憩需求之间的矛盾，更好地满足市民游憩服务需求。其三，乡村在维护城乡社会稳定方面具有天然优势。通过促进城乡要素流动和融合发展，推动城市人才和资金等要素向乡村流动，有助于整合各项资源，通过多元人群的互动交流，恢复乡村的社会再生产功能，激发乡村社会活力，形成“功能互补、城乡等值”的新型城乡关系，增强城乡社会发展的稳定性。

2. 生态保育价值：从自然环境到丰富的生态系统服务

超大城市生态环境的维护和改善离不开乡村。城乡构成统一的生态系统，乡村是超大城市的生态屏障，可以发挥改善城乡生态环境和提供生态涵养服务的功能，为超大城市提供生态保育价值。其一，乡村构筑超大城市的生态基底，具有优化城乡生态环境、调节气候以及保护生物多样性等多种功能。目前，上海市建设用地占比已超过 45%，远高于纽约和伦敦等大都市，中心城区人口稠密、土地利用开发强度高，面临资源、人口和环境的紧约束，急需改善生态环境。乡村占上海市域面积的一半以上，由水稻田、园地、林地和水域构成的自然生态空间在涵养水源、调节微气候等方面的作用十分明显。水稻田是上海最稳定的季节性湿地，与其他水源涵养林和水面一起，成为净化生态环境的重要资源。乡村的各类自然生态空间也为动植物提供了充足的栖息地，便于保持和维护生物多样性。其二，乡村是超大城市重要的战略生态资源。乡村低密度的人居环境是经过上千年的演变形成，与城镇高低密的人居环境相区分。随着物质生活水平的提高和城市环境污染的加剧，人们越来越重视乡村低密度的生态空间，乡村成为一种稀缺的生态资源，为超大城市各种活动的开展提供多样化生态系统服务。

3. 经济增长价值：从单一农业到多元复合的产业业态

乡村是提升超大城市城乡综合竞争能力的重要支撑点，可以培育多元复合的产业业态，进而发挥经济发展价值。其一，农业具有多功能价值，是提升上海综合影响力的重要组成部分，拥有其他产业无法替代的基础功能（薛艳杰，2020）。虽然目前农业产值仅占上海 GDP 的 0.3%，但是从世界乡村发展的经验来看，通过发展相关配套农业形成“涉农产业体系”，其产值比重之和将会增加到 15%—20%（顾焕章，2016），因此农业仍是上海保持产业竞争力的重要基础，不能因为目前农业比重小和比较利益低而轻视农业。乡村毗邻大市场，贴近大量消费者，最容易创造附加价值，拓展和延伸农业产业链，促进农业和二产、三产的协调发展，培育“高效、优质、安全、生态”的现代都市农业，可以显著增加农业的经济价值，对促进上海经济发展具有重要意义。其二，上海作为超大城市，毗邻国际和国内大市场，上海农业可以在科技、人才、市场和资金等方面发挥引领带动和辐射能力，为全球农业提供物流、会展、科技的服务平台，提供现代化和优质种源技术，使上海成为引领都市农业的高地，形成面向全球的农产品交易中心，搭建集农产品批发销售、物流配送、会展服务和科技交流为一体的服务平台，发挥都市农业的引领示范作用，增强对全国农业的辐射带动作用，促进农业竞争力的整体提高。其三，乡村是超大城市重要的就业和创业空间。随着城乡交流的深入，一部分原本在城镇中发展的产业、资金、人才和技术逐步向乡村流动，使乡村承接科创研发、文化创意和旅游会展等多种创新创业空间，从而促进经济发展（房艳刚 等，2015）。未来的乡村不仅是重要的农业生产和居住空间，也是打响“上海创造”品牌、吸引创新创业群体和新产业新业态的重要空间，可以提升超大城市的综合竞争力。

乡村是超大城市高品质农副产品的供给基地，是保障城乡安全高效运行的基础，可以发挥农业生产价值。其一，民以食为天，作为一个拥有约 2487 万常住人口的超大城市，确保一定数量的农副产品稳定供应是城市安全有效运行的基础。目前，上海每天都要消耗掉 7 万 t 食物，其中 55%的蔬菜、70%的鲜奶和 20%的水产品来自本地乡村供应（刘俊 等，2018）。物流技术的进步使上海市不必完全依赖本地乡村提供农副产品，但作为具有大量人口集聚的超大城市，上海必须保持适度的农副产品自给能力，特别是在遇到冰雪封路、台风侵袭等恶劣气候和新冠疫情等重大突发事件时，外来输入型农副产品会受到安全防控、交通运输的影响，乡村能够发挥应急替代和补充作用，保障农副产品供应和价格的稳定。因此，保障农产品的有效供给是超大城市乡村需要长期坚持的基本功能。其二，超大城市人群构成的多元性对生活品质提出了更高要求。伴随着物质生活水平的提高，市民逐渐转向高蛋白、低脂肪和中热量的食品消费结构，乡村需要提供与高品质生活需求相匹配的优质农产品供给。因此，超大城市乡村必须推动农产品从数量型向质量型、生产型向生态型、产品型向服务型的转变，从而满足超大城市人群多样化和品质化的食品供给需求。

总体上，乡村是超大城市的稀缺资源，应不断凸显其文化家园价值，使乡村成为与卓越全球城市相匹配的文明形态。同时，乡村是超大城市核心功能的重要承载地和提升城市核心竞争力的战略空间，应不断锚固其生态保育价值和经济增长价值，使乡村成为上海建设卓越全球城市的亮点。

8.2　乡村转型路径和宏观布局优化策略

在城乡等值导向下，为解决乡村发展面临挑战，应将乡村发展纳入城乡一体化进程中，实现包括农业农村农民为核心的乡村现代化，不断缩小城乡差距(张尚武 等，2019)。其实质是在保留乡村环境特质的基础上，通过加快乡村发展，重塑乡村产业和社会活力，不断提高乡村生活水平，使乡村享受均等化的公共服务，使城乡之间形成“有差异、无差距”的结构。这就需要推动包括乡村产业、人口、空间在内的全面转型，推动乡村产业转型，促进城乡业态多元融合；推动乡村人口转型，促进城乡人口流动；推动乡村空间转型，重组城乡空间结构体系。在此基础上，依据超大城市内部不同乡村发展的差异，分别从结构、分布、规模和形态四方面优化乡村居民点布局。

8.2.1　乡村转型路径

产业转型是乡村发展转型的基础和动力。乡村产业转型后，吸引各类人群进入乡村就业，既包括部分乡村年轻人的回流，又包括有情怀的城市人群的加入，从而促进城乡人口双向流动，带动乡村人口转型。在乡村产业转型和人口转型的基础上，推动乡村空间转型，从而促进乡村的全面发展。

1. 产业转型：农业生产增量提质、城乡业态多元融合

推进土地适度规模经营、提高农业产量和质量是超大城市发展农业的根本出路。农业的发展必须遵循农业产业化和现代化的规律，需要从提高土地生产率的精耕细作传统生产方式转向提高劳动生产率的现代化生产方式(刘守英，2020)。作为超大城市，上海发展农业面临人多地少、人均耕地资源少的困境。有限的耕地资源和细碎化的空间布局，阻碍农业机械化和现代化的推行，导致农业生产效率较低。只有通过推动一部分乡村剩余劳动力和土地的分离，才能实现耕地进一

步向职业农民和种田能手集中，提高人均占有耕地面积，进而形成适度规模经营的农业。目前美国农场户均规模为 95 hm^2，欧盟农场户均规模为 14.2 hm^2，韩国乡村人均耕地为 1.4 hm^2，日本乡村人均耕地为 1.8 hm^2，而上海乡村人均耕地仅为 0.08 hm^2，比全球绝大多数国家的人均耕地资源都缺乏(夏莉艳，2010)。按照上海现有农业生产条件，农业适度规模是指人均耕地面积 1 hm^2 以上的农业经营实体(方志权 等，2020)。因此需要推动乡村现有人均耕地从 0.08 hm^2 扩大到 1 hm^2 以上，通过土地整治完善农田水利设施和高标准农田建设，形成规模适度、耕地连片、基础设施优良的农业空间，从而提高农业生产效率，形成与超大城市相匹配的现代化农业生产模式。在此基础上，优化农业经营体系，加快培育以家庭农场和农民专业合作社等新型生产经营主体，构筑以适度规模经营和特色农产品基地为延伸的农业产业体系，提升农业发展质量，增强产业发展的综合效益。

推动农业与其他产业深度融合，形成城乡多元融合的产业业态，是增强超大城市产业竞争力和乡村产业转型的必要途径。其一，乡村毗邻超大城市，集聚先进的生产因素和广阔的消费市场，可以深入对接市民消费需求，大力发展绿色农业和品牌农业。推动农业产业链横向整合，促进农产品生产、加工和销售一体化，提高农产品的质量和服务，形成功能丰富、业态多样的都市农业高地。其二，一体化的基础设施和发达的通信网络为城乡要素的双向流动创造了便捷条件。随着超大城市中心城区规模的不断扩大，引发了交通拥挤和环境污染等一系列问题，触发相关产业从中心城区向郊区乡村的转移。随着人流、物流和资金流等要素从城区向乡村的扩散，使城乡紧密结合形成一个有机的产业系统，为乡村非农产业的发展提供空间，推动乡村产业结构的升级。在此背景下，通过大力发展生态观光农业、休闲农业和体验农业等多种业态，促进农业与旅游、文化、健康等产业的深度融合，推动形成集生产、生活和生态于一体的现代化乡村产业体系。

2. 人口转型：村民非农就业转移、市民下乡休闲度假

推动乡村剩余劳动力非农转移就业、培育职业农民是优化乡村人口结构和提升劳动力素质，增加村民收入和激活乡村社会活力的重要手段。其一，推动村民非农就业转移，减少传统农民数量是提升人均耕地资源和提高农业生产效率的必然趋势。目前，上海耕地面积已稳定在 19.2 万 hm^2，随着农业生产效率的提高，农民在上海不可能是增量，只能是减量。依据人均 1 hm^2 耕地面积测算农业所需劳动力，上海未来最多仅需要 19.2 万农业劳动力。而目前上海还有 33.4 万农业劳动力，这也就意味着未来至少有 14.2 万农业劳动力需要向非农产业转移。需要补充说明的是，人均 1 hm^2 耕地仅是从事农业规模经营的门槛规模，根据上海

松江家庭农场的经验，户均拥有 7 hm^2 耕地，均摊农忙帮工等其他各项成本，其人均耕地为 2 hm^2 左右。如果依据人均 2 hm^2 耕地标准，上海实现从农业向非农业转移的农民数量约 23.8 万（王东荣 等，2011）。其二，外来人口将进一步替代上海农业户籍劳动力从事农业种植。依据现有户籍制度，2002 年后在乡村出生的上海人不具有农业户籍，而上海既有的土地制度不允许非农业户籍的子女继承土地承包经营权。由于农业的比较收益较低，上海乡村农业户籍人口从事农业意愿很弱，既有村民的下一代也大多不会从事农业生产。其三，培育职业农民、提升农民劳动技能是推动乡村发展，完善乡村社会治理的重要手段。专业化是都市农业的发展方向，都市农业的发展要求劳动者具备较高的职业技能和素质结构，而目前农业劳动力难以满足农业规模化和产业化对劳动力技能的要求，无法形成与农业适度规模经营相匹配的劳动力技能结构。因此需要加强既有农民的教育和技术培训，使其成为农业实用人才，以适应农业现代化的发展需要，实现农田向“种地能手”集中，形成与超大城市都市农业发展相匹配，具备各项生产管理知识的新型职业农民体系。

推动市民下乡休闲度假是优化乡村人口结构，促进乡村经济发展的必要手段。随着超大城市城乡要素的双向流动和社会经济的持续发展，人们的生产生活方式也随之发生转变，城市人群对乡村的需求上升。乡村优美的自然风光成为市民游憩度假、休闲娱乐和释放压力的重要场地。一部分市民退休后，向往乡村安静的生活，回到乡村通过租赁或投资改造村宅以满足康体疗养、养生养老的需求；一部分有能力的乡村青年从城镇返回乡村创业，寻找新的商业机遇和经营模式；一部分有乡村情怀的艺术家，到乡村寻找创作灵感和创新就业的场所。市民、村民和职业农民等多元人群交织在乡村，造成人口结构的分化，增强了乡村社会的多元化和流动性，改变传统乡村均质的人口结构，使乡村焕发出新的社会活力。

3. 空间转型：重组空间结构体系、推进适度集中居住

重组乡村居民点结构体系、推进适度集中居住是适应乡村社会经济发展趋势，锚固城乡生态安全格局的必然要求。其一，随着社会经济的发展，乡村原有独立、分散、自给自足的结构正在向以分工协作、网络化和规模化为特征的结构转变。乡村传统大家庭聚居的家庭结构被小型化、多元化的现代家庭结构所替代，使乡村原有均质的功能结构和空间布局被打破，推动乡村居民点从空间分散走向空间集聚。其二，在快速城镇化过程中，村民自给自足的生活方式逐渐被开放交流的生活方式所取代。村民需求的多元化导致城乡之间的人流、物流联系增加，村民与外界的交流逐渐增强。在交流需求日益增加的背景下，交通通达性成为影

响乡村居民点空间布局的重要因素。因此,需要缩减乡村居民点斑块与主要道路的距离,提升交通通达性。其三,受人口数量减少和生活品质提高的影响,乡村居民点用地总规模将减少,而平均斑块面积将增加。这就需要减少乡村居民点斑块数量,降低乡村居民点斑块密度。也就是说,随着城乡社会经济的快速变迁,需要重组乡村居民点结构体系,推动乡村居民点从空间分散走向集聚,推动乡居民点空间分布的疏解聚合,提高交通通达性,降低乡村居民点斑块密度,从而实现乡村居民点空间布局的优化。

推动村民适度集中和闲置乡村居民点用地减量复垦是实现乡村生活现代化,优化乡村生态环境和锚固城乡生态格局的基础。其一,集中居住有利于降低公共服务设施的配置门槛,从而完善公共服务设施配置,提高村民居住环境品质。随着村民生活品质的提高,对公共服务和基础设施配置提出了更高要求。村民出行机动化趋势对道路配置提出了更高要求,各项家用电器的普及对基础设施配置提出了新要求。现状乡村居民点规模小、分布散,增加了基础设施配置的难度和运营使用成本。因此,需要改变现状分散乡村居民点布局,以利于各项设施的配置,提升村民生活便捷性,满足村民生活品质提升的需求。其二,随着年轻人向城镇迁移,乡村人口结构逐渐老龄化,老年人的日常生活和医护内生出集中养老的需求。老年人整体搬进乡村集中居住点,有利于集中供给乡村养老产品。其三,集中居住与农业生产方式的升级相适应。传统农业生产是以高强度人力投入为主,为便于耕作,村民倾向于在农用地周边就近建造村宅,形成均衡分散的乡村居民点布局。现代农业生产以土地规模化和耕作机械化为主要特征,提高了农业生产效率,扩大了耕作半径,使村民可以摆脱农业空间的束缚,在更大的范围内选择居住场所,促进乡村居民点的空间集聚。其四,通过将低效、闲置的乡村居民点用地复垦整理为农用地,能够有效增加乡村生态空间,优化城乡生态格局,进而改善乡村生态环境。

8.2.2 宏观布局优化策略

乡村居民点宏观布局优化就是利用各种规划和政策手段,使乡村居民点从空间无序、低效、不可持续的状态向空间有序、高效、可持续的状态转变,通过乡村居民点空间布局的优化,顺应乡村产业转型和人口转型趋势,实现乡村空间的可持续发展(罗志军 等,2019)。其内容既包括乡村居民点结构体系的优化,厘清不同类型乡村居民点的职能划分和等级秩序;又包括乡村居民点分布、规模、形态的分项优化,通过引导村民适度集中,解决分散居住带来的公共服务和基础设施投入需求大、成本高、利用效率低等问题。因此,需要在空间结构优化的基础上,优化乡村居民点斑块的分布、规模和形态。结合各居民点斑块的自然环境、社会经济条件和所处区位特点，合理确定各类乡村居民点撤并、归并、保留的具体规模，确定“哪里拆、哪里留、哪里并、拆多少、留多少、并多少”，最终形成分布合理、规模适宜、形态协调的乡村居民点空间布局(图8.9)。

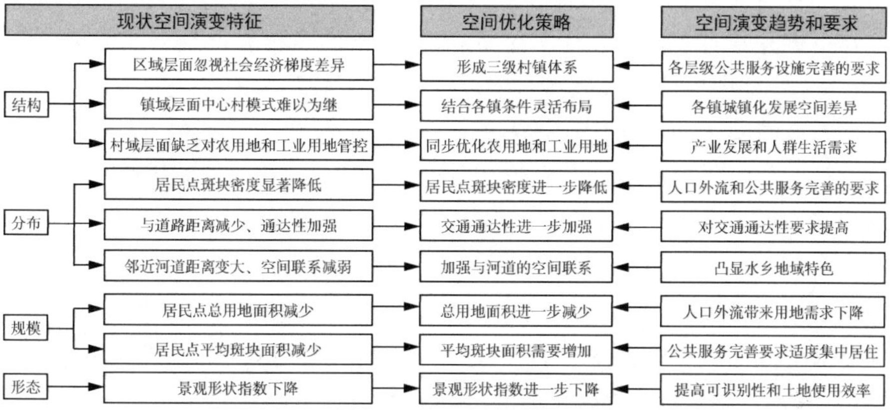

图8.9　乡村居民点空间布局优化路径图

1. 结构优化：构建城乡协调的村镇体系

村镇体系是在一定地域范围内，不同类型的乡村居民点和城镇的空间分布和职能等级关系，乡村居民点的空间等级可由其所提供的公共设施门类和级别作为衡量标准。不同等级的乡村居民点所需提供的公共服务设施存在显著差异。最低等级的乡村居民点仅需提供居住和日用品商店等日常生活所需的最基本设施，仅服务于乡村居民点斑块内部，不为周边乡村居民点服务。较高等级的乡村居民点应至少提供除最低等级之外的卫生室、图书室、文化广场、幼儿园等公共设施，在服务于乡村居民点斑块的同时，为周边乡村居民点服务。最高等级居民点应提供除较高等级居民点之外的卫生院、中小学、集贸市场等设施，整体上由非农人口集聚为主，在较大范围内为周边乡村服务。总体而言，乡村居民点提供的服务设施等级较高，其外向性越强、服务范围越大，但使用频率越低；而低等级的服务设施主要为便民性服务设施，内向性较强，村民使用频率较高。

在区域层面，应构建“镇区—集中居住点——般居民点”三级镇村层级结构。其中镇区作为行政中心和经济中心，可以为周边乡村居民点提供各类高等级的配套设施服务，吸引周边乡村居民点及从事非农产业的村民在镇区内集中。集中居住点依托发展条件较好、规模较大的居民点形成乡村新社区，可以为行政村域范围内和周边其他居民点提供较高等级的配套设施服务，并吸引周边偏远位置的村民向其迁移集聚。而一般居民点主要为自然形成且可以保留的居民点，其配套设施仅为少量小商店，仅服务于居民点斑块内部，相应的居民点用地规模最小。与传统中心村模式相比，三级镇村层级结构有三处优势。其一，有利于加强对各类乡村居民点斑块发展路径的细化指导，基于乡村居民点斑块分布、规模和形态的差异，因地制宜、因类施策，有利于推动乡村居民点空间优化的落地实施。其二，集中居住点一般在村域范围内统筹选址，依托现有居民点建成，避免了跨行政村集中所产生的大拆大建，实现了土地和空间资源的优化配置。其三，通过乡村居民点斑块在村域内适度集中，激发了村集体组织和村民优化乡村居民点空间的动力，也减缓了跨行政村异地置换给村民带来的社会和经济冲击。

在镇域层面，结合各镇社会经济发展条件和城镇化进程的差异，灵活布局。①在北部的徐行镇和华亭镇，整体延续"镇区—集中居住点—一般居民点"的3级结构，见图8.10(a)。一方面，这2个镇位于城市远郊区，城镇建成区范围小、乡村腹地大；非农经济发展一般，农业发展具有较好的基础，乡村居民点斑块规模和村宅质量整体较好。另一方面，这2个镇经过"撤乡并镇"后，撤制镇作为城镇社区相对独立，扩大了城镇化区域对乡村居民点服务的辐射影响范围。因此，不宜对北部2镇的乡村居民点进行大规模减量，应在保留现状一般居民点的基础上，基于设施提升的需求，发展部分集中居住点，做大做强农业，打造远郊田园乡村。②在南部的江桥镇、南翔镇、安亭镇和西部的外冈镇，总体应形成"镇区—一般居民点"的2级结构，见图8.10(c)。一方面，江桥镇、南翔镇和安亭镇的城镇建成区范围大、乡村腹地小；非农经济发达、农业发展空间少。受城镇和工业园区扩张的影响，乡村居民点空间布局杂乱，生活配套设施不完善，城镇管控边界外已无适宜的居住空间。另一方面，外冈镇受到沪通铁路、垃圾焚烧场和郊野公园建设的影响，其城镇管控边界外的空间不宜新增集中居住点。因此，对于南部和西部这4个镇，应有序推动居住环境较差的一般居民点向城镇置换集中，实现乡村居民点用地的规模减量。同时，应尽量避免在城镇开发边界外新建集中居住点，造成村民的二次搬迁。③在中部的马陆镇、菊园和工业区，总体应以"镇区—集中居住点"的二级结构为主，见图8.10(b)。这些区域是城镇化快速推进的区域，城镇建设区和乡村均有一定规模，部分乡村居民点分布过于分散，公共服务和基础设施配套较差。随着城镇化的进一步推进，其农业生产功能必将进一步压缩，在居民生活品质升级的前提下，需要对散落的乡村居民点用地进行适度集聚，将其引导至集中居住点内居住。

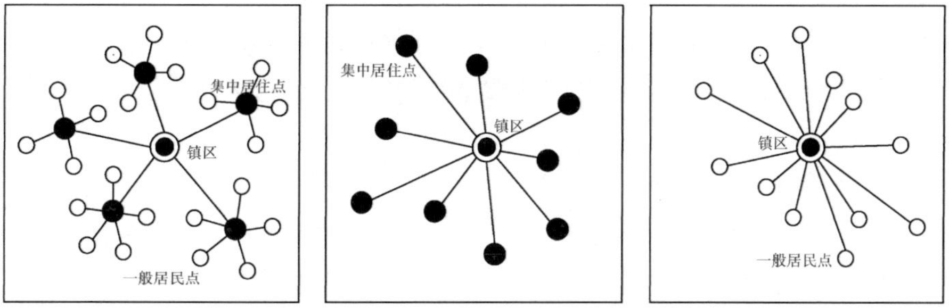

(a) 镇区—集中居住点—一般居民点　(b) 镇区—集中居住点　(c) 镇区—一般居民点

图 8.10　各镇镇村结构的适宜类型

在村域层面，应结合乡村居民点空间优化，分类推动农用地和工业用地的空间优化。农用地、工业用地和乡村居民点用地是乡村三种主要的用地类型，三者相互联系和影响，共同塑造乡村空间格局。因此，既需要推动乡村居民点用地从分散转向集聚布局，又需要对农用地和工业用地布局同步进行优化。这是乡村空间布局由粗放型向集约型发展转变，且实现空间要素合理组合和优化配置的客观要求。通过规模集聚与拆分租赁相结合促进农用地空间优化。农用地流转是推动农业规模集中经营、提高农业生产效率、实现农业空间现代化转型和土地效益最大化的重要手段，有利于形成分工合理、特色鲜明的农业空间，推动城乡一体发展(图 8.11)。对于北部远郊乡村户均农业承包地面积小、空间分布破碎化的农业空间，采用农用地规模集聚的方式发展现代化农业。推动细碎的农用地流转到种田大户中，促进农业规模化生产，从而提高种粮大户农业收入。对于南部近郊乡村区位条件好、交通便利的乡村，采用拆分租赁的方式发展复合型都市农业。村民可以将农用地划分成小块，将其转租给城市居民，形成城市居民认养、村民辅助管理的都市农业。农用地从单一的农业生产功能转变为农业生产、科普、休闲、

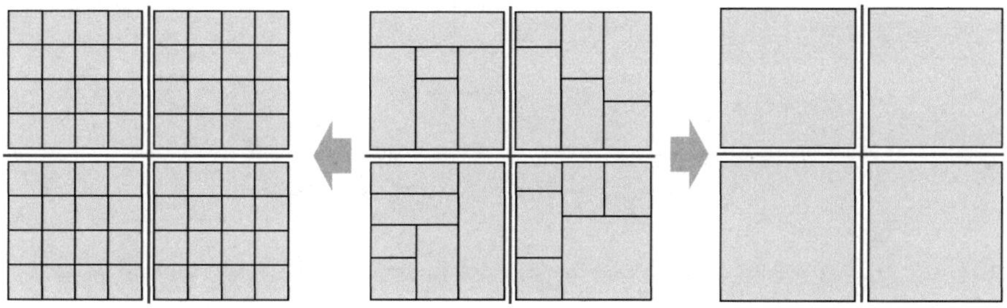

拆分租赁的农用地　破碎的农用地　规模集聚的农用地

图 8.11　农用地空间优化示意图

娱乐的多元复合功能。城市居民可选择种植品种，闲暇时间自己种植，平时由村民代为管理，农产品成熟后由城市居民享有。村民将农用地切分成更小空间，进行个性化和定制化的培育服务，可获取更高的租金收益，同时发展了绿色农产品，促进城乡居民的交流。

通过入园集聚、留地转型与减量复垦相结合促进工业用地的空间优化(图8.12)。其一，推动具有产业竞争优势的工业用地向工业园区集中，实现入园集聚。加强镇域层面产业空间统筹，通过腾挪工业用地，做大做强特色产业，促进用地集约与产业结构优化。其二，推动具有区位优势的乡村工业用地转型发展。对于低效工业用地进行功能转型，可结合乡村休闲旅游的发展，通过村民入股等方法发展乡村集体产业，将其改造为旅游配套服务设施，进而培育乡村休闲产业。将闲置的工业用地改造成为乡村电商或会展中心，村民共享收益。其三，推动规模小、效益低、空间布局分散的工业用地搬迁撤离、减量复垦，改善乡村生态环境，提升集约用地水平。同时，通过节余建设用地指标转让费弥补村集体经济损失。

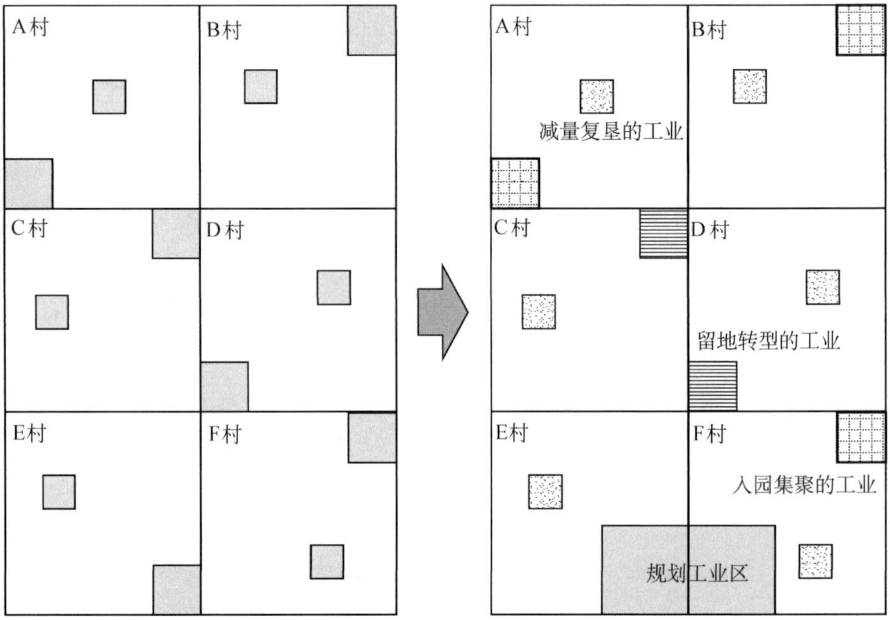

图8.12　工业用地空间优化策略示意图

2. 分布优化：降低斑块密度、增加交通通达性、加强与河道空间联系

乡村居民点斑块数量和密度与社会经济发展条件直接相关。在乡村人口外流和公共服务设施完善的总体趋势下，乡村居民点密度应进一步下降，因此需剔除居住环境较差的乡村居民点斑块。城镇和产业用地管控区、重大基础设施及其

影响区对乡村居民点的居住环境形成严重干扰，凡是受到以上两类因素影响的乡村居民点应减少其斑块数量，可以从两方面降低乡村居民点斑块密度。①依据乡村居民点斑块与城镇和产业用地管控边界的空间关系，将其划分为管控边界内和管控边界外两种类型。对位于城镇和产业用地管控边界内及其附近的居民点，应作为撤并居民点，有效降低乡村居民点斑块的数量和密度。②依据乡村居民点斑块与重大基础设施（主要是高速公路、高速铁路、高压走廊、垃圾焚烧场等）及其影响区的空间关系，将其划分为区内和区外两种类型。其中位于重大基础设施及其影响区内的乡村居民点应作为撤并居民点，实现村民的整体搬迁，以保证村民基本的生活质量，从而整体上降低乡村居民点斑块数量和密度，见图 8.13(a)。而对位于城镇和产业用地管控区外、重大基础设施及其影响区外的居民点，总体符合密度分布的要求，但对其空间优化的具体策略还需结合规模、形态等其他要素要求综合确定。

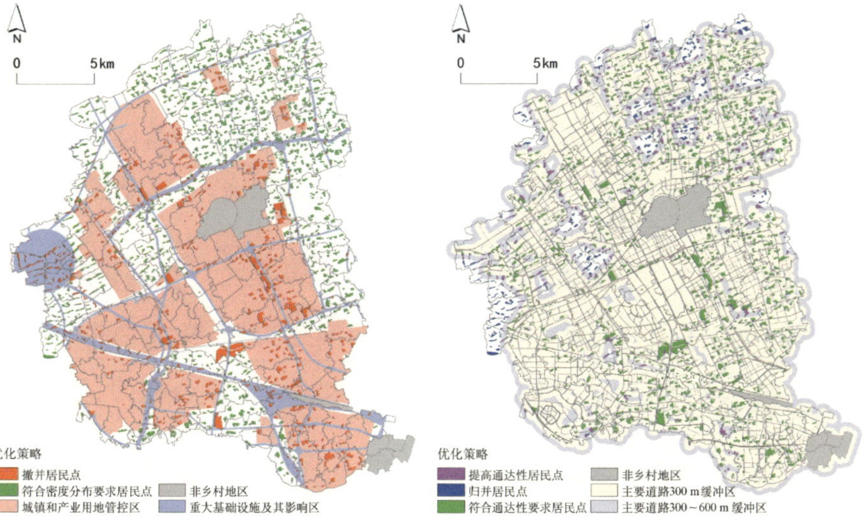

(a) 居民点斑块密度优化策略　　(b) 居民点邻近道路距离优化策略

图 8.13　乡村居民点分布优化策略图

随着村民生活品质提升，其对外沟通交流的需求也进一步增加，为满足村民出行机动化和便捷化的趋势，应进一步缩减乡村居民点与道路距离，增加交通通达性。分析乡村居民点斑块与主要道路之间的距离，将距离值划分为 300 m、300～600 m、大于 600 m 三个等级。其中邻近主要道路距离 300 m 范围内的乡村居民点，其总体符合交通通达性要求，但对其空间优化的具体策略还需结合规模、形态等其他要素要求综合确定。邻近主要道路距离 300～600 m 的居民点应进一步增设道路，减少乡村居民点与主要道路的距离，加强其交通通达性；邻近主要道路距离大于 600 m 的居民点斑块,由于其斑块面积较小,建议作为归并居民点控制,通过渐进归并,引导村民就近迁移到集中居住点,见图 8.13(b)。

增加居民点与河道空间联系,凸显水乡地域文化特色。乡村居民点因水而生,伴水发展。特别是嘉定区地处江南水网地区,河道与乡村居民点的空间组合是乡村居民点地域特色的重要体现。2000—2018 年,乡村居民点与河道距离从 42 m 增加到 67 m,表明在快速城镇化背景下,乡村居民点原有的依水而建的自然环境和地域特色正在消失。特别是在城区及其边界附近这种现象表现十分显著。为凸显乡村居民点自然环境和地域特色,需要疏浚河道、贯通水系,进一步缩减乡村居民点与河道距离,增加乡村居民点与河道的空间联系。围绕与河道的空间关系,乡村居民点有带状和团状两种形态。无论是带状居民点还是团状居民点,都是与河道相互适应的结果。在乡村居民点的规划建设中应尊重并延续这种地域特征,加强乡村居民点与河道的联系,凸显乡村居民点形态特色。采用两种方式传承延续、优化乡村居民点与河道的空间联系。①对带状居民点,应加强居民点和河道水系的垂直向空间关系,保持亲水便捷性;控制居民点长宽比在一定的范围内,避免居民点过度横向蔓延扩展,给村民生活带来不便;同时,在居民点中心配置商业和绿地等公共服务设施,缩小设施的服务半径,见图 8.14(a)。②对于团状居民点,应加强河道两侧地块的空间联系,注重沿河公共活动通廊的打造;新增居民点用地应分布在原有居民点外围,并延续其团状形态特色;在尊重乡村自然环境基础上,加强对乡村居民点内部空间的更新改造,见图 8.14(b)。

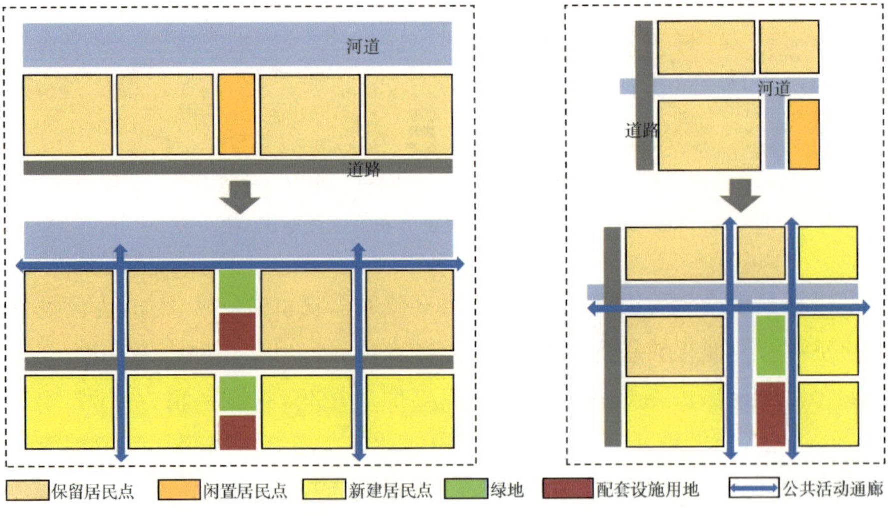

(a) 带状居民点的空间形态优化　　(b) 团状居民点的空间形态优化

图 8.14　带状和团状居民点形态优化策略示意图

3. 规模优化：缩减总用地面积、提高平均斑块面积

乡村居民点作为村民居住生活的场所，其用地总面积需要与乡村人口变化相适应。2000—2018 年，乡村居民点总面积从 6 095.11 hm^2 显著下降到 3 747.91 hm^2，但 2018 年嘉定区乡村户籍人口数量为 10.7 万人，其人均乡村居民点用地面积为 350.27 m^2，远高于我国城市人均居住用地面积 35.60 m^2（祝培甜 等，2018），过大的乡村居民点人均用地规模，导致乡村居民点土地利用不集约。同时，随着城镇化的快速推进，乡村人口外流是必然趋势，乡村居民点用地需要随之减量，实现乡村空间的精明收缩。基于以上两方面原因，应进一步缩减乡村居民点总用地面积。在实际优化过程中，需要结合乡村居民点适度集聚的趋势，确定适宜的平均斑块面积，对于远小于平均斑块面积的居民点斑块，作为归并居民点，引导其自然衰退，复垦为农用地，实现乡村居民点总用地面积的减量。

乡村居民点平均斑块面积的大小与乡村社会经济发展条件相适应。适宜的乡村居民点斑块面积，可以节约教育、医疗等公共设施的建设和运营成本，进而有效提升村民使用公共设施的便捷性，提高村民的生活质量。受公共服务设施资源的有限性和配置的有效性影响，居民点斑块应达到一定的人口规模，才能满足乡村公共服务设施配置的最低门槛要求，从而有效发挥乡村各项服务设施的规模效应（赵民 等，2014）。也就是说，公共服务设施的经济门槛规模决定其服务半径内乡村居民点的最小人口和用地规模。在乡村各类设施中，教育设施的配置门槛最高，乡村居民点的人口规模只要能满足教育设施的配置要求，也能满足其他公共服务设施的需求（张京祥 等，2012）。故将教育设施的门槛规模作为各级乡村居民点的最小规模。考虑到小学等教育资源一般在镇区内配置，因此，在对乡村居民点规模进行测算时，本书仅考虑幼儿园的配置标准。参考《上海市幼儿园的建设标准》中对城市幼儿园每班最少 20 人的配置标准，结合嘉定区乡村实际和其他地区乡村幼儿园配置标准，确定乡村幼儿园每班最少为 15 人。考虑到嘉定区 2018 年人口出生率为 0.8%，用乡村幼儿园每班最小人数除以人口出生率，可得出嘉定区乡村幼儿园配置的最小人口规模为 1 875 人。国内相关学者从乡村生活服务设施的配置出发，提出集中居住点的适宜规模在 2 000 人左右，与本书测算的数值有较高的一致性（赵丹 等，2013）。

基于以上测算结果，考虑到现状各村经济发展水平、村民生产生活方式和设施配置水平的差异，建议集中居住点的合理规模是 1 500～2 500 人。村民人均居民点用地按照 40 m^2 控制，则乡村居民点合理规模为 6～10 hm^2。据此，将乡村居民点斑块面积划分为 0～3 hm^2、3～6 hm^2、大于 6 hm^2 三个等级，见图 8.15(a)。其中 0～3 hm^2 的乡村居民点斑块由于其用地规模小，不利于公共设施和基础设施的

配置，应作为归并居民点，控制其增长，引导其自然衰退或向规模较大的集中居住点归并。面积大于 6 hm^2 的乡村居民点斑块由于其用地规模大，可作为集中居住点的选址，吸引周边规模小、分布散的乡村居民点向其归并，但应防止其面积过大而出现乡村地域特色的消失。而斑块面积为 3～6 hm^2 的乡村居民点，其基本符合规模要求，但对其空间优化的具体策略还需结合分布、形态等其他要素要求综合确定。如其周边有其他居民点，两个居民点可通过连片聚合形成新的乡村居民点。

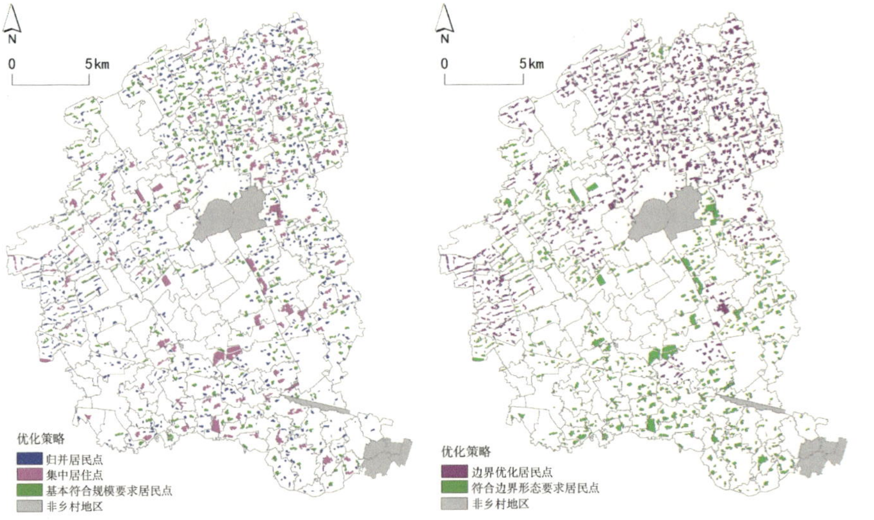

(a) 平均斑块规模优化策略　　(b) 景观形状指数优化策略

图 8.15　平均斑块规模和景观形状指数优化策略图

4. 形态优化：降低景观形状指数

乡村居民点形态是与自然环境相互适应的结果，体现着地域文化特征和景观风貌。2000—2018 年，乡村居民点景观形状指数从 7.26 下降到 5.84，说明在一系列政策和人为干预下，乡村居民点斑块边界变得更规整。但在部分区域还存在居民点斑块景观形状指数过高的情况，需要对其形态和边界进行优化。据此，将嘉定区乡村居民点斑块景观形状指数分为 1～6、大于 6 两个等级，见图 8.15(b)。其中景观形状指数为 1～6 的居民点斑块主要分布在南部，其形态和边界比较规整，符合斑块边界形状的要求，但对其空间优化的具体策略还需结合分布、规模等其他要素要求综合确定。而景观形状指数大于 6 的居民点斑块主要分布在北部和西部，其居民点斑块边界比较杂乱。因此，需要优化乡村居民点斑块与工业用地斑块的空间布局，防止相互嵌套混杂布局的现象；同时有效管控乱搭乱建违章住宅引起的乡村居民点边界复杂化问题，提高乡村居民点的可识别性。

8.3　乡村政策模式和微观空间优化策略

乡村居民点空间优化不仅需要在宏观层面制订乡村产业、人口和空间的转型路径，提出各项宏观布局优化策略；也需要在微观层面基于乡村产业和人口转型的具体差异，升级完善乡村转型政策模式，细化落实不同类型乡村居民点的差异化空间优化策略。

8.3.1　乡村转型政策模式

超大城市地域范围广阔，其内部乡村所处区位、社会经济和自然环境条件具有显著差异，发展面临的问题和主要矛盾也不同，在城乡要素流动不断增强的趋势下，不同乡村的产业构成和人口构成将面临更剧烈的空间分化。因此，需要结合乡村所处的具体发展环境，依据乡村产业和人口转型的具体特点，分类明确乡村居民点微观空间优化的政策模式(图 8.16)。

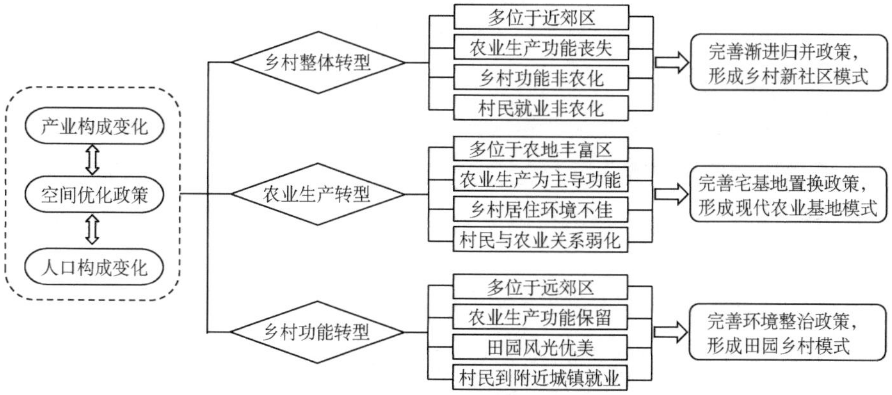

图 8.16　乡村居民点空间优化的政策模式图

1. 现代农业基地模式：推动农业生产转型

农业生产转型类乡村多位于耕地资源丰富而居住环境较为恶劣的区域，农业生产仍是该类乡村主导功能，但村民与农业关系已经弱化，总体呈现以下特点。其一，村内房屋年久失修、破败不堪，公共服务设施配置水平低，受重大市政基础设施建设的影响，村民改善居住环境的愿望十分强烈。其二，该类乡村多拥有丰富的耕地资源，农业生产仍是其主导产业功能，但存在农业生产规模化程度不高和农业生产效率较低等问题，需要优化农业生产方式。其三，大部分村民与土地的关系已经弱化,大多脱离了农业生产,多到附近城镇就业或居住,村宅多租赁给外来人口居住使用。

对于该类乡村,应升级完善宅基地置换政策,推动农业生产转型,形成现代农业基地模式。首先,该类乡村人口承载的功能已经弱化,由于资源环境的限制,需要依靠市场化机制引导村民自愿退出闲置和老化住宅,重点推动高速公路、高速铁路和高压线沿线和生态敏感地区、土地整治区(“三高两区”)的村民进入城镇集中居住。其次,进一步加大土地流转的力度,通过农用地的流转推动农业生产和经营方式的转型,提高农业生产效率,实现生产经营规模化和土地流转资源化,推动传统农业生产向现代化农业生产转型。最后,村民迁移至城镇居住后其生活环境得到整体提升,村民从事非农产业可以有效增加村民收入,农用地流转的土地租金还可以补贴村民生活,从而从整体上改善村民的居住生活质量。

在现代农业基地模式实施过程中,要充分尊重村民意愿,防止出现违背村民意愿的强制拆迁,推动该模式从因村施策到因户施策。宅基地置换的直接成本(主要是建新和拆旧的费用)和机会成本(村民庭院经济的丧失)都较高。从长远来看,村民由分散到适度集中需要经历漫长的过程,同时受到村民个体意愿的差异性影响。因此,应该审慎对待宅基地置换政策,对乡村居民点的集聚应采用引导而非强制手段。对受到重大基础设施项目建设影响,确需整体搬迁的乡村居民点,应合理选择村民安置地址,综合考虑村民生活习惯、社会经济条件、基础设施配套水平和地域文化风俗要素。在置换过程中,需要加强与村集体和村民的协商互动。从具体的操作流程来看,村宅是否闲置,村民是否愿意退出只有村集体组织才能准确掌握。村民消费结构的差异,村民对于集中或分散居住的意愿随年龄、就业等情况不同而存在差异。因此,应基于不同类型村民的分化需求,细化完善宅基地置换政策模式的内容,推动该模式从因村施策到因户施策(赵明 等,2020)。使想离开乡村的村民能够实现土地权益,顺利离开;想留下来从事农业的村民可以逐步扩大耕作面积,完善现代农业配套设施,促进农业生产方式的转型;对于希望在乡村养老的老年人,为其提供更好地生活居住条件,降低生活成本,提高生活质量。

同时,应完善宅基地退出和流转的相关政策内容。由于宅基地置换政策涉及房屋拆迁、补偿安置、新居民点建设、旧居民点复垦、基础设施配套和社保配套等一系列投入,需要大量的资金。因此,需要健全多途径投融资渠道,引入市场的力量,共同建设乡村。完善宅基地退出和收益返还政策内容,确保退出后的土地依然为村集体经济组织所有,调整为城镇建设用地的土地收益主要向村民倾斜,扣除必要的集体性福利设施资金外,主要的收益部分应以多种方式和渠道返还补偿给村民。进一步优化细化村集体处理乡村资源、资产、资本的方式和渠道。对退出宅基地的村民，村集体可探索形成现金、股权等补偿形式。

2. 乡村新社区模式：推动乡村整体转型

产业、人口和空间整体转型类乡村多位于超大城市近郊地区，这些乡村的产业构成和人口构成均已发生重大变化，呈现出以下特点。①乡村受到城镇扩张的显著影响，已无足够的耕地资源，农业生产功能快速丧失，乡村产业逐步转向非农产业。②村民基本已脱离农业，实现了就业的非农化。同时，乡村进入大量外来人口，导致乡村居住人口密度过高，乡村人口构成相对复杂。③乡村地域空间逐步向城镇地域转型，出现严重的农地非农化现象。总体上，乡村居民点传统分散布局的模式已难以适应乡村产业和人口的快速转型，需要优化乡村居民点的空间布局。

对于该类乡村，应升级完善渐进归并政策，推动乡村实现整体转型，形成乡村新社区模式，使乡村更强和更美。稳妥推进乡村集中居住点建设，将分散的村民集聚到配套设施齐全的集中居住点，可以有效提高乡村空间的宜居程度，实现乡村生活的现代化。依托建设用地结余指标积极发展乡村涉农产业，增加非农产业在乡村产业结构中的比例，为村民提供更多的就地非农工作岗位。再次，集中居住点优美的居住环境吸引更多的村民回流居住，不同村民内生出社会交往需求，加强生活联系，从而激发乡村社会活力。

在乡村新社区模式实施过程中，需要关注乡村新社区内部特色空间的塑造。应优化乡村新社区内部宅基地的布局模式，避免宅基地布局过于呆板单一。应充分结合河道等自然环境条件，对宅基地的大小、朝向、分布形成多样化的组合方式，进而形成多变的空间肌理，打造特色化、可识别的乡村居民点空间。加强对村民住房户型和样式的引导。适应家庭结构小型化趋势，多设计中小户型。村民住宅设计与乡土施工工艺相结合，突出乡村住宅的郊野特色，注重乡村建筑空间形态的差异性。强化对建筑面积、建筑层数、建筑高度的管控，构建建筑风格协调又各具特点的乡村住宅风貌。

基于乡村人口结构和使用需求的分化趋势，优化公共设施的配置类型和面积比例。基于乡村户籍常住人口老龄化占比高的事实，需要在居民点内增加养老设施和医疗卫生设施，满足老年人的使用需求。随着村民生活方式的转变，需要增加体育健身、文体娱乐等设施，以满足村民生活品质提升的需求。需要重视院落空间的营造。通过明晰各村宅院落的产权边界，激发村民对宅前屋后院落空间美化的积极性，塑造乡村空间的多样性和特色。

3. 田园乡村模式：推动乡村功能转型

功能转型类乡村多位于超大城市远郊地区，这些乡村的农业生产和人口构成相对变化较小，呈现出以下特点。①该类乡村是上海农业的主产区，乡村承担着农业生产、生态建设和耕地保护等重要任务。受到用地规划和区域布局的限制，农业主要以种植粮食、蔬菜和林业发展为主，农业生产效率较低，缺乏强村富民的产业载体和充足的非农岗位，乡村经济产业发展相对缓慢。②部分村民流失到附近城镇从事非农工作，造成部分住宅闲置，乡村人口密度相对较低，老龄化现象较为严重，乡村社会整体缺乏活力。③乡村受到城镇化工业化的影响相对较小，仍保留优美的自然景色和田园风光，但这些资源和优势尚未得到充分挖掘，因此需要推动乡村功能的转型提升。

对于该类乡村，应升级完善村庄环境整治政策，推动乡村功能转型，形成田园乡村模式，使乡村成为上海建设卓越全球城市的亮点。充分利用该类乡村远离超大城市中心城区，自然风光良好的优势，通过村庄环境整治，改善村民的居住生活条件，最大限度保留自然景观，延续乡村空间肌理，发挥乡村的文化家园价值和生态保育价值。在消费需求转型升级的背景下，乡村多元功能得到体现。通过鼓励城市资本和人口下乡创业，利用乡村的特色资源发展生态休闲、农业旅游和乡村教育等新产业新业态，推动乡村功能的转型升级，拓展乡村的经济价值。乡村新产业新业态的发展为村民提供更多的非农就业岗位，吸引部分乡村人口返乡从事非农工作，从而改善该类乡村人口外流的现状，激发乡村社会活力。

在田园乡村模式实施过程中，应细化土地用途管制政策，将空间的改造利用和新产业新业态的发展结合起来。在乡村发展中，出现了一些新产业新业态项目，这些项目具有产业融合性和用地功能复合性的特点(耿慧志 等，2020)。如乡村旅游、休闲农业把服务业和农业进行了融合；农家乐则包含了民宿、餐饮、农业观光旅游等多个业态，涉及宅基地、农用地等不同用地类型。但现行乡村土地管控主要基于农业、工业和服务业的产业分类方法，对用地功能兼容性和复合性考虑不足，难以推动这些新产业新业态项目的落地，不利于乡村空间的优化。因此，应健全土地用途管制体系，增加附加管控要素，如兼容用地功能和相关建造要求等，为新产业新业态项目的落地实施提供基础。同时，应结合社会经济发展的趋势，健全利用存量土地和建筑发展新产业的政策通道，如利用闲置废弃居民点用地建设乡村养老和医疗设施，既可以应对乡村日益加剧的老龄化问题，又避免了乡村空间的重复建设，提高了资源使用效率。

同时，该类乡村基础设施的改造提升要顺应社会经济发展趋势。一方面，村民出行机动化要求优化道路交通系统配置。路网布置要满足乡村通勤机动化趋势，主要道路宽度满足小汽车双向通行，同时在居民点内设置一定数量的停车位；主要街巷需要同时满足村民通勤需求和消防通道要求。另一方面，基础设施的优化需要结合乡村居民点的空间分布和实际条件，采取差异化的处理措施。如乡村生活污水排放和处理问题，对于集中居住点要采用污水纳管的方式；对于暂时没有条件的分散居民点，引导村民建设三格化粪池，污水经处理达标后排放河道，既降低村民的使用成本，又有效改善乡村的环境。

8.3.2　微观空间优化策略

乡村居民点是相互影响的有机整体，其空间优化的具体策略不仅需要满足分布、规模、形态等多个宏观要素的要求，而且需要结合乡村居民点所处社会经济发展条件、城镇化水平、空间演化影响因素和作用机理的差异采用不同的政策模式优化微观空间。考虑到以上因素，综合叠加斑块密度、邻近道路距离、平均斑块面积、景观形状指数、邻近河道距离、城镇发展水平、影响因素和作用机理等不同要素对乡村居民点微观空间优化的要求，综合确定撤并型乡村居民点、归并型乡村居民点和保留型乡村居民点三种基本类型，实现对乡村居民点空间优化类型的初步细分。

依据三种基本类型的组成差异，进一步将其细分为六种空间优化类型（图 8.17）。将撤并型乡村居民点细分为整体搬迁型和撤村改居型，将归并型乡村居民点细分为控制发展型和培育发展型，将保留型乡村居民点细分为保留整治型和特色保护型。将六种空间优化类型细分落实到各乡村居民点斑块中，形成了嘉定区乡村居民点空间优化类型导向图（图 8.18）。

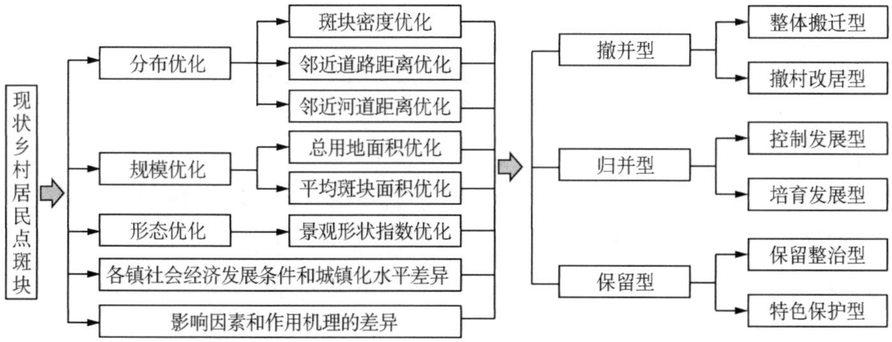

图 8.17　嘉定区乡村居民点空间优化类型划分方法

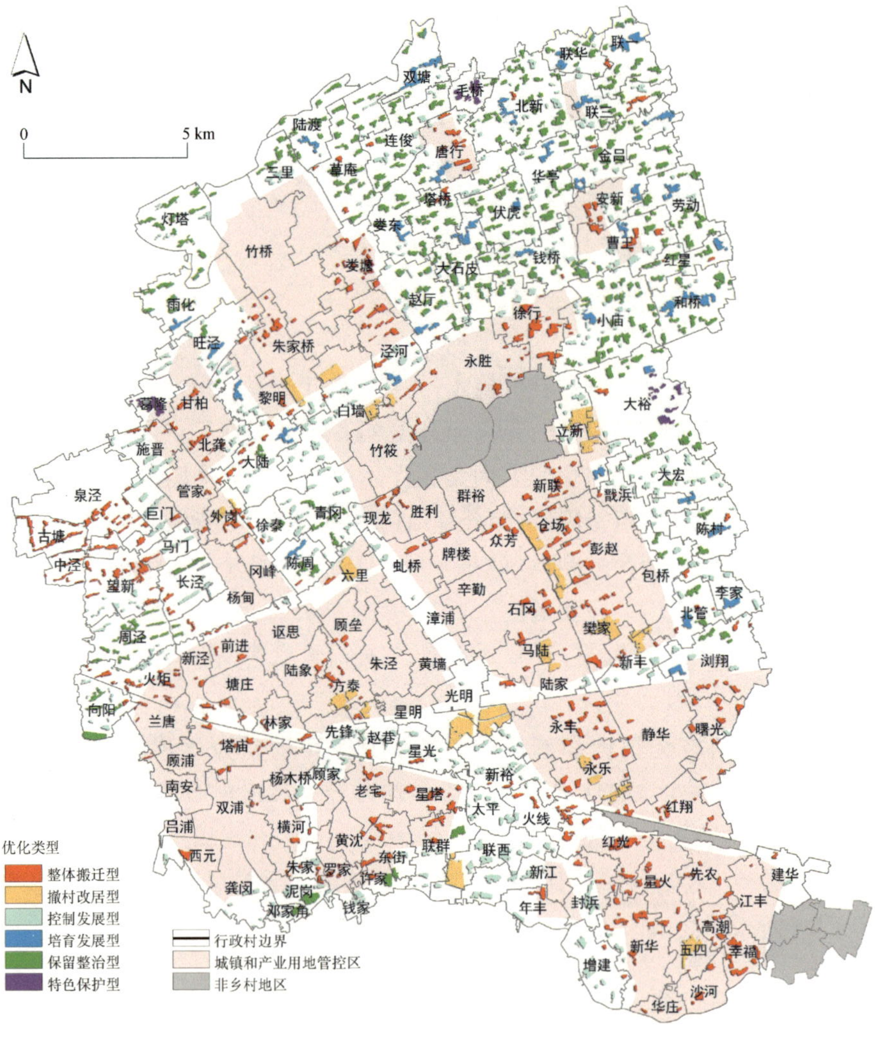

图 8.18　嘉定区乡村居民点空间优化类型导向图

针对整体搬迁型、撤村改居型、控制发展型、培育发展型、保留整治型和特色保护型六种类型，通过定位、业态功能、规模容量、设施配套、形态风貌、社会管理六个方面分别进行空间优化策略的引导，细化各类乡村居民点空间优化的各项措施内容，进而为不同类型乡村居民点提供差异化的空间优化策略（表 8.1）。

表 8.1　　不同类型乡村居民点空间优化策略要点表

内容	撤并型		归并型		保留型	
	整体搬迁	撤村改居	控制发展	培育发展	保留整治	特色保护
定位	农业	城镇社区	农业	乡村新社区	田园乡村	特色乡村
业态功能	农业生产	生活居住 多样化业态	农业生产	生活服务 多样化业态	生活居住 乡村养老 休闲旅游	生活居住 文化展示 乡村旅游
规模容量	严禁增量 逐步腾退	存量利用 有机更新	严禁增量 土地复垦	适度新增 强度管控	存量利用 内部挖潜	存量利用 增减平衡
设施配套	禁止新增设施	完善生活服务设施和市政设施的类型、提升能级	不新增生活服务设施	完善生活服务设施	完善生活服务和市政设施、增加小型旅游设施	村庄生活服务 旅游配套设施 文化展览设施
形态风貌	以现代农业风貌为主	打造城镇社区风貌	复原农业风貌	宅基地灵活划分 管控建筑体量 营造公共空间	协调环境风貌 拆除违法建筑 居住环境整治	保护传统建筑 延续空间肌理 全面管控建筑
社会管理	推动人口向城镇社区转移	实现城镇社区管理	引导集中居住	村民就近就业 管控外来人口居住	完善本地服务管理、鼓励村民灵活就业	鼓励村民本地就业、与文化旅游服务结合

1. 撤并型乡村居民点

撤并型是指依据城乡发展需求，将不适宜村民居住的乡村居民点斑块搬迁或撤并，依据撤并力度的差异，可细分为整体搬迁型和撤村改居型两种类型。

整体搬迁型主要是指受城镇建设和重要基础设施及其影响区建设影响，对用地小、散、乱的乡村居民点进行整体搬迁，并将村民安置到城镇社区的类型，包含两部分。一部分是位于城镇和产业用地管控边界内的一般居民点，由于其周边农用地已被城镇建设征用，只剩下被城镇建成区包围的居民点用地，难以与周边城镇发展融合，村民生活居住环境差；另一部分是位于城镇和产业用地管控边界外，重大基础设施（铁路、高压走廊、高速公路、污水处理厂、垃圾焚烧场等）影响范围内或生态环境敏感区范围内的乡村居民点，其所处区位差、用地规模小、生活环境恶劣，已不适宜村民继续居住。对于该类乡村居民点，应利用宅基地置换政策，实现乡村居民点的整体搬迁。对位于城镇和产业用地管控边界内的乡村居民点，村民整体搬迁后，其用地宜纳入城镇建设控制区，按照城镇发展模式进行相关管控。对位于城镇和产业用地管控边界外，受到重大基础设施建设影响的乡村居民点，其用地应通过土地整治和复垦推动农田的集中连片，以利于农业规模化发展。加强现代农业产业和乡村生态休闲业态的培育。禁止新建村民住宅，防止居民点规模进一步扩大，影响后续置换的难度，稳妥推动原有居民点用地逐步腾退消亡。聚焦田、水、路、林四要素，打造该类乡村“田成方、水成网、路相通、林相连”的现代农业风貌。推动村民向城镇社区转移居住。

撤村改居型主要是指位于城镇和产业用地管控边界内及其附近，现状已建成并投入使用的集中居住点。该类乡村居民点已有较大的用地和人口规模、公共和基础设施配置相对完善，大部分村民已经完全脱离了农业生产，实现了工作的非农化。但该类乡村居民点内各类公共服务和基础设施配置缺乏与城镇的对接，存在重复建设和资源浪费的现象；同时其管理模式和经济发展未能实现与城镇的深度融合。对于该类居民点，总体上应以生活居住、二三产融合等多样化业态为主导功能。应严控其用地规模，对内部空间加强存量利用，对村宅进行有机更新。同步完善各种公共设施和市政设施的类型，提升服务设施能级，加强与城镇设施网络的对接和共享。在形态风貌方面，应逐渐从乡村社区向城镇社区风貌转型。为不同人群的交往提供活动平台，增加活动休憩空间、健身空间、滨水空间和村内广场空间等，突出公共空间的交流互动作用，从而聚集人气、重构社会网络。最后，撤销村委会、改设居委会，实现城镇社区的管理模式。

以仓场村为例，分析撤并型乡村居民点的空间优化路径(图 8.19)。该村整体位于城镇和产业用地管控边界内。现状乡村居民点可分为两部分，一部分是位于村域西侧的集中居住点仓新小区，另外一部分是位于村域东侧的一般居民点，包括顾家宅、沈家宅等。由于仓新小区已建成投入使用，其用地规模大，村宅建筑和各项配套设施完善，现状居住人口多，建议仓新小区作为撤村改居型管控，实现城镇社区的管理模式。而对于沪嘉高速公路东侧的顾家宅、葛家宅等一般居民点，由于其用地规模小、分布分散、设施配套条件差，被周边工业用地所包围，村民居住环境差，建议将该类居民点作为整体搬迁型管控，引导村民向城镇安置社区迁移居住。

2. 归并型乡村居民点

归并型是将空间布局过于分散、斑块用地面积过小、交通通达性和设施配套条件差的乡村居民点，通过空间平移的方式，将其集中到斑块用地面积较大、交通和配套设施条件完善的乡村居民点。依据归并来源和去向的差异，可以细分为控制发展型(需要平移的居民点)和培育发展型(需要接受平移的居民点)。

控制发展型居民点一般位于城镇和产业用地管控边界外，远离城镇和主要道路。由于该类居民点分布散、斑块用地面积小，制约各项公共服务和基础设施的

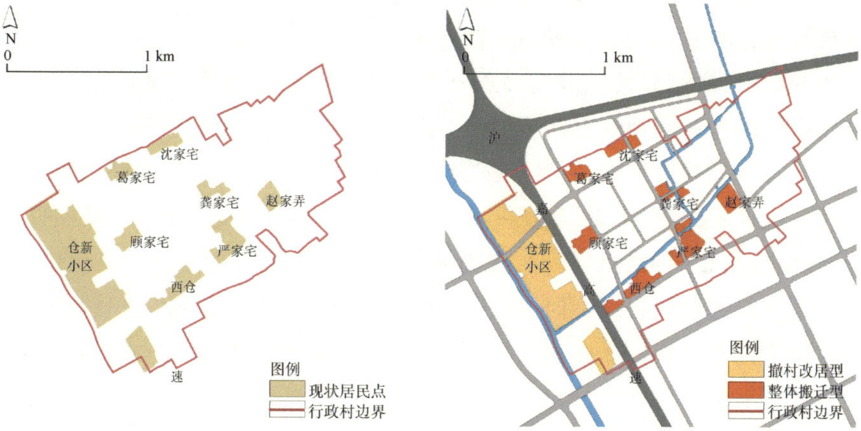

(a) 仓场村居民点现状分布图　　(b) 仓场村居民点空间优化示意图

图 8.19　仓场村空间优化策略示意图

配置，村民整体居住环境较差。引导该类乡村居民点从分散到适度集中布局，既可以实现资源优化配置，达到集约节约用地、缓解人地关系的目的；又可以有效减少因分散居住所带来的公共服务和基础设施配套难、运营成本高等一系列问题，有利于发挥设施的规模效应，从而提高村民生活质量。对该类居民点，应逐步推动其空间形态和周边废弃地的腾退和置换，缩小用地规模，并将其复垦为农用地；完善农业配套措施，提升农业生产功能。该类居民点不应新建村宅，原则上不宜进行村宅翻建，不新增各类公共服务和基础设施。村民如有住房翻建和新建需求，应统一引导至用地规模较大、公共服务和基础设施配套齐全的培育发展型居民点，采用统一规划、依规建设的模式自主建房。乡村形态风貌以农业风貌为主。村民实现集中居住后，原有乡村居民点的社会管理功能逐步消失。

培育发展型居民点是村民集中居住的载体。该类居民点一般邻近城镇或现有居民点，靠近村民就业地，交通条件便利，有较大用地和人口规模，较为完善的公共服务和基础设施，便于为周边空间布局分散、用地规模小、自然环境差的一般居民点提供配套服务，整体提高村民的生活质量。对于培育发展型居民点，应将其打造成为村民宜居、宜业的乡村新社区。加强生活服务和非农产业等多样化业态的培育。在现有空间边界周边选择适宜的用地，为村民的迁入和集中居住提供空间。依据村民收入水平和居住习惯，丰富宅基地的空间组合形式；加强对新增村宅建房面积、高度、材质、色彩和屋顶形式的管控。优化和完善各类公共设施，增强设施服务能力和能级。基于村民生活习惯，完善公共空间的类型，如设置乡村红白喜事的公共空间和宅前屋后邻里交往空间。引导村民回流，鼓励村民就近灵活就业。避免外来人口过多在培育发展型居民点内居住，逐步引导外来人口在企业员工宿舍和乡村人才公寓内居住。

以李家村为例，分析归并型乡村居民点的空间优化路径（图 8.20）。该村整体位于城镇和产业用地管控边界外。现状乡村居民点散布，除李家宅外，其余各居民点斑块用地规模均较小、各项配套服务设施水平较差，受到内部道路分隔、东侧外环北延伸线的影响，缺乏进一步发展的空间潜力。由于宝安公路的拓宽建设，孙家宅需要整体搬迁。因此，将用地规模较大、区位条件较好、有用地拓展潜力的李家宅作为培育发展型居民点；而将其周边的顾家宅、赵家宅、马家宅等居民点斑块作为控制发展型居民点，引导其向李家宅逐步迁移集聚。节约的乡村居民点用地可复垦为农用地，以改善乡村居住和生态环境。

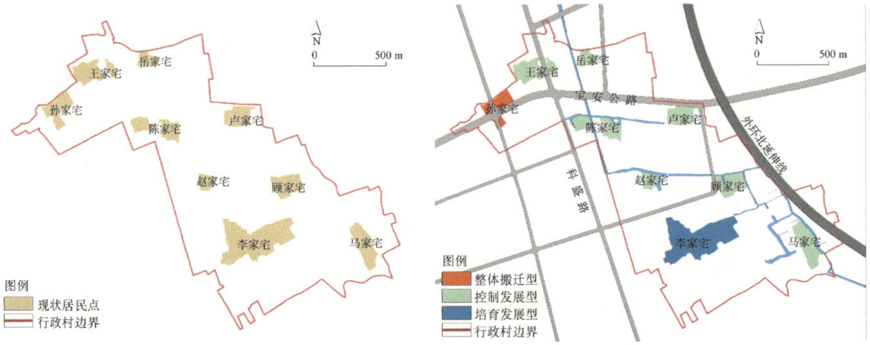

(a) 李家村居民点现状分布图　　(b) 李家村居民点空间优化示意图

图 8.20　李家村空间优化策略示意图

3. 保留型乡村居民点

保留型是指对乡村居民点用地予以整体保留和环境整治。依据乡村居民点是否有特色保护要素，可以进一步划分为保留整治型和特色保护型。

保留整治型居民点多分布于北部远郊乡村。该类乡村居民点周边农用地比重高；非农产业发展相对落后，农业生产和村民居住生活仍是其主导功能；公共服务和配套设施条件一般。该类居民点呈现典型江南水乡风貌特征，村宅多沿河而建或夹河成团。村宅与农田生态景观相协调，可以满足城市居民体验传统乡村和农业景观的需求。对于该类居民点，宜通过村庄环境整治政策，打造成为田园乡村。该类居民点宜承接生活居住、乡村养老和休闲旅游等业态功能。划定乡村居民点空间边界，严格控制其用地扩张，建设用地以存量利用为主，通过内部挖潜和整治对废旧村宅进行功能置换并加以利用。推动村民住宅有机更新，实行就地整治、规模控制和限制新建，鼓励村宅按管控要求进行翻建。依据人口空间分布特征和年龄结构，优化各项设施配置。结合乡村老龄化的趋势，增设老年活动室、医疗室等乡村养老服务设施。根据乡村发展休闲旅游的需要，设置小型旅游配套设施。对乡村进行环境整治，突出传统江南水乡风貌特征；拆除违章违法建筑，对破旧村宅进行立面和风貌整治，统一建筑风格；营造街巷空间和公共空间特色。加强村民宅前屋后庭院空间环境整治，使其与周边环境景观相协调。完善村民生活服务管理，鼓励村民就近灵活就业，从事一产和三产结合的产业，建设特色农产品基地，带动相关产业的发展。

以草庵村为例，分析保留型乡村居民点的空间优化路径（图 8.21）。该村整体位于城镇和产业用地管控边界外。现状乡村居民点分布比较均匀，周边有大量的农用地，各项公共服务和基础设施配套基础较好。受郊环切向线和高石路建设的影响，该村曹家 1 队、曹家 2 队、曹家 7 队三个居民点斑块需要整体搬迁，另外曹家 1 队南侧和曹家 7 队东侧两个居民点斑块由于用地规模过小，应作为控制发展型管控。对于该村内其他居民点，由于其用地规模适中，村宅建筑质量较好，建议整体予以保留。提升公共服务和基础设施的能级，实现村宅的有机更新，改善乡村环境。同时结合农业种植，发展优质、高效的都市农业和休闲观光旅游业项目，促进该村经济发展。

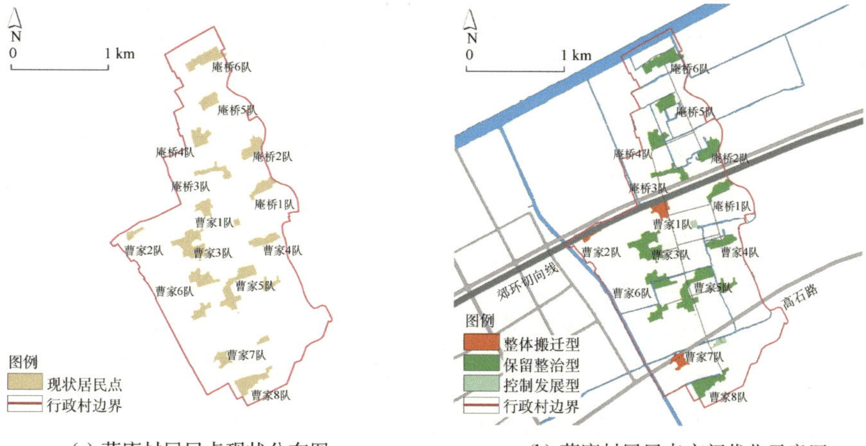

(a) 草庵村居民点现状分布图　　(b) 草庵村居民点空间优化示意图

图 8.21　草庵村空间优化策略示意图

同时，依据乡村居民点斑块内部闲置村宅的空间分布、村民生活需求和市民消费需求，采取四种措施开展闲置村宅再利用，挖掘乡村居民点存量空间，实现乡村居民点内部空间优化（图 8.22）。一是功能置入的方式，对位于居民点斑块内部、交通便捷和建设基础较好的闲置村宅，优先满足村庄的基础设施、公共服务设施和旅游配套服务设施的用地需求。如将闲置村宅改造成为乡村旅游服务的配套民宿或乡村公共设施。二是退出复垦的方式，对位于居民点边缘且与农空间形态相连的闲置村宅，可直接复垦为农用地，用于农业生产。三是功能置换的方式，对零散分布的宅基地，复垦后可改为村民共享的果园和菜地。一方面可以解决乡村居民点空间过密的问题，提升居民点内部的环境；另一方面也提供了公共空间，便于村民的交往。四是腾退重分配型的方式，对于部分位置较好的村宅，用地腾退后满足村民新增分户建房需求，可以有效节约土地资源。

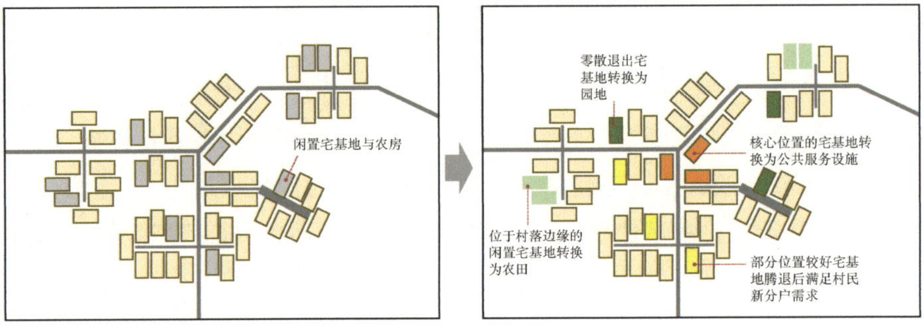

图 8.22　闲置村宅再利用策略示意图

特色保护型是指具有传统空间风貌或历史文化价值的乡村，包括入选或候选历史文化名村、传统村落的乡村，位于历史文化风貌保护区内的乡村，以及在空间格局、自然环境、传统建筑、历史文化和产业发展方面有特色要素的乡村。该类乡村因其在自然风貌或历史文化方面的独特性，有较高的保护价值。有利于留存传统自然环境风貌和历史文化场景，体现超大城市乡村独特的文化景观风貌。对于该类居民点，宜在村庄环境整治的基础上，制定特色风貌保护政策，将其打造成为特色乡村。在承载生活服务功能的同时，积极开展文化展示、科普教育和乡村旅游等业态功能。为保持乡村的原真性，应控制建设容量，原则上禁止新增建设用地，尽量利用存量建设用地和闲置住宅。通过功能植入、功能置换和功能提升，有效修缮房屋，为乡村各项活动的开展提供空间。在完善各项生活服务设施的基础上，应增设旅游服务设施、文化展览设施、乡村民宿等多样化的配套设施。在乡村特色风貌营造方面，应以整体保护为主，保护乡村传统风貌建筑和文物古迹，延续自然环境特色；对建筑体量、材质、色彩、屋顶形式进行全面管控；延续街巷空间肌理；营造公共空间特色，增加可识别性空间。在社会管理方面，鼓励村民在地就业，从事与文化旅游服务相结合的工作，进一步保护乡村的原真性。特色保护型居民点需要经过相关职能部门认定，并编制专门的保护规划指导建设。

8.4　本章小结

本章分析超大城市乡村发展未来趋势和面临挑战，明确城乡等值的发展导向，重新认识超大城市乡村的战略意义和多元价值，并从宏观和微观两个方面分类制订空间优化策略。

（1）世界城乡发展历程表明，城乡等值是未来城乡关系的发展方向，通过适宜的政策干预，推动城乡融合发展。超大城市乡村未来将呈现空间整体收缩和空间多元分化的总体趋势，但也面临乡村功能与城乡等值趋势不适应，宏观布局与社会经济发展不协调以及微观空间与村民现实诉求不匹配等挑战。作为超大城市的稀缺资源和战略空间，乡村应凸显文化家园价值、锚固生态保育价值、拓展经济增长价值，成为上海建设卓越全球城市的亮点。

（2）在宏观层面，分类制订乡村转型路径和宏观布局优化策略。转型路径包括推动农业生产增量提质、城乡业态多元融合的产业路径，推动村民非农产业转移、市民下乡休闲度假的人口路径，重组空间结构体系、推进空间适度集聚的空间路径。宏观布局优化包含四方面，在结构上，构建细化到乡村居民点斑块的镇村层级结构并结合各镇社会经济发展条件和城镇化进程的差异灵活组合；在分布上，减少居民点斑块数量以降低斑块密度，缩减居民点斑块邻近道路距离以增加居民点交通通达性，降低居民点邻近河道距离以加强居民点与河道空间联系；在规模上，降低人均用地面积以缩减居民点总用地面积，提高居民点平均斑块面积以完善公共服务配套；在形态上，降低居民点景观形状指数以提高居民点可识别性。

（3）在微观层面，升级完善乡村政策模式，细化落实微观空间优化策略。结合乡村产业和人口的差异分化，升级完善乡村发展政策模式，分别是：完善渐进归并政策，形成乡村新社区模式，推动乡村整体转型；完善宅基地置换政策，形成现代农业基地模式，推动农业生产转型；完善村庄环境整治政策，形成田园乡村模式，推动乡村功能转型。细分落实乡村居民点空间优化类型，强化空间布局引导，并从定位、业态功能、规模容量、设施配套、形态风貌、社会管理等方面分别制订差异化空间优化策略。

参考文献

杜国明，刘美，2021. 基于要素视角的城乡关系演化理论分析[J]. 地理科学进展，40(8)：1298-1309.

房艳刚，梅林，刘继生，等，2012. 近 30 年冀鲁豫农业村落民宅景观演变过程与机理[J]. 地理研究，31(2)：220-233.

方志权，张晨，楼建丽，2020. 关于上海农业农村现代化若干问题的思考[J]. 科学发展，(9)：75-83.

耿慧志，李开明，2020. 国土空间规划体系下乡村地区全域空间管控策略——基于上海市的经验分析[J]. 城市规划学刊，(4)：58-66.
顾焕章，2016. 资源节约型环境友好型农业产业体系的新探索——评周曙东著《资源节约型环境友好型农业产业体系研究》[J]. 现代经济探讨，(3)：92.
桂华，2018. 面对社会重组的乡村治理现代化[J]. 政治学研究，(5)：2-5.
郭志刚，刘伟，2020. 城乡融合视角下的美国乡村发展借鉴研究——克莱姆森地区城乡体系引介[J]. 上海城市规划，(5)：117-123.
胡琪，2012. 城乡一体化背景下上海三农的地位和农业人口发展探讨[J]. 农业现代化研究，33(4)：385-390.
李开明，耿慧志，岳丽莹，2021. 政策主导下超大城市乡村空间演化特征和作用机理[J]. 城市发展研究，(11)：47-55.
李玉恒，阎佳玉，宋传垚，2019. 乡村振兴与可持续发展——国际典型案例剖析及其启示[J]. 地理研究，38(3)：139-148.
刘俊，李开明，2018. 基于存量用地优化的上海市畜禽养殖业规划研究[J]. 上海城市规划，(6)：126-132.
刘守英，王一鸽，2018. 从乡土中国到城乡中国——中国转型的乡村变迁视角[J]. 管理世界，34(10)：128-146+232.
刘守英，2018. 土地制度变革与经济结构转型——对中国 40 年发展经验的一个经济解释[J]. 中国土地科学，32(1)：10-18.
刘守英，2020. 乡村内部的农工结构与自主性发展[J]. 中国农业大学学报(社会科学版)，128(1)：124-128.
罗志军，赵越，李雅婷，等，2019. 基于空间组合特征的农村居民点布局优化研究[J]. 农业工程学报，35(4)：265-272+314.
陆洲，许妙苗，朱喜钢，2010. 乡村转型的国际经验及其启示[J]. 国际城市规划，(2)：5-12.
毛丹，王萍，2015. 英语世界的乡村转型研究. 社会学研究，29(1)：194-211.
彭震伟，2020. 上海大都市区乡村振兴发展模式与路径[J]. 上海农村经济，(4)：31-33.
王东荣，方志权，章黎东，2011. 上海家庭农场发展研究[J]. 科学发展，(4)：54-58.
吴梦笛，陈晨，赵民，2017. 城乡关系演进与治理策略的东亚经验及借鉴[J]. 现代城市研究，(1)：12.
夏莉艳，2010. 后农村劳动力转移时期的农业政策取向——基于日、韩的经验研究[J]. 经济问题探索，(3)：40-45.
薛艳杰，2020. 上海都市农业发展"十三五"回顾与"十四五"思考[J]. 上海农村经济，(12)：13-17.
许学强，林先扬，2007. 国外大都市区研究历程回顾及启示[J]. 城市规划学刊，(2)：9-15.
叶红，唐双，彭月洋，2021. 城乡等值：新时代背景下的乡村发展新路径[J]. 城市规划学刊，(3)：44-49.
张京祥，葛志兵，罗震东，等，2012. 城乡基本公共服务设施布局均等化研究——以常州市教育设施为例[J]. 城市规划，36(2)：9-15.
张军，李勤，2010. 工业化城市化双加速阶段的城乡统筹发展——成因，表现及政策建议[J]. 中国发展，10(5)：62-71.
张立，2016. 乡村活化：东亚乡村规划与建设的经验引荐[J]. 国际城市规划，(6)：1-7.
张沛，张中华，孙海军，2014. 城乡一体化研究的国际进展及典型国家发展经验[J]. 国际城市规划，29(1)：42-49.
张尚武，2013. 城镇化与规划体系转型——基于乡村视角的认识[J]. 城市规划学刊，(6)：19-25.
张尚武，孙莹，2019. 城乡关系转型中的乡村分化与多样化前景[J]. 小城镇建设，37(2)：5-8+86.
赵民，陈晨，周晔，等，2016. 论城乡关系的历史演进及我国先发地区的政策选择——对苏州城乡一体化实践的研究[J]. 城市规划学刊，(6)：22-30.

赵丹，刘科伟，许玲，2013. 快速城镇化背景下镇域村庄体系规划研究——以咸阳市礼泉县烟霞镇为例[J]. 城市发展研究，20(7)：77-82+89.

赵民，李仁熙，2018. 韩国、日本乡村发展考察——城乡关系、困境和政策应对及其对中国的启示[J]. 小城镇建设，(4)：62-69.

赵民，邵琳，黎威，2014. 我国农村基础教育设施配置模式比较及规划策略——基于中部和东部地区案例的研究[J]. 城市规划，38(12)：28-33+42.

赵民，游猎，陈晨，2015. 论农村人居空间的"精明收缩"导向和规划策略[J]. 城市规划，39(7)：9-18+24.

赵明，李亚，许顺才，2020. 从"撤村并居"到"因户施策"：全域土地综合整治用地布局优化策略研究[J]. 小城镇建设，38(11)：22-27.

祝培甜，李树枝，2018. 我国城市人均建设用地和人均居住用地研究[J]. 国土资源情报，(9)：47-50.

BRUNORI G，2005. Post-rural processes in wealthy rural areas：Hybrid networks and symbolic capital[J]. Research in Rural Sociology & Development，12(6)：121-145.

FALK M D，SCHULMAN A R，2007. Communities of work：Rural restructuring in local and global [J]. Contexts，23(2)：118-124.

ILBERY B，BOWLER I，1998. From agricultural productivism to post-productivism. The Geography of Rural Change[M]. London：Longman.

NELSON L，NELSON P B，2010. The global rural：Gentrification and linked migration in the rural USA[J]. Progress in Human Geography，35(4)：441-459.

第 9 章　结　　论

本章从宏观演变特征、影响因素和作用机理、微观空间演化特征和政策作用机理、空间优化策略四个方面总结了超大城市乡村空间演化研究的主要结论，并归纳了三方面的创新点，最后指出了在研究方法、研究数据等方面存在的不足，对后续的深入研究进行了展望。

9.1　主要研究结论

本书以上海市嘉定区为例，从宏观和微观两个尺度，空间、产业和人口三个维度分析超大城市乡村居民点空间演化特征和作用机理。基于空间多重属性理论、政策干预理论和耦合理论等，构建了理论分析框架。本书分为四个部分。①宏观层面剖析各行政村产业构成和人口构成的变化，从规模、分布和形态三个视角揭示乡村居民点的空间演化特征，解析乡村居民点空间演化类型和规律。②分析自然环境、社会经济、政策三方面因素和乡村居民点空间演化的相关性强弱和影响路径，凝练政策耦合自然环境和社会经济因素的模式和作用机理。③微观层面分析三类典型政策模式作用下乡村居民点空间演化的特征差异，比较不同政策模式及其调控路径。④分析超大城市乡村发展趋向，并从宏观和微观两个层面提出面向未来的空间优化策略。

9.1.1　宏观区域空间演化的特征和规律

超大城市乡村经历产业构成非农化和人口构成外来化的变化过程，乡村居民点整体减少并在规模、分布、形态等方面呈现差异变化，形成不同的空间演化类型。

(1) 嘉定区自 2000 年以来经历了城镇化的快速扩张和结构优化，各村非农产业占比在城区边缘处快速增加，在远郊则相对缓慢。乡村居住人口由本地村民主导转为外来人口主导，各村外来人口占比在城区和工业园区边缘显著增加，在远郊则缓慢增加。

(2) 在规模上,乡村居民点用地面积整体减少38.5%,在城区内显著减少,在城区边缘处显著增加,在北部乡村则基本不变。乡村居民点平均斑块面积整体减少9.9%,在城区内显著减少,在城区边缘显著增加,在外围则缓慢减少。

(3) 在分布上,乡村居民点数量减少,斑块密度整体下降30.3%,在城区边缘处显著下降,但在工业园区附近却显著增大。乡村居民点交通通达性提高,邻近道路距离整体减少9.2%,在城区附近显著减少,在北部乡村缓慢减少,部分乡村则有所增加。乡村居民点与河道的空间联系整体减弱,邻近河道距离整体增加59.5%,在城区附近显著增加,在外围则显著减少。

(4) 在形态上,乡村居民点形状边界变得更规整,形状演变方式呈现为四种类型:飞地扩展型、膨胀扩展型、收缩消亡型和整体消亡型。景观形状指数整体下降19.5%,在城区附近下降显著,在外围下降缓慢,在南侧铁路沿线则显著增加。

(5) 总体上,嘉定区乡村居民点减少,空间演化强度呈现出从城区边缘处向远郊递减的规律。各村空间演化分化为三种类型:剧烈重构型、快速变动型和缓慢衰退型。剧烈重构型多位于城区边缘,空间变化幅度大,产业和人口已融入城镇;快速变动型多位于近郊,空间变化幅度较大,产业和人口非农化转型快;缓慢衰退型多位于远郊,空间变化幅度小,产业和人口非农化转型缓慢。

9.1.2 空间演化的影响因素和作用机理

自然环境因素、社会经济因素和政策因素对乡村居民点空间演化的影响强弱和范围存在显著差异;不同强度的政策干预耦合自然环境和社会经济引发的乡村空间转型差异格局,推动乡村居民点空间演化的地域分化。

(1) 自然环境因素的约束支撑作用减弱。河道、耕地等约束条件下形成乡村居民点地域空间差异格局,生产力和技术进步减弱了自然环境的束缚。行政村尺度的分析发现,邻近河道距离变化和乡村居民点用地变化呈较弱负相关,农用地变化和乡村居民点用地变化呈强负相关。

(2) 社会经济因素的牵引驱动作用增强。城镇化、工业化、人口结构和经济状况等改变了乡村的生产生活功能,推动乡村空间差异分化。行政村尺度的分析发现,城镇用地变化、工业用地变化与乡村居民点用地规模变化呈强负相关;人口密度变化、邻近道路距离变化和邻近城镇中心距离变化与乡村居民点用地变化呈弱负相关,人均收入变化与乡村居民点用地变化呈较弱的正相关。

(3) 政策因素直接调控乡村居民点空间演化的方向和速度,具有干预类型多样、调控指向明显和效果显著的特点。各村居民点用地变化呈现为六种典型类型:转出城镇用地型、转出工业用地型、转出农用地型、转出其他建设用地型、转入农用地型、转出转入均衡型，反映了不同政策对各村居民点空间演化影响的强弱差异。

（4）自然环境因素约束的地域差异格局和社会经济因素诱发的功能分化格局相互叠加，导致超大城市内部城乡关系的紧密程度发生变化，耦合二者的政策干预调控乡村居民点空间演化的方向和速度，强干预、适度干预和弱干预等不同政策模式，促成乡村居民点空间演化的地域分化。

9.1.3 微观村域空间演化特征和政策作用机理

村庄环境整治政策、渐进归并政策和宅基地置换政策主导下典型村庄内部空间形态、社会形态、经济形态的演变存在显著差异，不同干预强度、调控路径和实施机制形成差异的作用机理。

（1）政策推动乡村居民点空间演化，但不同政策模式下空间形态演变存在显著差异。村庄环境整治政策下，用地变化幅度小，斑块形态变化小，村宅风貌延续性好。渐进归并政策下，用地空间表现为村域内跨自然村集聚，用地变化幅度较大，斑块形态变化大，村宅风格新旧对比强烈。宅基地置换政策下，用地变化幅度最大，部分斑块完全消失，村宅风貌呈现破败趋向。

（2）政策推动乡村居住人口构成和社交范围的差异分化，造成社会形态演变的显著差异。村庄环境整治政策下，外来人口较少，乡村老龄化程度最高，社交范围仍位于自然村内，维系乡村熟人社会。渐进归并政策下，部分村民返乡就业，其老龄化和外来化程度低，社交范围拓展至行政村，形成半陌生人社会。宅基地置换政策下，村民进入城镇，保留村宅集聚了大量外来人口，形成陌生人社会。

（3）政策推动传统农业空间、低效工业空间和村民就业空间的差异分化，造成经济形态演变的显著差异。村庄环境整治政策下，乡村产业发展乏力，内生动力不足。渐进归并政策下，实现一三产业结合发展，经济实力增强。宅基地置换政策下，实现从传统农业到现代农业的转型，村民在城镇非农就业。

（4）政策通过不同干预强度和调控内容推动人口和产业要素的差异化配置，加剧了空间的分化。村庄环境整治政策模式改善乡村居民点环境，推动村庄有机更新；渐进归并政策推动乡村居民点空间快速聚合，形成乡村新社区；宅基地置换政策推动乡村居民点用地复垦还耕，形成现代农业基地。政策的实施效果与农用地流转和工业用地减量政策的联动密切相关。

9.1.4 超大城市乡村发展趋势和空间优化策略

超大城市未来应转向城乡等值发展，突出乡村的多元价值。在宏观上分类制订空间适度集聚的策略，在微观上明确差异化的空间优化措施。

（1）世界城乡发展历程表明，城乡等值是未来城乡关系的发展方向。超大城市乡村未来将呈现空间整体收缩和空间多元分化的总体趋势，但也面临乡村功能与城乡等值趋势不适应，宏观布局与社会经济发展不协调以及微观空间与村民现实诉求不匹配等挑战。作为超大城市的稀缺资源和战略空间，乡村应凸显文化家园价值、锚固生态保育价值、拓展经济增长价值。

（2）在宏观层面，分类提出乡村转型路径，包括推动城乡业态多元融合的产业路径，促进市民返乡就业的人口路径，推进空间适度集聚的空间路径。分项制订空间布局优化策略，在结构上，构建细化到居民点斑块的镇村层级结构；在分布上，降低居民点斑块密度，增加交通通达性，加强居民点与河道空间联系；在规模上，降低乡村居民点总面积和提高居民点平均斑块面积；在形态上，降低景观形状指数。

（3）在微观层面，结合乡村产业和人口的差异分化，提出功能转型、农业生产转型和乡村整体转型的目标，升级完善形成田园乡村、现代农业基地和乡村新社区的政策模式。细分落实乡村居民点空间优化类型，强化空间布局引导，并从定位、业态功能、规模容量、设施配套、形态风貌、社会管理等方面完善优化策略。

9.2 主要创新点

9.2.1 双尺度和多维度相结合，揭示乡村居民点空间演化特征

本书从宏观和微观两个尺度，空间、产业、人口三个维度展开研究。首先，超大城市乡村居民点空间演化存在显著的村际差异，宏观区域尺度的研究以行政村为基本单元，研究乡村居民点规模、分布和形态演变的差异，进而确定空间演化的类型和总体规律。微观村域尺度的研究则聚焦行政村本身，研究其内部空间的演变过程和细节差异。其次，空间是社会经济的载体。从空间、产业、人口三个相互关联的维度开展研究，将其融入不同的空间尺度中。宏观区域尺度从产业构成、人口构成、空间结构等解析空间演化的特征和类型；微观村域尺度从空间形态、社会形态和经济形态等分析空间演化过程和细节差异。

本书搭建的双尺度和多维度的分析框架拓展了研究视角，突破了既有研究中单一尺度和维度形成的局限，全面揭示了城镇化先发地区乡村居民点空间分化特征和过程，丰富和发展了空间演化特征的研究内容和理论体系。一方面，既有研究主要聚焦县域和镇域等宏观尺度，对微观村域尺度的研究略显不足，掩盖了村

庄内部的多样性和差异性。本书打破了宏观单一尺度的局限,将研究视角下移,增加了微观尺度的分析,完善了空间演化的过程和细节差异,体现研究尺度和视角的创新。另一方面,既有研究主要关注乡村居民点用地规模的变化,对空间背后的社会经济变化关注不足,存在就空间谈空间的问题。本书拓展了空间演化的内涵,不仅将用地扩展细化为规模、分布、形态、村宅类型和设施配置等多个指标,而且增加了社会和产业维度的分析,全面揭示了乡村空间演化规律,充实了空间演化的研究内容。在此基础上,将双尺度和多维度纳入统一框架,构建多指标测度体系,解析了乡村地域空间分化图谱,揭示了不同类型村庄的演变路径,创新和拓展了乡村居民点空间研究的理论体系。

9.2.2 多因素和多模式相结合,诠释乡村居民点空间演化作用机理

一方面,定量解析各因素在不同村域单元与乡村居民点空间演化的相关性影响强弱差异;另一方面,凝练了政策耦合作用模式及其作用机理。首先,运用地理加权空间回归分析方法,从单因素角度逐一量化解析自然环境、社会经济、政策三方面因素的细化构成及其与乡村居民点空间演化的相关性强弱和影响路径,精准识别和比较不同因素的影响范围和强弱程度。其次,不同强度的政策干预耦合自然环境和社会经济引发的乡村空间转型差异格局,推动乡村居民点空间演化的地域分化。分析比较不同政策模式对乡村空间形态、社会形态和经济形态产生的差异性作用机理,凝练诠释政策调控路径和实施机制。

本书构建的多因素和多模式分析框架拓展了研究深度,突破了既有研究中难以量化比较因素强弱和割裂分析各因素作用机理的局限,创新性提出政策耦合多因素的解释框架,丰富和发展了作用机理的研究方法和思路。一方面,既有研究对因素的分析主要停留在定性判断,难以揭示不同因素的影响强弱。本书在定性分析的基础上,集成地理加权回归模型、土地利用转换模型和景观生态学等多种方法,精准探明了各因素的影响强弱,甄别了不同乡村的主导影响因素,体现研究方法的创新。另一方面,既有研究主要分析单因素的作用机理,对多因素交互耦合作用机理和政策作用机理关注不足。本书不仅打破各因素割裂分析的方法,搭建政策耦合多因素的解释框架,体现研究思路的创新,而且增加了对不同政策模式的案例研究,凝练了政策调控内容、作用路径和实施机制,充实和拓展了政策作用机理的研究,体现研究内容的创新。

9.2.3 价值导向和需求导向相结合,制订面向未来的空间优化策略

乡村居民点的空间优化策略既要有前瞻性又要有落地性,既顺应乡村发展的

未来趋势又满足乡村发展的现实需求。首先，剖析世界城乡转型历程，研判超大城市乡村发展的未来趋势，重新认识乡村的多元价值，明确乡村对上海建设全球卓越城市的战略意义，确立城乡等值的发展导向。其次，剖析超大城市乡村产业、人口和空间面临的各项挑战，分析不同类型乡村存在的现实问题，明确空间优化的重点。最后，基于城乡等值导向和乡村面临的各项问题，从宏观和微观两个层面分类制订乡村居民点的空间优化策略。

本书基于价值和需求导向制订的各项策略拓展了空间优化内容，突破了既有研究系统性不足和精细化程度不高的局限，增加了对乡村转型方向的研判，构建了从宏观到微观的优化体系，创新和发展了乡村居民点空间优化理论和方法。一方面，既有研究缺乏对城乡发展方向的预判，导致各项策略难以适应乡村未来发展需求。本书增加了世界城乡关系转型趋向和规律的剖析，建立了城镇化发展阶段和乡村转型的互动关系，认为乡村应从被动发展转向城乡等值发展，体现乡村空间优化理论的创新。另一方面，既有研究忽视了乡村发展的差异性，缺乏微观尺度的精细化安排，单一和粗放化的策略难以落地实施。本书在宏观上识别乡村转型的地域差异格局，优化了乡村产业、人口和空间的分类转型路径，构建细化至乡村居民点斑块的层级体系，完善了空间优化方法。在微观上加强了对乡村居民点内部差异的分析，升级完善三类政策干预模式，细分形成六种优化类型，构建了差异化和精细化的管控措施，充实和拓展了空间优化策略。从宏观的转型路径到微观的优化策略形成综合的优化策略体系，强化了对空间优化实践的指导，体现空间优化方法的创新。

9.3　研究不足与展望

9.3.1　研究不足

(1) 研究空间范围有一定局限。受到数据来源的限制，本书仅选择嘉定区作为超大城市乡村居民点空间演化研究的典型代表区域，分析自然环境、社会经济和政策因素对乡村居民点空间演化的影响。但自然环境因素对乡村居民点空间演化的影响在更大的上海市域尺度上可能更为明显，因此需要在后续研究中将宏观层面的研究范围拓展至上海市域，获得相关的用地数据，进一步考察自然环境因素对乡村居民点空间演化的影响。同时，由于2000年前没有相关的用地调查数据，本书仅能选择2000年、2009年和2018年三个时间截面对乡村居民点空间演化进行分析。虽然2000年之前的数据可以通过Landsat卫星遥感影像解译提取,但其数据精度难以达到三个年份用地调查数据的精度要求,两者存在显著差异,无法作为本书的基础数据源,使本书对2000年之前乡村居民点空间演化背景的分析略有不足。

(2) 对不同政策作用机理的揭示有一定的局限性。本书提炼的三类政策作用机理,包括村庄环境整治政策主导下的田园乡村模式、渐进归并政策主导下的乡村新社区模式、宅基地置换政策主导下的现代农业基地模式,反映了超大城市乡村居民点空间演化的规律。受到数据来源的制约,本书提炼的三类典型政策机理都是基于对嘉定区乡村居民点空间演化的系统解读和研究。在后续研究中,如果能有其他大城市详细的乡村居民点用地演变数据和具体案例支撑,三类政策作用机理的总结会更加全面,结论的普适性也会进一步提高。

9.3.2 研究展望

(1) 需要进一步拓展乡村居民点空间演化研究的空间范围。本书选择嘉定区作为典型区域进行超大城市乡村居民点空间演化的研究,在后续研究中应在获取有效数据的基础上,将研究的空间尺度拓展至上海市全域范围内,形成"市域宏观范围—典型区县中观范围—镇村微观范围"三个层次,以便更有效在市域范围厘清不同区域内乡村居民点空间演化类型和典型特征,细化研究自然环境因素在市域空间的作用机理。同时,在获取有效数据的基础上,增加对2000年前乡村居民点空间演化特征的详细刻画。以便在城乡空间的总体架构下,通过比较和归纳使本书的研究内容和结论得到进一步扩展和完善,从而在深度和广度上为超大城市乡村居民点空间演化的研究提供知识补充。

(2) 需要进一步揭示不同政策的作用机理。随着超大城市城乡联系愈发紧密,城乡空间界限逐渐模糊,在不同政策的主导下,乡村居民点空间发生了显著变化,但政策因素对乡村居民点空间演化的作用机理还需更全面揭示。本书重点研究了村庄环境整治政策、渐进归并政策和宅基地置换政策对嘉定区乡村居民点空间演化的影响,具有其典型性和普适性意义,但是依然难以涵盖所有不同类型的政策,比如村民建房政策、土地整治政策等。同时这些政策对不同区位和经济条件的乡村,其作用机理也有细微差别。因此需要进一步获取其他郊区乡村居民点用地数据,对不同类型政策、不同区位和经济条件的乡村居民点空间演化进行深入研究,通过比较与归纳使政策作用机理的研究结论更具有普适性。

(3) 需要进一步结合更多实证案例来检验和细化乡村居民点空间优化的策略和路径研究。本书结合超大城市乡村居民点面临的主要问题和演变趋势,提出了优化乡村居民点空间的详细策略和具体方法。但需要看到乡村居民点有多样化的发展类型，既有近郊乡村，又有远郊乡村；既有农业主导乡村，也有一三产结合发展的乡村。多样化空间类型导致其乡村空间演化影响因素和影响路径的多样化，因此需要差异化的空间优化路径和调控策略。因此，本书提出的各项具体优化策略和路径、相关政策实施还需要结合更多的实证案例进一步检验和深化细化，加强完善乡村居民点空间优化策略的时序安排，降低乡村居民点空间优化调控的风险，进而建立与新型城乡关系相互匹配的乡村居民点空间结构体系，进一步完善乡村居民点空间布局，推动乡村居住环境的整体优化和提升。

乡村居民点空间演化和优化是一个漫长的过程。在超大城市社会经济快速转型过程中，乡村居民点空间面临着分化和重组。有的乡村会受到冲击而消亡，有的会进一步发展壮大。在此过程中，既不能任由自然环境因素和社会经济因素来主导乡村居民点发展；也不能忽视村民意愿，对乡村进行大拆大建和过度改造。超大城市乡村居民点存在显著的多样性特征，应将城乡作为一个有机统一体，在遵循自然环境因素和社会经济因素的基础上，结合村民意愿，采取差异化、渐进式的政策，综合推进乡村居民点空间优化。

后　　记

2008年,《城乡规划法》的颁布推动了规划编制管理范围从城镇建设区转向城乡全域空间。也在这一年,笔者进入上海郊区的规划院和规划管理局,从事乡村规划编制和管理实践工作,近距离考察上海乡村发展的多维困境。在物质环境方面,上海乡村较为破旧,与国外著名大城市如伦敦、纽约的乡村有很大的差距,与江浙经济发达地区的乡村相比也有不小的落差。在人口方面,上海乡村既没有大面积出现西方大城市地区所出现的乡村绅士化现象,也没有出现我国西部地区乡村人口大量流失造成的人口空心化,而是大量外来务工人员租住在乡村,形成了一种"另类的繁荣"。在产业方面,农业非农化和非粮化现象严重,本地村民已基本脱离了农业,转而由外来人员耕种。这些问题难以用主流规划理论解释,引发了笔者对超大城市乡村空间演化的进一步思考。

上海是我国的经济中心,伴随着剧烈的城乡要素流动,其乡村发生着巨大的变化。特别是进入21世纪以来,随着国家层面相继实施城乡统筹、新农村建设、新型城镇化和乡村振兴等战略,上海也制定了村庄改造、迁村并点、平移归并、宅基地置换和土地整治等政策,助力乡村物质环境提升和城乡可持续发展。然而,这些政策是否满足了村民的实际需求?在多大程度上促进了乡村的发展?一个不可回避的事实是,上海目前乡村的建设多依靠自上而下的行政投入,乡村发展的内生动力依然不强。如何看待超大城市乡村的多元价值,进而构建满足上海乡村发展实际的分类优化政策,是本书的基本落脚点。

值得注意的是,在城镇化进程中,世界各国的乡村均经历了农业地位下降和乡村衰败的困境。其中,欧盟通过共同农业政策实现乡村可持续发展,日韩通过激发村民主体和乡村产业革命促进城乡均衡发展,美国采用农业补贴政策促进农业现代化和城乡一体发展,而南美国家忽视国情,采取城市极化发展政策,导致乡村人口过度涌入城市,陷入城市贫民窟和乡村贫穷的双重困境。可见,适宜的政策有助于乡村的发展,反之会增加乡村陷入进一步衰败的风险。我国的超大城市在地域范围、治理模式、发展阶段等方面与西方国家迥异,但摆脱发展困境、走向振兴之路是国内外乡村发展面临的共同挑战和必然选择。西方国家的乡村转型经验并不能为我们提供标准模板，但其先行经验和教训可对我国超大城市乡村振兴的体系构建和政策制定提供重要的启示。为此，笔者前往美国北卡罗来纳大学教堂山分校访学两年，系统学习和观察西方国家乡村转型可资借鉴的经验和需要规避的风险。

基于以上研究实践和思考，笔者完成了本书的撰写。以上海市各项乡村规划土地政策的先进试点区域——嘉定区为例，通过剖析嘉定区 20 年乡村空间演化的过程，力图回答三个问题：乡村空间发生了什么样的差异变化？各类因素在多大程度上影响了乡村空间演化以及影响的具体路径过程？乡村发展面临什么样的趋势，对于不同类型的乡村如何采取因地制宜的优化策略？带着这样的问题，本书构建了宏观空间演化特征—影响因素和作用机理—微观空间演化特征—空间优化策略的逻辑主线。

在本书的研究设计、数据收集和理论构建方面得到多位专家学者的帮助，在此一并感谢。在村庄调研方面，嘉定区规资局周芳珍局长、王晓峰副局长、郑俊科长、陈瑞鑫科长、景丹丹老师，广境规划院徐峰院长、黄劲松副院长、刘俊、周伟、肖闽，嘉定工业区李名禾所长等领导给予了有力帮助。在数据分析方面，华东师范大学吴健平教授、李山副教授和北京师范大学姜广辉教授给予了有力指导。在乡村转型的国际经验方面，美国北卡罗来纳大学教堂山分校城市与区域规划系主任宋彦教授，为本书提供了美国乡村转型的鲜活案例。在本文撰写过程中，得到重庆大学李和平教授、天津大学曾鹏教授，以及同济大学栾峰教授、颜文涛教授、张立副教授、朱玮副教授、陈晨副教授、程遥副教授和唐伟成等老师的宝贵建议。

在初稿完成后，同济大学彭震伟教授和南京大学张京祥教授在百忙之中通读了全文，为本书作序，给出了修改和完善细致建议，对提高本书学术水平发挥了至关重要的作用。此外，本书的出版得益于高水平地方高校建设计划上海美术学院项目和同济大学出版基金的专项资助，在此表示衷心的感谢。

超大城市乡村空间演化是一个复杂而漫长的过程，在迈向全球卓越城市的进程中，上海乡村必将发生剧烈的演化，因此我们将持续跟踪上海乡村的发展并更新研究成果。同时，受学识水平、理论认识和实践经验的限制，本书难免存在一些问题和不足之处，敬请各位读者批评指正。